JN299444

基礎からの電気回路論

工学博士 清水 教之
博士（工学） 村本 裕二
博士（工学） 中條　 渉 共著
博士（工学） 伊藤 昌文
博士（工学） 飯岡 大輔

コロナ社

まえがき

　電気回路理論，特に交流回路理論は電気電子工学の根幹をなすものであり，電気電子工学を学ぶ学生にとっては基本中の基本である。この科目については，どこの大学でも力を注いでいる。

　電気回路理論の教科書はすでに数多く出版されており，名著といわれているものも多い。しかし，それらは必ずしも現在の学生が理解しやすいものではなく，またシラバス（syllabus）に沿っていないことも多い。現在の電気電子系学科の学生が学びやすく，教員が教えやすい教科書を作ろうと，筆を執ったしだいである。

　本書は高校程度の解析学の習得を前提として，基本に重点を置きながら基礎的事項から学部レベルで必要と思われる事項まで丁寧に説明している。大学，高専の電気電子系学科，あるいは章を選択すれば電気電子系学科以外の学生にとっても，学びやすい内容となっている。

　なお，本書は，1～4章，11章を清水が，5～7章を村本が，8，13章を中條が，9，12章を伊藤が，10章を飯岡が分担して執筆した。

　本書が，学生たちのより良い理解の一助になれば幸いである。

2012年1月

著　者

目　　　　次

1.　回 路 の 基 礎

1.1　オームの法則 … 1
1.2　直 流 回 路 … 3
1.3　キルヒホッフの法則 … 6
演 習 問 題 … 8

2.　正弦波交流と回路素子

2.1　正 弦 波 交 流 … 9
2.2　正弦波交流の表し方 … 10
2.3　平均値と実効値 … 13
2.4　回路素子とその性質 … 16
演 習 問 題 … 23

3.　記号法とインピーダンス

3.1　微分方程式を使った回路計算 … 24
3.2　記　号　法 … 27
3.3　インピーダンスとアドミタンス … 36
演 習 問 題 … 42

4.　電 力 と 力 率

4.1　瞬時電力とその平均 … 44
4.2　電 力 と 力 率 … 49

- 4.3 複素電力 …………………………………………………… *52*
- 4.4 力率の改善 ………………………………………………… *55*
- 演習問題 ………………………………………………………… *60*

5. 回路方程式

- 5.1 キルヒホッフの法則による回路網の解き方 …………… *62*
- 5.2 クラメールの方法 ………………………………………… *64*
- 5.3 回路網の解析 ……………………………………………… *68*
- 演習問題 ………………………………………………………… *74*

6. 回路と諸定理

- 6.1 重ね合わせの理 …………………………………………… *76*
- 6.2 テブナンの定理 …………………………………………… *79*
- 6.3 ノートンの定理 …………………………………………… *82*
- 6.4 帆足-ミルマンの定理 ……………………………………… *84*
- 6.5 補償の定理 ………………………………………………… *85*
- 6.6 相反の定理 ………………………………………………… *87*
- 6.7 ブリッジ回路 ……………………………………………… *88*
- 6.8 最大電力供給の定理 ……………………………………… *90*
- 6.9 Δ（三角）結線とY（星形）結線の等価変換 ………… *92*
- 演習問題 ………………………………………………………… *95*

7. 相互インダクタンス

- 7.1 自己インダクタンスと相互インダクタンス …………… *97*
- 7.2 二つのコイルの直列接続 ………………………………… *99*
- 7.3 相互誘導結合 ……………………………………………… *100*
- 演習問題 ………………………………………………………… *108*

8. ひずみ波交流

- 8.1 ひずみ波交流の定義 ... 110
- 8.2 ひずみ波交流の電力 ... 112
- 8.3 ひずみ波交流の波形率，波高率，ひずみ率 ... 115
- 8.4 ひずみ波交流のフーリエ級数展開 ... 116
- 8.5 特殊波形のフーリエ級数の簡易展開 ... 120
- 演習問題 ... 127

9. 過渡現象

- 9.1 定常状態と過渡状態 ... 129
- 9.2 RL 直列直流回路 ... 130
- 9.3 RC 直列直流回路（充電）... 137
- 9.4 RC 直列直流回路（放電）... 139
- 9.5 RC 直列方形波パルス回路 ... 141
- 9.6 RC 直列交流回路 ... 144
- 9.7 LC 直列直流回路 ... 147
- 9.8 RLC 直列直流回路 ... 149
- 演習問題 ... 153

10. 三相交流

- 10.1 対称三相交流 ... 155
- 10.2 非対称三相交流 ... 169
- 10.3 二電力計法による三相電力の計測 ... 175
- 10.4 回転磁界 ... 177
- 演習問題 ... 181

11. 一端子対回路

11.1 一端子対回路 ··· 185
11.2 一端子対回路の周波数特性と共振現象 ························· 186
11.3 リアクタンス一端子対回路 ·· 191
11.4 リアクタンス一端子対回路の合成 ································ 197
演 習 問 題 ··· 200

12. 二端子対回路

12.1 二端子対回路 ··· 202
12.2 アドミタンス行列（Y 行列）······································ 203
12.3 インピーダンス行列（Z 行列）································· 204
12.4 ハイブリッド行列，並直列行列 ·································· 205
12.5 四端子行列（F 行列，縦続行列）····························· 206
12.6 Y, Z, H, G, F パラメータ間の変換 ··························· 208
12.7 二端子対回路の縦続接続 ··· 209
12.8 二端子対回路の並列接続，直列接続，直並列接続，並直列接続 ········ 212
演 習 問 題 ··· 216

13. 分布定数回路

13.1 基 礎 方 程 式 ··· 217
13.2 インピーダンス ·· 222
13.3 反射係数と電圧定在波比 ··· 224
13.4 分布定数回路の整合条件 ··· 226
13.5 スミスチャートの原理と応用 ······································ 227
演 習 問 題 ··· 230

演習問題解答 ··· 232
索　　　　引 ··· 244

1. 回路の基礎

本章では，電気回路を学ぶ基礎であるオームの法則と，最も基本的な回路として直流回路について理解する。さらに，キルヒホッフの法則についても学ぶ。多くの部分はすでに高校までに学習している事項であるが，今後の基本となるのでよく理解しておいてほしい。

1.1 オームの法則

金属などでできた導体を流れる電流は，その導体の両端の電位差に比例する。このことを**オームの法則**（Ohm's law）という。オームの法則の簡単な例として，図 1.1（a）に示すように豆電球を乾電池に接続することを考える。豆電球の両端の電位差 V〔V〕（**ボルト**）と豆電球を流れる電流 I〔A〕（**アンペア**）は比例し，その比例定数を R とすると

$$V = R \cdot I^\dagger \tag{1.1}$$

と表される。ここで，R を**電気抵抗**または単に**抵抗**（resistance）と呼び，単位は〔Ω〕（**オーム**，ohm）である。これを回路図で示したものが，図（b）である。

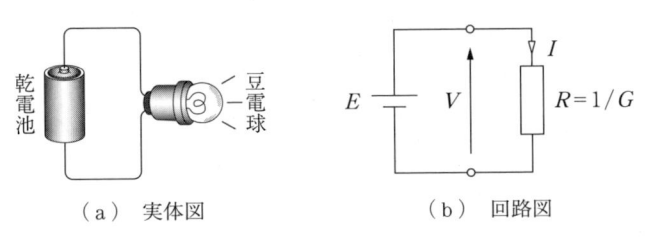

(a) 実体図 (b) 回路図

図 1.1 豆電球と乾電池の接続回路

---

† 式中の・は，掛算を表す。これを省略して例えば RI のように表すことが多いので，本書においても 1.2 節以降においては・を省略する。

1. 回路の基礎

式 (1.1) はまた

$$I = \frac{1}{R} \cdot V = G \cdot V \tag{1.2}$$

とも書ける。ここで，G は抵抗の逆数（$G=1/R$）で**コンダクタンス**（conductance）と呼ばれる†。コンダクタンスの単位は**ジーメンス**（siemens）〔S〕である。ジーメンスは大文字の S であり，小文字の s は秒である。紛らわしいので気をつけよう。当然のことであるが，〔S〕= 〔Ω^{-1}〕である。

さて，導体の両端に電位の差（**電位差**）を発生させ電流を流す働きのことを**起電力**（electromotive force）という。乾電池は起電力を持っているといえる。乾電池のように起電力を持つものを**電源**と呼ぶ。図 (b) では乾電池の起電力 E と豆電球の両端の電位差 V は等しい。起電力は電圧や電位差と同じボルト〔V〕の単位を持つ。

ところで，オームの法則はいつでもどんなものに対しても成り立つ法則ではない。電圧を増加させると電流が減少するような物質もある。図 1.1 の簡単な例においても，豆電球を乾電池に接続した直後は，じつは電流の値は変化し一定ではない。これは，電球のフィラメントの温度が上昇し，それに伴って抵抗値も上昇するためである。この場合，V, I, R をそれぞれ時間とともに変化する量と考えれば，各時刻においてオームの法則が成り立つ。しかし，電流が変化する時間はきわめて短い（≪1s）ので，通常は豆電球を流れる電流は一定と考えてよい。式 (1.1) で用いた抵抗 R はいつでも一定の値を持つとした理想化した抵抗である。起電力や電圧 V についても同様なことがいえる。実際の乾電池は，何時間も豆電球を接続していれば起電力，したがって電圧は低下する。しかし，回路の電流を測定する数分程度の間は一定としてよいので，式 (1.1) が成り立つ。つまり，式 (1.1) では電圧 V もいつでも一定の値を持つ理想化したものである。

例題 1.1 1.5V の乾電池に豆電球を接続したら，0.5A の電流が流れた。乾電池が消耗して起電力が 1.2V になったとき，何 A 流れるか答えなさい。豆電球の抵抗

---

† conduct は導くといった意味であり，コンダクタンスは電流の導きやすさの指標である。

値は不変とする。

解 電流は電圧に比例するので，$0.5 \times 1.2 / 1.5 = 0.4\,\mathrm{A}$ である。豆電球の抵抗値は $1.5\,\mathrm{V}/0.5\,\mathrm{A} = 3\,\Omega$ で，コンダクタンスは $1/3 = 0.33\,\mathrm{S}$ である。

1.2 直 流 回 路

電圧や電流の値がいつでも一定である回路を**直流回路**と呼ぶ。直流の英語表記が direct current であるので **DC 回路**ということも多い。これに対して電圧や電流の大きさと方向が時間とともに周期的に変化する回路を**交流回路**と呼ぶ。交流の英語表記が alternating current であるので **AC 回路**ともいう。交流回路については 2 章以降で学ぶ。

1.2.1 直 列 回 路

二つの抵抗 R_1 と R_2 を**図 1.2** に示すように直列に乾電池（直流電源）に接続した回路（**直列回路**）を考えてみよう。

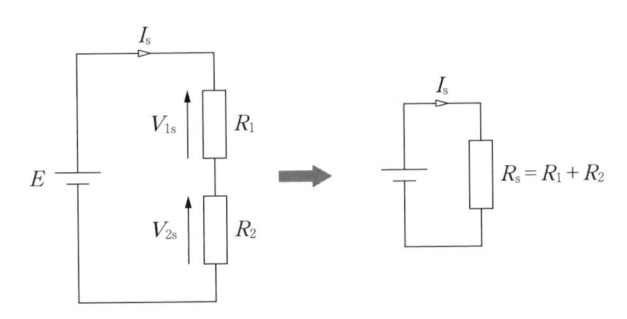

図 1.2 直 列 回 路

R_1 の両端の電位差を $V_{1\mathrm{s}}$，R_2 の両端の電位差を $V_{2\mathrm{s}}$ とすると，$V_{1\mathrm{s}}$ と $V_{2\mathrm{s}}$ の和が直流電源の発生する電圧（起電力 E）に等しいはずである。また，$V_{1\mathrm{s}}$ と $V_{2\mathrm{s}}$ は R_1，R_2 と電流 I_s を用いて，$V_{1\mathrm{s}} = R_1 I_\mathrm{s}$ および $V_{2\mathrm{s}} = R_2 I_\mathrm{s}$ と表されるので，式 (1.3) が成り立つ。

$$E = V_{1\mathrm{s}} + V_{2\mathrm{s}} = R_1 I_\mathrm{s} + R_2 I_\mathrm{s} = (R_1 + R_2) I_\mathrm{s} = R_\mathrm{s} I_\mathrm{s} \tag{1.3}$$

全体の抵抗は R_s となる。このとき電源から見ると，回路には大きさが $R_\mathrm{s} = (R_1 + R_2)$ である一つの抵抗 R_s が接続され，それを電流 I_s が流れているとみな

1.2.2 並列回路

つぎに，同じ抵抗 R_1 と R_2 を図1.3に示すように並列に直流電源に接続した回路（**並列回路**）を考えてみよう。

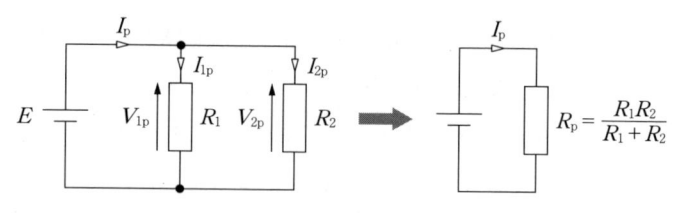

図1.3 並列回路

R_1 と R_2 の両端の電位差をそれぞれ V_{1p}，V_{2p} とすると，V_{1p} と V_{2p} は等しく，また直流電源の発生する電圧（起電力 E）とも等しいはずである。ここで，R_1 を流れる電流を I_{1p}，R_2 を流れる電流を I_{2p} とすると，$V_{1p} = R_1 I_{1p}$，$V_{2p} = R_2 I_{2p}$ と表されるので，次式が成り立つ。

$$E = V_{1p} = R_1 I_{1p} = V_{2p} = R_2 I_{2p}$$

これから I_{1p} と I_{2p} は

$$I_{1p} = \frac{E}{R_1} = E G_1$$

$$I_{2p} = \frac{E}{R_2} = E G_2$$

と求まる。ここで，G_1，G_2 は抵抗 R_1，R_2 のコンダクタンスである。直流電源を流れる電流 I_p は $I_p = I_{1p} + I_{2p}$ となるので，式 (1.4)，(1.5) が導かれる。

$$I_p = I_{1p} + I_{2p} = E G_1 + E G_2 = E(G_1 + G_2) = E G_p \tag{1.4}$$

$$E = \frac{I_p}{G_p} = I_p R_p \tag{1.5}$$

式 (1.4)，(1.5) は，この回路の全体のコンダクタンス G_p と抵抗 R_p が

$$G_p = G_1 + G_2 = \frac{1}{R_1} + \frac{1}{R_2}$$

$$R_\mathrm{p} = \frac{1}{G_\mathrm{p}} = \frac{1}{\dfrac{1}{R_1}+\dfrac{1}{R_2}} = \frac{R_1 R_2}{R_1+R_2}$$

となることを示している。

例題1.2 三つの抵抗 R_1, R_2, R_3 が直列に接続された回路（**図1.4**(a)）および並列に接続された回路（図(b)）について，それぞれの抵抗を流れる電流 I_1, I_2, I_3, およびその両端の電位差 V_1, V_2, V_3 を求めなさい。また，全体の抵抗 R_T および全体のコンダクタンス G_T を求めなさい。

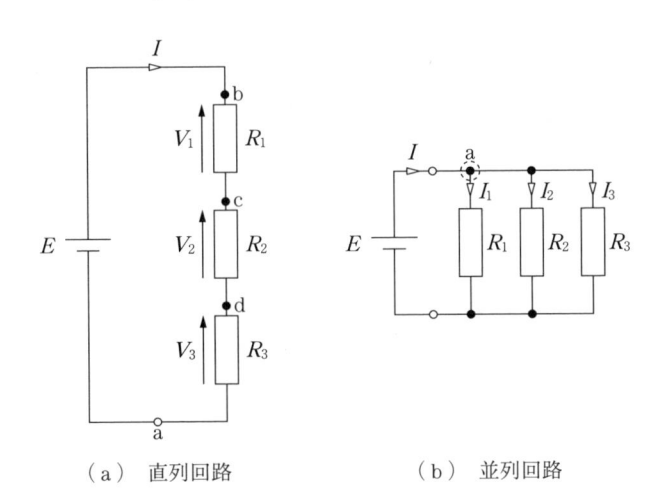

（a）直列回路　　　　　（b）並列回路

図1.4 三つの抵抗の接続

解 図1.4(a)においては，電源を流れる電流がそのまま各抵抗を流れるので $I = I_1 = I_2 = I_3$ である。したがって，それらの両端の電位差 V_1, V_2, V_3 は

$$V_1 = I_1 R_1 = IR_1, \quad V_2 = I_2 R_2 = IR_2, \quad V_3 = I_3 R_3 = IR_3$$

である。V_1, V_2, V_3 の和が電源の起電力 E に等しいので

$$E = V_1 + V_2 + V_3 = IR_1 + IR_2 + IR_3 = I(R_1+R_2+R_3) = IR_\mathrm{T}$$

となる。したがって，$R_\mathrm{T} = R_1 + R_2 + R_3$, $G_\mathrm{T} = 1/(R_1+R_2+R_3)$ である。

図(b)においては，V_1, V_2, V_3 が E に等しい。$E = V_1 = V_2 = V_3$ である。各抵抗の電流は

$$I_1 = \frac{E}{R_1} = EG_1, \quad I_2 = \frac{E}{R_2} = EG_2, \quad I_3 = \frac{E}{R_3} = EG_3$$

と求まる。電源を流れる電流 I は I_1, I_2, I_3 の和に等しいので

$$I = I_1 + I_2 + I_3 = EG_1 + EG_2 + EG_3 = E(G_1+G_2+G_3)$$

よって，全体の G_T, R_T はつぎのように求まる．

$$G_T = G_1 + G_2 + G_3 = \frac{1}{R_1} + \frac{1}{R_2} + \frac{1}{R_3}$$

$$R_T = \frac{1}{G_T} = \frac{R_1 R_2 R_3}{R_1 R_2 + R_2 R_3 + R_3 R_1}$$

このように，直列回路では電流が共通なため抵抗を，並列回路では電圧が共通なためコンダクタンスを用いるとわかりやすい．

1.3 キルヒホッフの法則

図 1.2 の直列回路では，抵抗 R_1 と R_2 を流れる電流は同じであり，またそれらの両端の電位差 V_{1s} と V_{2s} の和が起電力 E に等しいとしている．図 1.3 の並列回路では，抵抗 R_1 と R_2 の両端の電位差は E に等しく，また電源から流れ出した電流は抵抗 R_1 と R_2 に流れる電流の和であるとしている．これらのことを自明のこととして，式 (1.3) 〜 (1.5) を導いている．

18 世紀のドイツの物理学者キルヒホッフ（G.R.Kirchhoff）は，これらの二つのことをきちんとした法則の形にまとめた．これが**キルヒホッフの法則**（Kirchhoff's law）である．

① **電流則（第 1 法則）**　　回路中の任意の一つの接合点に流入する電流の代数和は 0 であり，式 (1.6) で表される．

$$\sum_i I_i = 0 \tag{1.6}$$

② **電圧則（第 2 法則）**　　回路中の任意の一つのループ（閉回路）において，各抵抗の両端の電位差と電源電圧の代数和は 0 であり

$$\sum_i V_i = 0 \tag{1.7}$$

で表される．キルヒホッフの法則により普遍的な解釈を加えれば，電流則は電流が連続であること，すなわち電流が泉のように湧き出す点も，ブラックホールのように吸い込まれる点もないことを示している．また，電圧則は，電位が一意に決まり，2 点間の電位差は経路によらないことを示している．

例題 1.3　図 1.4（a）の回路で電圧則が成り立つことを確かめなさい．また，図（b）の回路で電流則が成り立つことを確かめなさい．

[解] 図1.4(a)において，点aから出発して，点b→c→dと経由して点aに戻る経路を考える。点bの電位は点aよりEだけ高いので$+E$となる。点cの電位は点bよりV_1だけ低く，点dの電位は点cよりV_2だけ低い。さらに，点aの電位は点dよりV_3だけ低いので1周したあとの電位差の総和は，$\sum_i V_i = +E - V_1 - V_2 - V_3 = 0$となる。点bを出発して1周してbに戻るとき，電位は元の値になると考えてもよい。よって電圧則が成り立っている。

図(b)の回路において，点aに流入する電流を考える。わかりやすくするため点aの周りに円形の領域を描き，その領域に流入する電流を考える。この領域には電源電流Iが流れ込み，I_1と(I_2+I_3)が流れ出ていく。領域に流れ込む電流を+，領域から流れ出す電流を-とすると，この領域に流入する電流の総和は

$$\sum_i I_i = I + (-I_1) + (-(I_2+I_3)) = I - I_1 - I_2 - I_3 = 0$$

となる。よって電流則が成り立っている。

☕ コーヒーブレイク

「なぜ交流か？」

電気エネルギー（電力）の供給は，一般的には直流ではなく交流で行われている。その理由を考えてみよう。

電力は発電所から電線（ケーブルや架空線）を通して消費地に送られる。電線は小さな値ではあるが抵抗を持つ。抵抗に電流が流れると（抵抗）×（電流）^{2}でジュール熱が発生し損失となるので，電線を通る電流はなるべく小さくしたい。

一方，送る電力の量は（電圧）×（電流）で決まる。大きな電力を送るためには，電圧を上げるか，電流を増すか2通りの方法がある。しかし，電流を増すとその2乗で損失が増えるので，電圧を上げたほうが有利である。

交流では，変圧器を使って容易に電圧を上げることができるが，直流ではなかなか難しい。これが交流が使われるおもな理由である。そのほかにも，電流の遮断が交流のほうが容易なことなどもあるが，ここでは触れない。

現状では交流の送配電が支配的であるが，直流が使われることもある。例えば，長距離の送電や海底ケーブル送電には直流が有利である。北海道と本州を結ぶ海底ケーブル（北本連携線）は，直流電圧250 kV・電流1 200 Aの世界でも有数の直流送電施設である。さらに，自動車の車内配電には直流12 Vが使われている。また，最近の電気電子機器では，機器内部で直流に変換してインバータ制御を行うことが多いことから，直流配電を積極的に見直す動きもある。

本章のまとめ

- **1.1** オームの法則：電圧 $V=$ 抵抗 $R\times$ 電流 I
- **1.2** 直列な抵抗：全体の抵抗 $R=R_1+R_2$（各抵抗値の和）
- **1.3** 並列な抵抗：全体の抵抗 $R=\dfrac{R_1 R_2}{R_1+R_2}$
- **1.4** 電流は連続であり，電位は一意に決まる。

演習問題

1.1 図 1.5 の回路において，抵抗 R_1, R_2, R_3 を流れる電流とその両端の電位差を求めなさい。この回路を電源から見たとき，一つの抵抗 R_T とみなすことができる。R_T の大きさを求めなさい。

1.2 図 1.6 の回路において，前問と同様な事項に答えなさい。

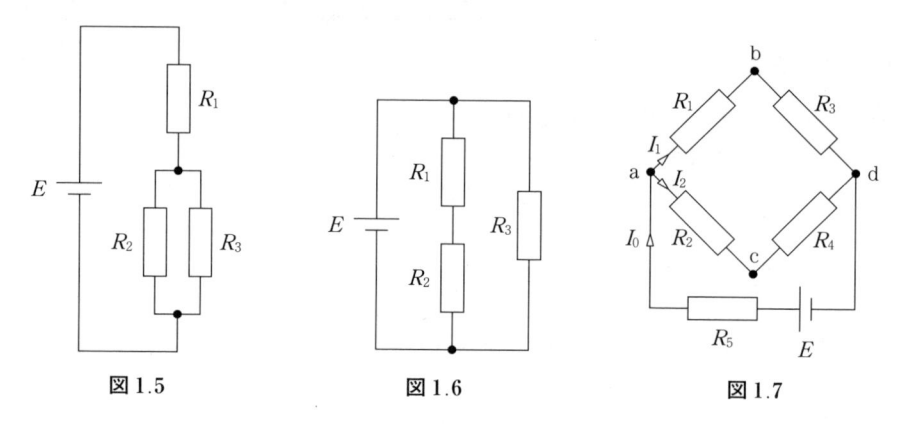

図 1.5   図 1.6   図 1.7

1.3 図 1.7 の回路において，電流 I_0, I_1, I_2 を求めなさい。また，点 d の電位を基準として点 a, b, c の電位を求めなさい。さらに，点 b と点 c の電位が等しくなるためには $R_1\sim R_5$ にどのような条件が必要か答えなさい。

2. 正弦波交流と回路素子

家庭では電気製品をコンセントにつないで使う。コンセントから得られる電圧，電流は直流ではなく，正弦波つまり sin 波の形状をした交流である。本章では，正弦波交流とは何かをその表し方を含めて学ぶ。さらに，交流回路理論に登場する三つの回路素子の性質についても理解する。

2.1 正弦波交流

電圧と電流が時間的に一定な値を示すものが直流であった。これに対して，電圧や電流が時間に対して周期的に大きさと向きを変えるものを**交流**と呼ぶ。図 2.1 に示すように交流の中にもさまざまな波形があるが，最も基本的で重要なものが図（a）に示す正弦波（sin 波）の形状を持つ交流である。

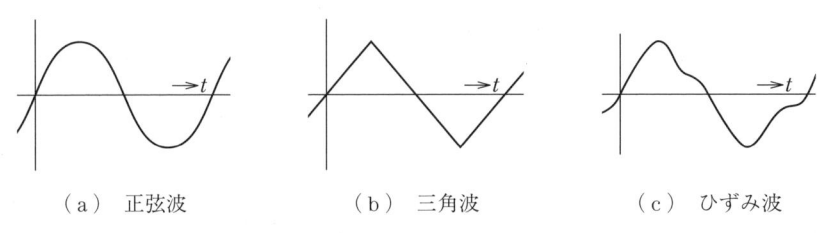

(a) 正弦波　　　(b) 三角波　　　(c) ひずみ波

図 2.1　交流の波形例

なぜ，正弦波交流が基本的で重要かというと，図（b），（c）の波形は，周期の異なるいろいろな正弦波を組み合わせることによって合成できるからである。これについては 8 章で詳しく学ぶ。

さて，交流の条件として，周期的に大きさと向きを変えることのほかに，直流成分が 0 であること，すなわち 1 周期にわたる平均値が 0 であることが必要である。図 2.1 の波形はいずれもこの条件を満たしている。

2.2 正弦波交流の表し方

正弦波は正弦関数（sin 関数）を用いて

$$f(x) = a \sin x \tag{2.1}$$

と表される。ここで，変数 x は**位相角**（phase angle，単に**位相**（phase）ともいう）であり，定数 a は振幅であることはすでに数学で学んでいる。正弦波交流を数式で表すためには，電圧や電流が時間 t とともにどのように変化するかを示す必要がある。したがって，変数は時間 t となり，例えば電圧 $v(t)$ であれば式 (2.2) のように表される。

$$v(t) = V_0 \sin(\omega t) \tag{2.2}$$

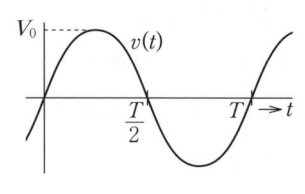

図 2.2 正弦波交流

ここで，V_0 は**振幅**（amplitude）であり，電圧の**最大値**（maximum value）を表す。振幅のことを**波高値**（peak value）とも呼ぶ。ω は時間 t を位相角に変換する係数であり，**角周波数**（angular frequency）と呼ぶ。$v(t)$ を図示したものが図 2.2 である。ここに，式 (2.2) で示したような時々刻々の値を**瞬時値**（instantaneous value）と呼び，電圧であれば**瞬時電圧**（instantaneous voltage）と呼ぶ。

さて，式 (2.1) と式 (2.2) を比較すると，角周波数 ω は位相角/時間の単位を持つことがわかる。一つの波形が完了するのに必要な時間を**周期**（period）と呼び，周期を T〔s〕とすると，$\omega = 2\pi/T$ と表され，ω の単位は〔rad/s〕である。

一方，1 秒間に同じ波形が繰り返される回数は $1/T$ となり，これを**周波数**（frequency）と呼び，f で表す。周波数の単位は**ヘルツ**〔Hz〕である。周波数の物理的な単位は〔s^{-1}〕であるが，ドイツの物理学者で電磁波の存在を初めて実験的に示したハインリヒ ヘルツ（Heinrich R. Hertz）にちなんでヘルツ〔Hz〕という特別な単位が設けられている。周波数 f と周期 T はつぎの関係を持つ。

2.2 正弦波交流の表し方

$fT = 1$

また、角周波数 ω と周波数 f の関係は

$$\omega = 2\pi f \ [\text{rad/s}] \tag{2.3}$$

となる。

図2.2では時刻 $t = 0$ において位相角 ωt が 0 であり、したがって $v(0) = 0$ であるが、一般にはそうなるとは限らない。**図 2.3** に示す二つの電流 $i_1(t)$ と $i_2(t)$ は

$$i_1(t) = I_0 \sin \omega t$$

$$i_2(t) = I_0 \sin(\omega t + \theta)$$

を表している。

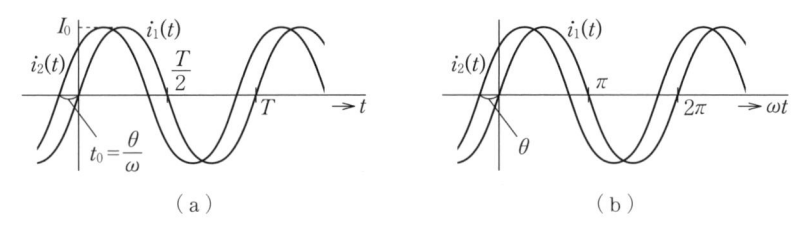

図 2.3 二つの交流波形

ここで、θ は任意の位相角を表す定数であり、単位は〔rad〕である。これを時間に直せば、$t_0 = \theta/\omega$ である。図（a）は二つの電流の時間に対する変化を、図（b）は位相角に対する変化を示している。ただし、図は $\theta > 0$ の場合を示している。

さて、図（a）で $i_1(t)$、$i_2(t)$ が同じ位相となる点、例えば 0 となる点を比べると、$i_2(t)$ のほうが早い時点で達している。このことから「$i_2(t)$ のほうが $i_1(t)$ より**位相が進んでいる**」、または「$i_1(t)$ は $i_2(t)$ より**位相が遅れている**」という。図（b）でも $i_2(t)$ のほうが $i_1(t)$ より左側にあることから同様な表現をする。

例題 2.1 周期 20 ms、波高値 120 V、$t = 0$ における位相 $-\pi/6$〔rad〕の交流電圧 $v(t)$ の式を示し、図示しなさい。

解 $T = 20 \times 10^{-3}$〔s〕、$f = 1/T = 50 \text{ Hz}$、$\omega = 2\pi f = 100\pi$〔rad/s〕、

$\theta = -\pi/6$ 〔rad〕

$$\therefore\ v(t) = 120 \sin\left(100\pi t - \frac{\pi}{6}\right)\ 〔V〕$$

これを図示すると図 2.4 となる。

図 2.4

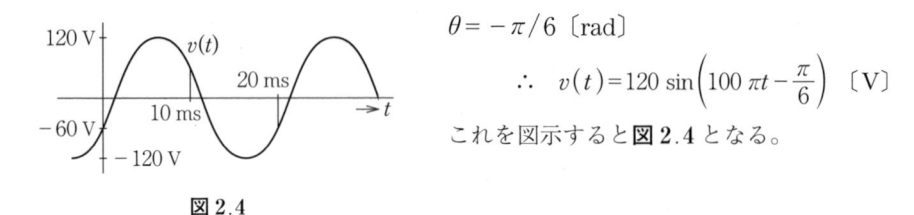

☕ コーヒーブレイク

「商用周波数の話」

　電力会社などが一般利用者に販売している電力の周波数のことを**商用周波数**という。日本には商用周波数が二つある。東日本が 50 Hz, 西日本が 60 Hz である。二つの周波数を持つ国はとても珍しい。通常，どちらか一方であり，北アメリカと南アメリカ中北部では 60 Hz, ヨーロッパをはじめ他の地域では 50 Hz である。

　日本が二つの周波数を持つ理由は，歴史的な事情による。1895 年（明治 28 年）頃，東京の電力供給会社東京電燈はドイツ AEG 社製の 50 Hz, 265 kV・A の発電機を輸入し，それまでの直流送電を交流送電に切り替え始めた。一方，大阪では 1889 年（明治 22 年）頃から大阪電燈がアメリカ製 125 Hz, 30 kW の交流発電機を使って交流送電を開始していたが，1897 年（明治 30 年）に 60 Hz, 150 kW のアメリカ GE 社製発電機を増設した。当時欧米でも電力供給会社により 25 Hz ～ 133 1/3 Hz のさまざまな周波数が使われていた。しかし，発電機構造や送電損失を考えると周波数は 50～60 Hz あたりが適当で，1900 年頃からドイツなどヨーロッパでは 50 Hz, アメリカでは 60 Hz と地域ごとに集約されていった。日本では，東で 50 Hz, 西で 60 Hz の交流電力網が広がっていった。これまでに何度か東西の周波数を統一しようとする話は持ち上がったが，多大な費用がかかる割には効果が小さいとみられ，そのたびに立ち消え，現在に至っている。

　日本の周波数の境界は，だいたい新潟県糸魚川市と静岡県の富士川を結ぶ線に沿っている。境界部分に周波数を変換して電力をやり取りする周波数変換所が 3 か所（佐久間周波数変換所，新信濃変電所，東清水変電所）ある。ここでは交流を一度直流にして，それから別の周波数の交流にしている。そのため大規模な設備が必要で，容量はそれほど大きくはない。2011 年の東日本大震災のあと，関東，東北地方で深刻な電力不足が起きたが，中部地方以西の電力を十分に送ることができなかったのはこのためである。

2.3 平均値と実効値

2.3.1 平　均　値

交流電圧や交流電流の1周期にわたる平均値は，2.1節で述べたように0である。このことを式を使って確かめてみよう。電圧 $v(t)$ を

$$v(t) = V_0 \sin(\omega t + \theta) \tag{2.4}$$

とすると，その1周期にわたる平均値は

$$\frac{1}{T}\int_0^T V_0 \sin(\omega t + \theta)\,dt = \frac{V_0}{T}\left[\frac{-\cos(\omega t + \theta)}{\omega}\right]_0^T = 0$$

と求まる。

すべての交流の1周期にわたる平均値は0であるが，それでは意味がないので，値が正である半周期の平均値を交流の**平均値**（average value）と定義し，添え字 a を付けて表すことにする。式 (2.4) の電圧の平均値 V_a は

$$V_a = \frac{2}{T}\int_{-\frac{\theta}{\omega}}^{\frac{\pi-\theta}{\omega}} v(t)\,dt = \frac{2}{T}\int_{-\frac{\theta}{\omega}}^{\frac{\pi-\theta}{\omega}} V_0 \sin(\omega t + \theta)\,dt$$

$$= \frac{2V_0}{T}\left[-\frac{\cos(\omega t + \theta)}{\omega}\right]_{-\frac{\theta}{\omega}}^{\frac{\pi-\theta}{\omega}} = V_0 \frac{2}{\pi} \tag{2.5}$$

と求まる。すなわち，正弦波の半周期の平均値はつねに最大値×$2/\pi$ の値である。

2.3.2 実　効　値

〔1〕**実　効　値**　　瞬時値の2乗の平均値の平方根を**実効値**（root mean square value，略して r.m.s. value または effective value）と呼ぶ。交流回路理論ではこの実効値がよく使われる。その理由は，後述するように電力を表すのに便利だからである。

正弦波交流電圧 $v(t) = V_0 \sin(\omega t + \theta)$ の実効値 V_e は

$$V_e = \sqrt{\frac{1}{T}\int_0^T v^2(t)\,dt} = \sqrt{\frac{V_0^2}{T}\int_0^T \sin^2(\omega t + \theta)\,dt}$$

$$= \sqrt{\frac{V_0^2}{T} \int_0^T \frac{1-\cos 2(\omega t + \theta)}{2} dt}$$

$$= \sqrt{\frac{V_0^2}{2T} \left[t - \sin 2(\omega t + \theta)/2\omega \right]_0^T}$$

$$= \sqrt{\frac{V_0^2}{2T} T} = \frac{V_0}{\sqrt{2}} \tag{2.6}$$

と求まる。式 (2.6) の例のように,実効値は添え字 e を付けて表すことにする。この例からもわかるように,正弦波交流の実効値はつねに最大値の $1/\sqrt{2}$ であり,角周波数や位相によらない。

〔2〕**抵抗で生じるジュール熱**　実効値が電力を表すのに便利と述べたが,どういうことであろうか。いま,**図 2.5** のように抵抗を接続した直流と交流の二つの回路を考えてみる。

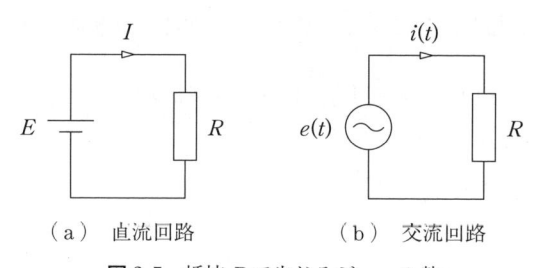

（a）　直流回路　　　　　（b）　交流回路

図 2.5　抵抗 R で生じるジュール熱

図 (a) の直流回路では,電圧 E の直流電源に抵抗 R を接続している。流れる電流 I は

$$I = \frac{E}{R}$$

であり,抵抗 R で 1 s 間に生じるジュール熱 Q_D〔J〕は

$$Q_\text{D} = EI \times 1\,\text{s} = \frac{E^2}{R} = RI^2 \tag{2.7}$$

と求まる。

一方,図 (b) の交流回路では,電源の瞬時電圧 $e(t)$ を

$$e(t) = E_0 \sin(\omega t + \theta)$$

2.3 平均値と実効値

とすると，瞬時電流 $i(t)$ は

$$i(t) = \frac{e(t)}{R} = \frac{E_0}{R}\sin(\omega t + \theta)$$

となる。ここで生じるジュール熱の 1 s 間の総量 Q_A 〔J〕を求めてみると

$$Q_A = \int_0^1 e(t)\,i(t)\,dt = \int_0^1 \frac{E_0^2}{R}\sin^2(\omega t + \theta)\,dt$$

$$= \frac{E_0^2}{R}\int_0^1 (1 - \cos 2(\omega t + \theta))\frac{1}{2}dt$$

$$= \frac{E_0^2}{R}\frac{1}{2}$$

となる。このとき，最大値 E_0 の代わりに実効値 $E_e = E_0/\sqrt{2}$ を用いると

$$Q_A = \frac{E_0^2}{2R} = \frac{E_e^2}{R} \tag{2.8}$$

となり，直流の場合の 1 s 間のジュール熱 Q_D（式 (2.7)）と交流の場合の 1 s 間のジュール熱 Q_A（式 (2.8)）は同じ式となる。なお，1 s 間のジュール熱とは電力のことである。電力については 4 章で詳しく学ぶ。

電流についても最大値 $I_0 = E_0/R$ の代わりに $I_e = I_0/\sqrt{2}$ を用いると

$$Q_A = \frac{E_0^2}{2R} = \frac{E_e^2}{R} = E_e I_e = R I_e^2$$

のように直流と同じとなり便利である。このような理由から，交流回路理論では最大値の代わりに実効値がよく用いられており，瞬時値も

$$v(t) = \sqrt{2}\,V_e \sin(\omega t + \theta)$$

のように実効値を用いて表されている。以下，本書では，主として実効値を用いた表記を行う。

例題 2.2 図 2.1 (b) に示した三角波 $v(t)$ の平均値 V_a と実効値 V_e を求めなさい。ただし，周期を T，最大値を V_0 とする。

解 図の三角波を式で表すとつぎのようになる。

$$v(t) = V_0 \frac{4}{T} t \qquad 0 \leq t \leq \frac{T}{4}$$

$$= V_0\left(-\frac{4}{T}t+2\right) \quad \frac{T}{4} \leq t \leq \frac{3T}{4}$$

$$= V_0\left(\frac{4}{T}t-4\right) \quad \frac{3T}{4} \leq t \leq T$$

平均値 V_a は,積分を行うまでもなく,三角形の面積から

$$V_\mathrm{a} = \frac{2}{T}\int_0^{\frac{T}{2}} v(t)dt = \frac{2}{T}V_0\frac{T}{2}\frac{1}{2} = \frac{V_0}{2}$$

と求まる。実効値 V_e は積分を行い,つぎのように求まる。

$$V_\mathrm{e} = \sqrt{\frac{1}{T}\int_0^T v^2(t)dt}$$

$$= \sqrt{\frac{1}{T}\left[\int_0^{\frac{T}{4}}\left(V_0\frac{4}{T}t\right)^2 dt + \int_{\frac{T}{4}}^{\frac{3T}{4}}\left\{V_0\left(-\frac{4}{T}t+2\right)\right\}^2 dt + \int_{\frac{3T}{4}}^T\left\{V_0\left(\frac{4}{T}t-4\right)\right\}^2 dt\right]}$$

$$= \frac{V_0}{\sqrt{3}}$$

2.4 回路素子とその性質

2.4.1 三つの回路素子

直流回路では電流を流す回路素子(**素子**(element)とは構成単位のことで,部品と考えてよい)は抵抗だけであった。交流回路では,抵抗に加えてコイルとコンデンサの三つの回路素子を扱う。これら三つの素子は**線形受動素子**といわれるものである。わかりやすくいうと,線形とは重ね合わせの理が成り立つ性質であり,受動とはエネルギー源を持たないことである。以下では,この三つの回路素子の性質について学ぶ。

2.4.2 抵 抗 素 子

〔1〕**抵　　抗**　抵抗は,1章で学んだオームの法則が成り立つ素子である。交流でも直流と同様に,抵抗の両端の電位差(「抵抗の両端にかかる電圧」といったり,単に「抵抗にかかる電圧」ということも多い)の瞬時値 $v_R(t)$ と抵抗を流れる電流の瞬時値 $i_R(t)$ は比例し,式(2.9)が成り立ち,その比例係数 R が抵抗の値である。

$$v_R(t) = Ri_R(t) \tag{2.9}$$

さて,例えば電流を $i_R(t) = \sqrt{2}\,I_\mathrm{e}\sin(\omega t+\theta)$ とすると

$$v_R(t) = Ri_R(t) = R\sqrt{2}\,I_e\sin(\omega t + \theta)$$

となる。位相角に注目すると，電圧と電流の位相角は同一であることがわかる。抵抗の両端にかかる電圧と流れる電流の位相角が同一であることは，抵抗の重要な特性である。

すでに，これまでにも何度も出てきているが，電気回路を図で表すときの抵抗には図2.5で示す図記号が使われている。この記号は国際規格によって定められたものである。

〔2〕 **電流，電圧の向き**　ここで図2.6に示すように抵抗 R を交流電源に接続することを考える。

交流電源の起電力を $e(t)$ とすると，抵抗 R の両端にかかる電圧 $v_R(t)$，$e(t)$ と抵抗 R を流れる電流 $i_R(t)$ の関係は

$$e(t) = v_R(t) = Ri_R(t)$$

となる。ここで流れる電流の向きについて考えてみよう。起電力は，正弦波交流 $e(t) = \sqrt{2}\,E_e\sin(\omega t + \theta)$ なので，実際には電流 $i_R(t)$ の向きは半周期 $T/2$ ごとに変わる。しかし，これでは考えにくく図にも示しにくい。そこで，一般には端子 a の電位が端子 b の電位より高い $e(t) > 0$ の領域の電流の向きを図に示す。これを明確にするため起電力 $e(t)$ に矢印を付ける場合もある。また，「両端にかかる電圧」，「抵抗にかかる電圧」，「**端子電圧**（terminal voltage）」という場合にも端子 a の電位が端子 b の電位より高いことを想定して b→a の方向に矢印を付ける。一方，**電圧降下**（voltage drop）という用語もしばしば用いられるが，このときは端子 a から端子 b の向きに電位が降下する意味で a→b の向きに矢印を付けることもある。

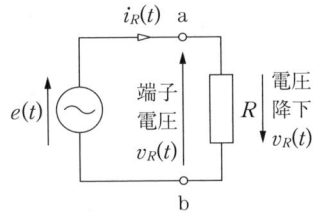

図2.6　電圧，電流の向き

2.4.3　インダクタンス素子

コイルに直流電流 I_L を流すと，それに比例した磁束 Φ が生じる。この様子を図2.7に示す。

$$\Phi = LI_L$$

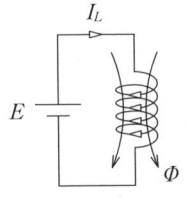

図2.7　インダクタンス素子

比例係数 L は**インダクタンス**（inductance）と呼ばれ，**ヘンリー**（henry）〔H〕の単位を持つ。インダクタンス L は，コイルの形状とコイル内部の物質の透磁率によって決まる定数である。電流 I_L が流れ磁束を保持しているコイルには

$$W = \frac{1}{2}\phi I_L = \frac{1}{2}L I_L^2 \quad \text{〔J〕}$$

の磁気エネルギーが蓄えられている。

コイルに流れる電流が交流電流 $i_L(t)$ の場合，生じる磁束は

$$\phi(t) = L i_L(t) \quad \text{〔Wb〕}$$

と表され，やはり交流となり，大きさと向きが周期的に変わる。コイルに蓄えられるエネルギーも時間とともに変化する。

$$W(t) = \frac{1}{2}\phi(t) i_L(t) = \frac{1}{2} L i_L^2 \quad \text{〔J〕}$$

さて，コイルを貫く磁束が時間とともに変化するとき，コイルには磁束の変化を妨げる向きに電圧が生じる。この電圧は電磁誘導の法則により

$$v_L(t) = \frac{d\phi(t)}{dt} = L \frac{d i_L(t)}{dt}$$

で与えられる。

電流が増加すれば，それに伴って磁束が増加するが，これを妨げ，電流の増加を抑え込もうとする電圧が生じるわけである。このような働きを**逆起電力**（counter-electromotive force）と呼ぶこともある。

図 2.8 に示すように，コイルを起電力 $e(t)$ の交流電源に接続すると，$e(t)$ と $v_L(t)$ が等しくなるような，つまり起電力と逆起電力が釣り合うような電流が流れることになり

$$e(t) = v_L(t) = L \frac{d i_L(t)}{dt} \quad (2.10)$$

が成り立つ。したがって，$v_L(t)$ はコイルによる電圧降下ともいえる。ここで，当然のことであるが，起電力とコイルの両端にかかる

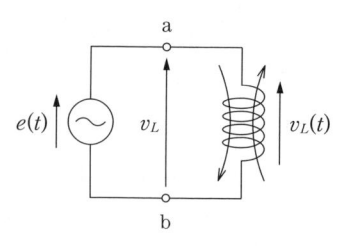

図 2.8 インダクタンス回路

電圧は等しい。

実際のコイルは導体をらせん状に巻いて作る。このため実際のコイルには，インダクタンスの働きばかりでなく抵抗の働きも含まれ，ジュール熱が発生する。そこで，インダクタンスの働きだけを持つ理想化した素子を考え，これを**インダクタンス素子**，**インダクタ**または**誘導素子**と呼んでいる。インダクタンス素子の図記号を**図2.9**に示す。

図2.9 インダクタンスの図記号

例題2.3 インダクタンス素子 L に $i_L(t) = \sqrt{2}\,I_e \sin(\omega t + \theta)$ を流した。素子の両端にかかる電圧 $v_L(t)$ を求めなさい。このとき $i_L(t)$ と $v_L(t)$ の位相はどのような関係にあるか考えなさい。

解 式 (2.10) により

$$v_L(t) = L\frac{di_L(t)}{dt} = L\frac{\sqrt{2}\,I_e d\sin(\omega t + \theta)}{dt}$$

$$= \omega L\sqrt{2}\,I_e \cos(\omega t + \theta) = \sqrt{2}\,\omega L I_e \sin\left(\omega t + \theta + \frac{\pi}{2}\right)$$

インダクタンス素子では，両端にかかる電圧の実効値は電流の実効値の ωL 倍，電流の位相は電圧より $\pi/2$ 遅れていることがわかる。

2.4.4 キャパシタンス素子

コンデンサに電荷が蓄えられると，その両端に電位差 V が生じる。いま，**図2.10**のようにコンデンサの二つの電極に $+Q$ と $-Q$ の電荷が蓄えられているとすると，Q は V に比例し

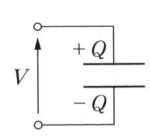

$$Q = CV \quad [\mathrm{C}]$$

と表される。

図2.10 コンデンサの原理

ここで，比例係数 C は**静電容量**または**キャパシタンス** (capacitance) と呼ばれ，**ファラド** (farad) $[\mathrm{F}]$ の単位を持つ。なお，電荷 Q は**クーロン** (coulomb) $[\mathrm{C}]$ の単位を持つ。静電容量 C はコンデンサの形状と内部の物質の誘電率によって決まる定数である。また，電荷を蓄えているコンデンサには

$$W = \frac{1}{2}QV = \frac{1}{2}CV^2 \quad [\mathrm{J}]$$

の静電エネルギーが蓄えられている。

コンデンサに交流電流 $i_C(t)$ が流れ込むと，電極には

$$q(t) = \int i_C(t)dt \quad [\text{C}]$$

の電荷が蓄えられることになる。電荷 $q(t)$ は時間 t の関数であり，時々刻々変化する。すると，その両端にはやはり時間とともに変化する電圧 $v_C(t)$ が発生する。$q(t) = Cv_C(t)$ なので $v_C(t)$ は

$$v_C(t) = \frac{1}{C}q(t) = \frac{1}{C}\int i_C(t)dt$$

と表される。

コンデンサを起電力 $e(t)$ の交流電源に接続すると，$e(t)$ と $v_C(t)$ が等しくなるような電流が流れることになり

$$e(t) = v_C(t) = \frac{1}{C}\int i_C(t)dt \tag{2.11}$$

が成り立つ。したがって，コンデンサ素子の両端にかかる電圧は式 (2.11) の $v_C(t)$ で表される。

実際のコンデンサには静電容量の働きばかりでなく抵抗の働きも含まれ，ジュール熱が発生する。そこで，静電容量の働きだけを持つ理想化した素子を考え，**キャパシタンス素子**，**キャパシタ**または**容量素子**と呼んでいる。キャパシタンス素子 C は**図 2.11** に示す図記号で表される。

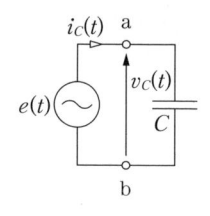

図 2.11 キャパシタンス回路

例題 2.4 図 2.11 に示すように，キャパシタンス素子 C を交流電源に接続したところ，電流 $i_C(t) = \sqrt{2}\,I_e\sin(\omega t + \theta)$ が流れた。このときのキャパシタンス素子の両端にかかる電圧 $v_C(t)$ を求めなさい。このとき，$i_C(t)$ と $v_C(t)$ の位相差はどのようになるか考えなさい。

解 式 (2.11) により

$$v_C(t) = \frac{1}{C}\int i_C(t)dt = \frac{1}{C}\int \sqrt{2}\,I_e\sin(\omega t + \theta)dt$$

$$= \frac{1}{C}\sqrt{2}\,I_e\frac{1}{\omega}\{-\cos(\omega t + \theta)\} = \frac{1}{\omega C}\sqrt{2}\,I_e\sin\left(\omega t + \theta - \frac{\pi}{2}\right)$$

キャパシタンス素子では，素子の両端にかかる電圧の実効値は電流の実効値の $1/\omega C$，電流の位相は電圧より $\pi/2$ 進んでいる。

2.4.5 電圧源と電流源

電源は回路にエネルギーを供給するものであるが，エネルギーを供給する方法として，回路の両端に電圧を加える方法と，回路に電流を注入する方法が考えられる。ここでは，これら2通りの電源について学ぶ。

〔1〕**電　圧　源**　振幅が一定で変化しない起電力を持ち，回路の両端に振幅一定の電圧を加える電源を**電圧源**（voltage source）と呼ぶ。電圧源の図記号を**図2.12**（a）に示す。電圧源は，流れる電流の大きさにかかわらず振幅一定の起電力を持つもので，実際にはあり得ない理想化した電源である。

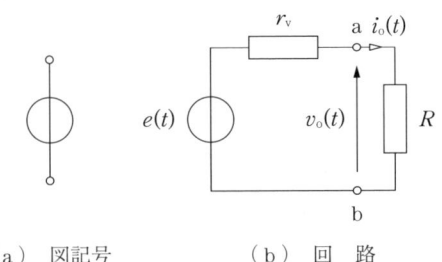

（a）図記号　　　（b）回　路

図2.12　電圧源の回路

実際の電源は図（b）に示すように，電圧源 $e(t)$ とそれに直列に接続された内部抵抗 r_v の組合せで表すことができる。出力電流を $i_o(t)$ とすると，出力電圧（端子a，b間にかかる電圧）$v_o(t)$ は，$v_o(t) = e(t) - r_v i_o(t) = R i_o(t)$ より

$$v_o(t) = e(t)\frac{R}{r_v + R}$$

となる。内部抵抗 r_v が負荷抵抗 R より十分小さい（$r_v \ll R$）ときには $v_o(t) \fallingdotseq e(t)$ となるが，内部抵抗 r_v が大きくなると $v_o(t)$ は低下していく。$r_v \gg R$ のときには $v_o(t) \fallingdotseq 0$ となってしまう。内部抵抗は小さいほど出力電圧の低下は小さくなる。理想電源である電圧源の内部抵抗は0である。

〔2〕**電　流　源**　振幅一定の電流を回路に供給する電源を**電流源**（current source）と呼ぶ。電流源の図記号を**図2.13**（a）に示す。電流源は両端の電圧の大きさにかかわらず一定振幅の電流を流すとするもので，電圧源と

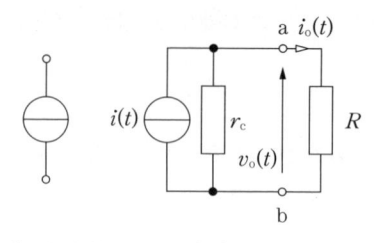

(a) 図記号　　（b) 回　路

図 2.13 電流源の回路

同様に理想化したものであり，実際にはあり得ない。

実際の電源を電流源 $i(t)$ を用いて表すと図（b）のように，内部抵抗 r_c（コンダクタンス $g_c=1/r_c$）が電流源に並列に接続されたものとなる。出力電圧（端子 a，b 間にかかる電圧）を $v_o(t)$ とすると，出力電流 $i_o(t)$ は

$$i_o(t) = i(t) - \frac{v_o(t)}{r_c} = \frac{v_o(t)}{R}$$

より

$$i_o(t) = i(t) \frac{r_c}{r_c + R}$$

となる。内部抵抗 r_c が負荷抵抗 R より十分大きい（$r_c \gg R$）ときには $i_o(t) \fallingdotseq i(t)$ となるが，r_c が小さくなるほど $i_o(t)$ は低下していく。$R \gg r_c$ のときには $i_o(t) \fallingdotseq 0$ となってしまう。内部抵抗 r_c が大きいほど電流の低下は小さい。理想化した電流源の内部抵抗は ∞（コンダクタンス g_c は 0）である。

例題 2.5　図 2.12（b）と図 2.13（b）を比べることにより，それらが等価な電源となるための条件を示しなさい。

解　図 2.12（b）では

$$v_o(t) = e(t) \frac{R}{r_v + R}, \quad i_o(t) = e(t) \frac{1}{r_v + R}$$

図 2.13（b）では

$$v_o(t) = r_c i(t) \frac{R}{r_c + R} \quad i_o(t) = r_c i(t) \frac{1}{r_c + R}$$

これらを比較すると，$e(t) = ri(t)$，$r = r_c = r_v$ であれば，$v_o(t)$，$i_o(t)$ は両図で等しくなり等価な電源といえる。

本章のまとめ

- **2.1** $v(t) = \sqrt{2}\, V_e \sin(\omega t + \theta)$
- **2.2** 抵抗　$v_R(t) = Ri(t)$
- **2.3** インダクタンス素子　$v_L(t) = \dfrac{d\phi}{dt} = L\dfrac{di(t)}{dt}$
- **2.4** キャパシタンス素子　$v_C(t) = \dfrac{q(t)}{C} = \dfrac{1}{C}\int i(t)dt$
- **2.5** 電圧源：振幅一定の電圧を供給する理想電源
- **2.6** 電流源：振幅一定の電流を供給する理想電源

演 習 問 題

2.1 図 2.1（b）に示す三角波の電流 $i(t)$（最大値 I_0, 周期 T）をインダクタ L に流すとき，その両端にかかる電圧 $v_L(t)$ を求めなさい。

つぎに，同じ電流 $i(t)$ をキャパシタ C に流すとき，その両端にかかる電圧 v_C を求めなさい。

2.2 電流源に抵抗 R とインダクタ L を直列に接続した。電流を $i(t) = \sqrt{2}\,I_e\sin\omega t$ とするとき，抵抗の端子電圧 $v_R(t)$，インダクタの端子電圧 $v_L(t)$ を求めなさい。また，電流源の端子間の電圧 $v(t)$ を求めなさい。

2.3 電圧源に抵抗 R とインダクタ L を並列に接続した。電圧を $e(t) = \sqrt{2}\,E_e\sin\omega t$ とするとき，抵抗を流れる電流 i_R，インダクタを流れる電流 i_L を求めなさい。また，電圧源を流れる電流 i を求めなさい。

2.4 問 2.2 および 2.3 で，インダクタ L をキャパシタ C に変えて答えなさい。

2.5 電流源 $i(t) = \sqrt{2}\,I_e\sin\omega t$ に抵抗 R，インダクタ L，キャパシタンス C を直列に接続した。電流源の端子間の電圧 $v(t)$ を求めなさい。つぎに，電源を電圧源 $e(t) = \sqrt{2}\,E_e\sin\omega t$ に切り替えた。このとき流れる電流 $i'(t)$ はどのようになるであろうか。$i(t)$ と $v(t)$ の関係を用いて $i'(t)$ を求めなさい。

3. 記号法とインピーダンス

記号法では，$v(t)=\sqrt{2}\,v_e\sin(\omega t+\theta)$ に対応する電圧を $\dot{V}=V_e e^{j\theta}$ と簡単に表す。また，角周波数 ω の正弦波交流だけを取り扱う場合，微分や積分の複雑な数学操作は単に $j\omega$ を掛けたり $j\omega$ で割ったりすることに対応する。これらのことを用いると，微分方程式を解く代わりに簡単な代数計算を行うだけで回路計算ができる。本章では，記号法による回路計算の方法を理解する。

3.1 微分方程式を使った回路計算

本節では，一般的な方法として微分方程式を使った回路計算を行ってみる。

図 3.1 に示す抵抗 R とインダクタ L の直列回路に正弦波交流電圧 $e(t)=\sqrt{2}\,E_e\sin\omega t$ を与えたとき，流れる電流 $i(t)$ を求めたい。抵抗 R の電圧降下は $Ri(t)$，インダクタ L の電圧降下は $Ldi(t)/dt$ と表されるので

$$e(t)=\sqrt{2}\,E_e\sin\omega t = Ri(t)+L\frac{di(t)}{dt} \qquad (3.1)$$

という微分方程式が得られる。この微分方程式を解けば電流 $i(t)$ が得られる[†]。

微分方程式の詳しい解法についてはここでは触れないが，その解には一般にスイッチを開閉した直後のごく短い時間だけ流れる成分（過渡電流，過渡解）と定常的に流れる成分（定常電流，定常解）が含まれる。しかし，ここで求めたいのは定常的に流れる電流である。

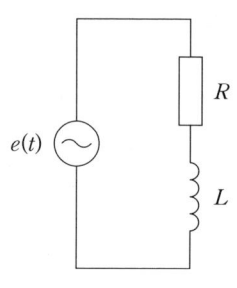

図 3.1 RL 直列回路

式 (3.1) の微分方程式の定常解は，つぎのように

[†] 式 (3.1) の電流 $i(t)$ を求める方法としては，2 章の演習問題 2.5 で行ったように既知の電流を流して電圧を求め，その電圧と電流の大きさと位相の関係を求め，それを $e(t)$ に適用して電流を求める方法がある。この方法は，以降に示す方法と本質的には同じものである。

して求めることができる。回路に印加されている電圧は角周波数 ω の正弦波であるので，電流も同じ周波数の正弦波となるはずである。そこで電流を

$$i(t) = \sqrt{2}\, I_e \sin(\omega t - \varphi) \tag{3.2}$$

と仮定する。ここで，φ は電圧と電流の位相差である。この電流を式 (3.1) に代入して I_e と φ を求めることができれば，電流 $i(t)$ を得たことになる[†]。

式 (3.2) を式 (3.1) に代入すると

$$\sqrt{2}\, E_e \sin\omega t = R\sqrt{2}\, I_e \sin(\omega t - \varphi) + L\omega\sqrt{2}\, I_e \cos(\omega t - \varphi)$$

これを整理すると

$$\sqrt{2}\, E_e \sin\omega t = \sqrt{2}\, I_e \{R\sin(\omega t - \varphi) + \omega L\cos(\omega t - \varphi)\}$$

となる。ここで例題 3.1 に示す単振動の合成を行うと

$$\text{右辺} = \sqrt{2}\, I_e \sqrt{R^2 + (\omega L)^2} \left\{ \frac{R}{\sqrt{R^2 + (\omega L)^2}} \sin(\omega t - \varphi) + \frac{\omega L}{\sqrt{R^2 + (\omega L)^2}} \cos(\omega t - \varphi) \right\}$$

$$= \sqrt{2}\, I_e \sqrt{R^2 + (\omega L)^2}\, \sin(\omega t - \varphi + \alpha)$$

ただし

$$\cos\alpha = \frac{R}{\sqrt{R^2 + (\omega L)^2}}, \quad \sin\alpha = \frac{\omega L}{\sqrt{R^2 + (\omega L)^2}}$$

となる。これが $\sqrt{2}\, E_e \sin\omega t$ に等しいことから

$$I_e = \frac{E_e}{\sqrt{R^2 + (\omega L)^2}}, \quad \varphi = \alpha$$

であることがわかる。すなわち

$$i(t) = \sqrt{2}\, \frac{E_e}{\sqrt{R^2 + (\omega L)^2}} \sin(\omega t - \alpha) \tag{3.3}$$

とすれば，この $i(t)$ は式 (3.1) を満たす。よって電流が求まった。

例題 3.1 $A\sin x + B\cos x = \sqrt{A^2 + B^2}\, \sin(x + \alpha)$
ここで

$$\cos\alpha = \frac{A}{\sqrt{A^2 + B^2}}, \quad \sin\alpha = \frac{B}{\sqrt{A^2 + B^2}}$$

となることを証明しなさい。このように二つの位相の異なる正弦波（cos 波は $\pi/2$

[†] $i(t) = A\sin\omega t + B\cos\omega t$ と仮定して，A と B を求めても同じ結果が得られる。

だけ位相の進んだ sin 波である）を一つの正弦波にまとめることを**単振動の合成**という。

解
$$\sin(x+\alpha) = \sin x \cos\alpha + \sin\alpha \cos x$$
$$= \frac{A}{\sqrt{A^2+B^2}} \sin x + \frac{B}{\sqrt{A^2+B^2}} \cos x$$
$$= \frac{A\sin x + B\cos x}{\sqrt{A^2+B^2}}$$
$$\therefore\quad A\sin x + B\cos x = \sqrt{A^2+B^2}\sin(x+\alpha)$$

例題3.2 R, L, C 直列回路に流れる電流を求めなさい。

解 解くべき微分方程式は
$$e(t) = \sqrt{2}\,E_e\sin\omega = Ri(t) + L\frac{di(t)}{dt} + \frac{1}{C}\int i(t)dt$$

$i(t) = \sqrt{2}\,I_e\sin(\omega t - \varphi)$ と仮定すると

$$右辺 = R\sqrt{2}\,I_e\sin(\omega t - \varphi) + \omega L\sqrt{2}\,I_e\cos(\omega t - \varphi) - \frac{1}{\omega C}\sqrt{2}\,I_e\cos(\omega t - \varphi)$$
$$= \sqrt{2}\,I_e\left\{R\sin(\omega t - \varphi) + \left(\omega L - \frac{1}{\omega C}\right)\cos(\omega t - \varphi)\right\}$$
$$= \sqrt{2}\,I_e\sqrt{R^2 + \left(\omega L - \frac{1}{\omega C}\right)^2}\sin(\omega t - \varphi + \alpha)$$

$$\cos\alpha = \frac{R}{\sqrt{R^2 + \left(\omega L - \frac{1}{\omega C}\right)^2}}$$

$$\sin\alpha = \frac{\omega L - \frac{1}{\omega C}}{\sqrt{R^2 + \left(\omega L - \frac{1}{\omega C}\right)^2}}$$

これが左辺 $= \sqrt{2}\,E_e\sin\omega t$ と等しいことから

$$I_e = \frac{E_e}{\sqrt{R^2 + \left(\omega L - \frac{1}{\omega C}\right)^2}}, \quad \varphi = \alpha$$

$$\therefore\quad i(t) = \frac{\sqrt{2}\,E_e}{\sqrt{R^2 + \left(\omega L - \frac{1}{\omega C}\right)^2}}\sin(\omega t - \alpha)$$

と求まる。

このように微分方程式を解けば回路を流れる電流は求まるが，これでは回路

素子が四つ五つと増えるとたいへん複雑な計算となる。もう少し簡便な方法はないものか。そこで，登場するのが**記号法**（**複素記号法**または**ベクトル記号法**，**フェーザ**（phasor[†]）**表示法**）と呼ばれる手法である。次節以降において記号法を詳しく学ぶ。

3.2 記　号　法

3.2.1 複　素　数

記号法の準備として正弦波交流を複素数を用いて表す。そのため複素数について復習をしておこう。

〔1〕**複素数と複素平面**　　虚数単位を j とすると $j=\sqrt{-1}$, $j^2=-1$ である。

複素数 $Z=x+jy$ は実部 x と虚部 y から成る。虚部を縦軸，実部を横軸とした平面を**複素平面**と呼び，複素数 $Z=x+jy$ は複素平面上で**図 3.2** のように表される。

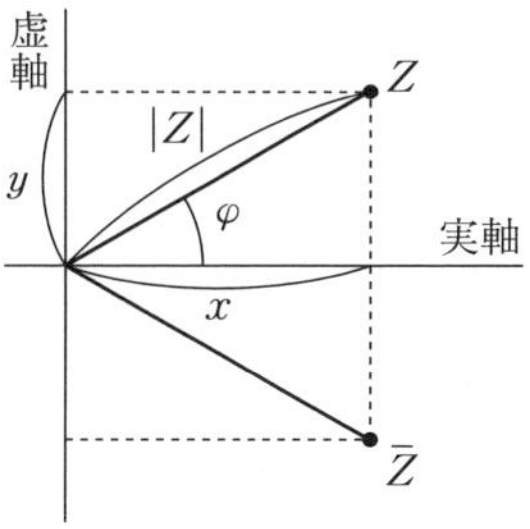

〔2〕**複素数の共役**　　ある複素数 Z の虚部の符号を変えたものをその**複素数の共役**（complex conjugate）といい，$\overline{Z}$ で表す。$Z=x+jy$ の共役は $\overline{Z}=x-jy$ である。$\overline{Z}$ を使うと

$$x=\frac{1}{2}(Z+\overline{Z}), \quad y=\frac{1}{2j}(Z-\overline{Z})$$

図 3.2　$Z=x+jy$

となる。Z の大きさ $\sqrt{x^2+y^2}$ を Z の絶対値と呼び $|Z|$ で表す。$|Z|$ は，原点から点 Z までの距離である。$\overline{Z}$ を使うと

$$|Z|^2=Z\overline{Z}=x^2+y^2$$

〔3〕**極座標表示とオイラーの式**

$$Z=x+jy=\sqrt{x^2+y^2}\left(\frac{x}{\sqrt{x^2+y^2}}+j\frac{y}{\sqrt{x^2+y^2}}\right)$$

[†]　phase vector（位相ベクトル）の短縮語である。

ここで $x/\sqrt{x^2+y^2}=\cos\varphi$, $y/\sqrt{x^2+y^2}=\sin\varphi$ と置くことができるので

$$Z = x + jy = |Z|(\cos\varphi + j\sin\varphi) = |Z|e^{j\varphi} \tag{3.4}$$

と表すことができる。これが複素数の極座標表示で，φ は Z の**偏角**と呼ばれる。ここで

$$e^{j\varphi} = \cos\varphi + j\sin\varphi \tag{3.5}$$

は**オイラーの式**と呼ばれるものである。オイラーの式を複素平面上に示したものが**図 3.3** である。

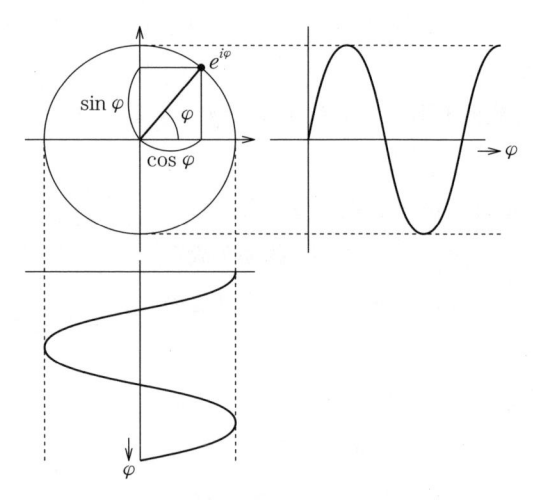

図 3.3 複素平面上のオイラーの式

$|e^{j\varphi}| = \sqrt{\cos^2\varphi + \sin^2\varphi} = 1$ となることからわかるように，複素数 $e^{j\varphi}$ は複素平面上で半径 1 の円周上にあり，実部が $\cos\varphi$, 虚部が $\sin\varphi$ を与える。φ を増加させると，$e^{j\varphi}$ は円周上を反時計方向に移動する。そのとき実部は φ に対して cos 曲線を描き，虚部は sin 曲線を描く。

〔4〕**ド・モアブルの定理**　　二つの複素数

$$Z_1 = x_1 + jy_1 = |Z_1|e^{j\varphi_1}, \quad Z_2 = x_2 + jy_2 = |Z_2|e^{j\varphi_2}$$

の積を考える。

$$Z_1 Z_2 = |Z_1|e^{j\varphi_1}|Z_2|e^{j\varphi_2} = |Z_1||Z_2|e^{j(\varphi_1+\varphi_2)} \tag{3.6}$$

これを**ド・モアブルの定理**という。複素数の積では，絶対値は積となるが，偏

角は和になる。

例題 3.3 1 の 4 乗根 Z を求めなさい。

解 1 の 4 乗根 Z

$Z^4 = (|Z|e^{j\varphi})^4 = 1$ であるから,$|Z|^4 = 1$,∴ $|Z| = 1$

また,$(e^{j\varphi})^4 = e^{j4\varphi} = 1 = e^{j2n\pi}$ より $4\varphi = 2n\pi$($n = 0, 1, 2, 3, \cdots$)

∴ $\varphi = 0, \pi/2, \pi, 3\pi/2$($n = 4$ 以上ではこれを繰り返す)

したがって

$Z = e^{j0} = 1,\ e^{j\pi/2} = j,\ e^{j\pi} = -1,\ e^{j3\pi/2} = -j$

ここで,$j = e^{j\pi/2}$ と $-j = e^{j3\pi/2} = e^{-j\pi/2}$ は,以降しばしば使うので,よく覚えておいてほしい。

3.2.2 複素数を用いた正弦波交流の表し方

複素数の虚部だけを取り出す関数 Im がある。この関数 Im を用いると,$Z = x + jy$ の虚部は式 (3.7) のように表される。

$$\mathrm{Im}(Z) = \frac{1}{2j}(Z - \overline{Z}) = y \tag{3.7}$$

実部だけを取り出す関数 Re もあり

$$\mathrm{Re}(Z) = \frac{1}{2}(Z + \overline{Z}) = x \tag{3.8}$$

で表される。

一方,オイラーの式 $e^{j\varphi} = \cos\varphi + j\sin\varphi$ を見ると,$\sin\varphi$ はその虚部であり

$$\sin\varphi = \mathrm{Im}(e^{j\varphi})\left\{= \frac{1}{2j}(e^{j\varphi} - \overline{e^{j\varphi}}) = \frac{1}{2j}(e^{j\varphi} - e^{-j\varphi})\right\} \tag{3.9}$$

と表すことができる。

したがって,$v(t) = \sqrt{2}\,V_e\sin(\omega t + \theta)$ と $i(t) = \sqrt{2}\,I_e\sin(\omega t + \theta + \varphi)$ は

$$v(t) = \sqrt{2}\,V_e\sin(\omega t + \theta) = \sqrt{2}\,V_e\mathrm{Im}(e^{j(\omega t + \theta)})$$

$$i(t) = \sqrt{2}\,I_e\sin(\omega t + \theta + \varphi) = \sqrt{2}\,I_e\mathrm{Im}(e^{j(\omega t + \theta + \varphi)})$$

と表される。

3.2.3 微分と積分の扱い方

指数関数に微分や積分の操作を施しても指数関数の形となる。したがって指

数関数の微分，積分は扱いやすい。正弦波 $\sin x$ を $\mathrm{Im}(e^{jx})$ で表すとその微分や積分も簡単になる。

例えば，電流 $i(t) = \sqrt{2}\, I_e \sin(\omega t + \theta + \phi)$ を微分する。Im と d/dt はどちらを先に行っても同じ結果を与えるので

$$di/dt = d\sqrt{2}\, I_e \mathrm{Im}\left(e^{j(\omega t+\theta+\varphi)}\right)/dt = \sqrt{2}\, I_e \mathrm{Im}\left(\underline{d\,e^{j(\omega t+\theta+\varphi)}/dt}\right)$$

$$= \sqrt{2}\, I_e \mathrm{Im}\left(\underline{j\omega}\, e^{j(\omega t+\theta+\varphi)}\right) = \sqrt{2}\, I_e \omega \cos(\omega t + \theta + \varphi)^{\dagger 1}$$

ここで，微分操作 $\underline{d/dt}$ が $\underline{j\omega}$ に書き換えられていることは重要である。通常の微分を行うと

$$\frac{di}{dt} = \frac{d\sqrt{2}\, I_e \sin(\omega t + \theta + \varphi)}{dt} = \sqrt{2}\, I_e \omega \cos(\omega t + \theta + \varphi)$$

となり，同じ結果となる。

また，積分についても，Im と $\int dt$ はどちらを先に行っても同じであるので

$$\int i(t)dt = \int \sqrt{2}\, I_e \mathrm{Im}\left(e^{j(\omega t+\theta+\varphi)}\right)dt = \sqrt{2}\, I_e \mathrm{Im}\left\{\underline{\int e^{j(\omega t+\theta+\varphi)}\,dt}\right\}$$

$$= \sqrt{2}\, I_e \mathrm{Im}\left\{e^{j(\omega t+\theta+\varphi)}\underline{/j\omega}\right\}$$

$$= \sqrt{2}\, I_e \left(-\cos(\omega t + \theta + \varphi)\right)/\omega^{\dagger 2}$$

ここでも，積分操作 $\underline{\int dt}$ が $\underline{1/j\omega}$ に書き換えられていることに注意してほしい。通常の微分を行うと

$$\int \sqrt{2}\, I_e \sin(\omega t + \theta + \varphi)dt = \sqrt{2}\, I_e \left(-\cos(\omega t + \theta + \varphi)\right)/\omega$$

となり，同じ結果となる。

以上のことから重要な結論として，正弦波 $\sin \omega t$ を $\mathrm{Im}(e^{j\omega t})$ で表すと，微分操作 d/dt を $j\omega$ に，積分操作 $\int dt$ を $1/j\omega$ に書き換えても，正しい結果が得られることがわかった。

例題3.4 Im 操作と微分操作または積分操作はどちらを先に行っても同じ結果が得られることを，指数関数 e^{jx} で確かめなさい。

解 Im 操作を先に行うと

---

† 1　$\mathrm{Im}(j\omega e^{j\omega t}) = \mathrm{Im}\{j\omega(\cos\omega t + j\sin\omega t)\} = \omega\cos\omega t$

† 2　$\mathrm{Im}(e^{j\omega t}/j\omega) = \mathrm{Im}((\cos\omega t + j\sin\omega t)/j\omega) = -\omega\cos\omega t$

$$\mathrm{Im}(e^{jx}) = \mathrm{Im}(\cos x + j\sin x) = \sin x$$

$$\frac{d(\mathrm{Im}(e^{jx}))}{dx} = \frac{d(\sin x)}{dx} = \cos x$$

$$\int \mathrm{Im}(e^{jx})dx = \int \sin x\, dx = -\cos x$$

一方,微積分を先に行うと

$$\frac{d(e^{jx})}{dx} = je^{jx} = j(\cos x + j\sin x) = -\sin x + j\cos x$$

$$\int e^{jx}dx = e^{jx}/j = -je^{jx} = -j(\cos x + j\sin x) = \sin x - j\cos x$$

$$\mathrm{Im}\left(\frac{d(e^{jx})}{dx}\right) = \mathrm{Im}(-\sin x + j\cos x) = \cos x$$

$$\mathrm{Im}\left(\int e^{jx}dx\right) = \mathrm{Im}(\sin x - j\cos x) = -\cos x$$

以上のように,どちらを先に行っても同じ結果が得られる。

3.2.4 電圧と電流の記号法表示

3.2.2項,3.2.3項では

$$v(t) = \sqrt{2}\, V_\mathrm{e} \sin(\omega t + \theta) = \sqrt{2}\, V_\mathrm{e} \mathrm{Im}\left(e^{j(\omega t + \theta)}\right)$$

$$i(t) = \sqrt{2}\, I_\mathrm{e} \sin(\omega t + \theta + \phi) = \sqrt{2}\, I_\mathrm{e} \mathrm{Im}\left(e^{j(\omega t + \theta + \phi)}\right)$$

と表してきたが,角周波数 ω の正弦波交流を扱う限り,$\sqrt{2}$,$\sin\omega t$,Im,$e^{j\omega t}$ はいつも出てくる。これらを省略して実効値 V_e,I_e や $\sin\omega t$ との位相差 θ,φ だけを示す表現にしてもよさそうだ。別の言葉でいえば,例えば $v(t)$ を示すには,実効値 V_e と位相差 θ だけを示せばよい。記号法表示はこのような考え方から生まれた。

記号法では

$$v(t) = \sqrt{2}\, V_\mathrm{e} \sin(\omega t + \theta) = \sqrt{2}\, V_\mathrm{e} \mathrm{Im}\left(e^{j(\omega t + \theta)}\right) \tag{3.10}$$

を

$$\dot{V} = V_\mathrm{e} e^{j\theta} \tag{3.11}$$

と表す。左辺の V の上のドットは複素数であることを示すためのものであるが,省略されることもある。右辺は電圧の実効値が V_e であり,$\sin\omega t$ との位

相差が θ であることを示している。式 (3.11) で，この電圧が実効値 V_e すなわち振幅 $\sqrt{2}\,V_e$ を持つ $\sin(\omega t+\theta)$ の正弦波であることがただちにわかる。このような表示を電圧 $v(t)$ の **記号法表示**，**ベクトル表示**，**複素数表示** または **フェーザ表示** と呼んでいる。このように簡便な表示方法を用いても，微分や積分は前節の結果がそのまま適用できる。すなわち，微分操作 d/dt を $j\omega$ に，積分操作 $\int dt$ を $1/j\omega$ に書き換えてよい。

なお，$\dot{V}$ をベクトルとみるとその絶対値は $|\dot{V}|=V_e$ となる。このことから電圧，電流の実効値を $|\dot{V}|$，$|\dot{I}|$ と表すことも多い。さらに，位相角が θ であることを $\angle\theta$ と表し，$\dot{V}=V_e e^{j\theta}=V_e\angle\theta=|\dot{V}|\angle\theta$ と表すこともある。

例題 3.5 瞬時電圧 $v(t)=141\sin(\omega t+\pi/6)$ を記号法で表しなさい。また，$i(t)=\sqrt{2}\,I_e\sin(\omega t+\theta+\varphi)$ のとき，$i(t)$，$di(t)/dt$ および $\int i(t)dt$ を記号法で表しなさい。

解 実効値 $V_e=141/\sqrt{2}=100\,\text{V}$，$\theta=\pi/6$ であるから $\dot{V}=100\,e^{j\pi/6}$

$$i(t):\dot{I}=I_e e^{j(\theta+\phi)}$$

$$di/dt:j\omega\dot{I}=j\omega I_e e^{j(\theta+\varphi)}=\omega I_e e^{j(\theta+\varphi+\pi/2)}$$

$$\int i(t)dt:\dot{I}/j\omega=I_e e^{j(\theta+\varphi)}/j\omega=I_e e^{j(\theta+\varphi-\pi/2)}/\omega$$

3.2.5 記号法を使った回路計算

記号法を使って図 3.1 の RL 直列回路の電流を求めよう。

$$e(t)=Ri(t)+L\frac{di(t)}{dt}$$

ここで，$e(t)=\sqrt{2}\,E_e\sin(\omega t+\theta)$ である。

電圧の記号法表示は，$\dot{E}=E_e e^{j\theta}$ である。電流を $\dot{I}$ とすると，微分方程式に対応する式は

$$\dot{E}=R\dot{I}+j\omega L\dot{I}$$

という代数式である。右辺を整理すると

$$\text{右辺}=(R+j\omega L)\dot{I}$$

ここで，複素数 $(R+j\omega L)$ は 3.3 節で学ぶように，**インピーダンス** と呼ばれる量である。$R+j\omega L$ を書き直すと

3.2 記 号 法

$$R + j\omega L = \sqrt{R^2+(\omega L)^2}\left(\frac{R}{\sqrt{R^2+(\omega L)^2}} + \frac{j\omega L}{\sqrt{R^2+(\omega L)^2}}\right)$$

$$= \sqrt{R^2+(\omega L)^2}\, e^{j\alpha}$$

$$\cos\alpha = \frac{R}{\sqrt{R^2+(\omega L)^2}}, \qquad \sin\alpha = \frac{\omega L}{\sqrt{R^2+(\omega L)^2}}$$

となるので

$$右辺 = \sqrt{R^2+(\omega L)^2}\, e^{j\alpha} \dot{I}$$

したがって

$$E_e e^{j\theta} = \sqrt{R^2+(\omega L)^2}\, e^{j\alpha} \dot{I}$$

$$\therefore\ \dot{I} = \frac{E_e e^{j\theta}}{\sqrt{R^2+(\omega L)^2}\, e^{j\alpha}} = \frac{E_e e^{j(\theta-\alpha)}}{\sqrt{R^2+(\omega L)^2}}$$

と求まる。$\dot{I}$ に対応する瞬時電流 $i(t)$ は

$$i(t) = \sqrt{2}\,\frac{E_e}{\sqrt{R^2+(\omega L)^2}}\sin(\omega t + \theta - \alpha)$$

であり，$\theta = 0$ とすると，3.1 節で求めた式 (3.3) と等しくなる。

以上のことから，記号法を用いると，微分方程式

$$e(t) = Ri(t) + L\frac{di(t)}{dt}$$

が代数式

$$\dot{E} = R\dot{I} + j\omega L \dot{I}$$

に変換されることがわかる。このこともたいへん重要な結論である。

例題 3.6 RC 直列回路の電流を記号法を用いて求めなさい。

解

$$e(t) = Ri(t) + \frac{1}{C}\int i(t)dt$$

に対応する代数式は，$\int dt$ が $1/j\omega$ と書けるので

$$\dot{E} = E_e e^{j\theta} = R\dot{I} + \frac{1}{j\omega C}I = \left(R - j\frac{1}{\omega C}\right)\dot{I}$$

$$R - j\frac{1}{\omega C} = \sqrt{R^2 + \frac{1}{(\omega C)^2}} e^{j\beta}$$

$$\cos\beta = \frac{R}{\sqrt{R^2 + \frac{1}{(\omega C)^2}}}, \quad \sin\beta = \frac{-1/\omega C}{\sqrt{R^2 + \frac{1}{(\omega C)^2}}} \quad (\beta < 0)$$

これより

$$E_e e^{j\theta} = \sqrt{R^2 + \frac{1}{(\omega C)^2}} e^{j\beta} \dot{I}$$

$$\therefore \quad \dot{I} = \frac{E_e e^{j\theta}}{\sqrt{R^2 + \frac{1}{(\omega C)^2}} e^{j\beta}} = \frac{E_e e^{j(\theta - \beta)}}{\sqrt{R^2 + \frac{1}{(\omega C)^2}}}$$

3.2.6 ベクトル図

電圧 $\dot{V} = V_e e^{j\theta}$ は，極座標表示した複素数としてみると絶対値が V_e，偏角が θ の複素数である。これを複素平面上に図示すると図3.4のようになる。$\dot{V}$ は，ベクトル表示という名前が示すとおり，実数1と虚数 $j = \sqrt{-1}$ を単位ベクトルとするベクトルとみることもできる。その意味で図の $\dot{V}$ には矢印を付けている。図には電流 $\dot{I} = I_e e^{j(\theta - \varphi)}$ も示してある。図のように，電圧や電流を複素平面上にベクトルとして描いた図を**ベクトル図（フェーザ図）** と呼んでいる。ベクトル図は各回路素子の端子電圧や電流の関係を調べるうえで便利な図である。

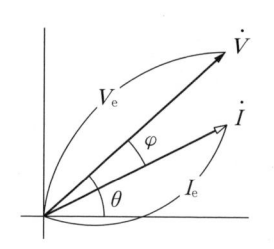

図3.4 $\dot{V}$ ならびに $\dot{I}$ のベクトル図

例題 3.7 前項で RL 直列回路に対して求めた電流 $\dot{I}$ のベクトル図を，また，電源電圧 $\dot{E}$，抵抗 R の端子電圧 $\dot{V}_R$，インダクタ L の端子電圧 $\dot{V}_L$ のベクトル図を示しなさい。さらに，例題3.6の RC 直列回路に対しても同様な事項を示しなさい。

解 RL 直列回路:

$$\dot{E} = E_e e^{j\theta}, \quad \dot{I} = E_e \frac{e^{j(\theta - \alpha)}}{\sqrt{R^2 + (\omega L)^2}}$$

$$\cos\alpha = \frac{R}{\sqrt{R^2 + (\omega L)^2}}, \quad \sin\alpha = \frac{\omega L}{\sqrt{R^2 + (\omega L)^2}}$$

$$\dot{V}_R = R\dot{I}, \quad \dot{V}_L = j\omega L \dot{I} = \omega L \dot{I} e^{j\pi/2}$$

$$\dot{E} = \dot{V}_R + \dot{V}_L$$

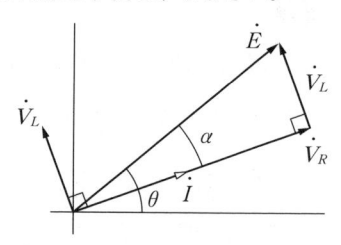

図3.5 RL 直列回路のベクトル図

3.2 記　号　法

これらを図示すると，図3.5のように，$\dot{V}_R$ は $\dot{I}$ と同相で，$\dot{V}_L$ は $\dot{I}$ より $\pi/2$ 進んでいる。

RC 直列回路：

$$\dot{E} = E_e e^{j\theta}, \quad \dot{I} = E_e \frac{e^{j(\theta-\beta)}}{\sqrt{R^2 + \dfrac{1}{(\omega C)^2}}}$$

$$\dot{V}_R = R\dot{I}$$

$$\dot{V}_C = -j\frac{\dot{I}}{\omega C} = \frac{\dot{I}}{\omega C} e^{j-\pi/2}$$

$$\dot{E} = \dot{V}_R + \dot{V}_C$$

$$\cos\beta = \frac{R}{\sqrt{R^2 + \dfrac{1}{(\omega C)^2}}}$$

$$\sin\beta = \frac{-1/\omega C}{\sqrt{R^2 + \dfrac{1}{(\omega C)^2}}}$$

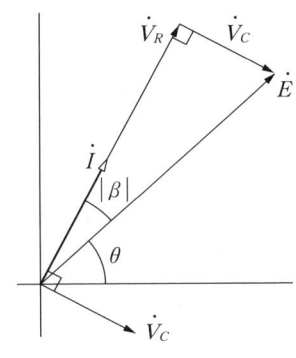

図 3.6　RC 直列回路のベクトル図

$\beta < 0\,(\beta = -|\beta|)$ に留意して，これらを図示すると，図 3.6 のように，$\dot{V}_R$ は $\dot{I}$ と同相，$\dot{V}_C$ は $\dot{I}$ より $\pi/2$ 遅れている。

☕ **コーヒーブレイク**

「電の訓読み知ってるかな？」

漢字の「雷」はたいていの人が音読みも訓読みも知っている。音読みは「ライ」，訓読みは「かみなり」，「いかずち」である。

それでは「電」はどうであろうか。音読みは誰でも「デン」と知っているが，訓読みはあまり知られていない。「いなずま」，「いなびかり」が正解である。

漢字の成り立ちを調べてみると，漢字「電」の原形「申」は稲妻の象形文字で，それに雨冠（あめかんむり）がついた「電」もやはり稲妻，稲光，つまり空中（雲地表間または雲間，雲中）の大規模な放電現象の閃光（せん）を意味している。一方，漢字「雷」の原形「靁」はもともと稲妻と雷鳴が重なる様子を示しているそうで，第一には音も光も含む空中の大規模な放電現象自体を示し，第二に特にその大音響をさしているとのことである。

現在の日本語でも，「雷」（かみなり）というと空中の大規模な放電現象自体を

さしており，光と音の区別はあまりない。特に「音」をいうときは「雷鳴」といい，「光」をいうときは「稲妻」，「雷光」，「電光」といったりする。しかし，和語「かみなり」は「神鳴り」であり，漢字と同様に光よりも猛々(たけだけ)しい音を重視した表現のように思われる。

ところが，英語では，"thunder" は雷放電現象の音だけをさし，"lightning" が雷放電現象の光だけをさしている。英語における音と光の区別は，日本語（漢字）よりずーっと厳密のようだ。さらに，「避雷針」の英訳は "lightning conductor"，「雷撃」（雷に打たれること）は "lightning strike" であり，"thunder" は使わない。これらの言葉で，漢字では「雷」を使い，英語では光の "lightning" を使っているのは面白い。フランス語やドイツ語でも英語と同様に，光重視の傾向にある。「かみなり」のとき，漢字文化圏の人々は猛々しい音に自然の脅威を感じ，欧米人は音より光にそれを感じるのかもしれない。ただし，英語にも "thundershower"（雷雨）や "thunderstorm"（激しい雷雨）というのがあるのでご注意を！

3.3 インピーダンスとアドミタンス

3.3.1 インピーダンス

電圧や電流を複素表示したとき，回路素子やそれが組み合わされた負荷の特性はどのように表されるであろうか。いま，**図 3.7** に示すように負荷を交流電源 $\dot{E}$ に接続したところ，端子電圧 $\dot{V}$ と電流 $\dot{I}$ が観測された。このとき端子電圧 $\dot{V}$ と電流 $\dot{I}$ の比 $\dot{Z} = \dot{V}/\dot{I}$ を考えると，$\dot{Z}$ は負荷によって決まる複素数であり，負荷の特性を表すものである。この $\dot{Z} = \dot{V}/\dot{I}$ をその負荷の**複素インピーダンス**（complex impedance[†]）または単に**インピーダンス**と呼ぶ。

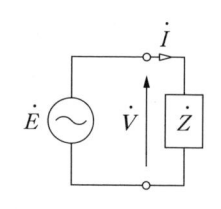

図 3.7 インピーダンス回路

インピーダンスは複素数でその絶対値は $|\dot{Z}| = |\dot{V}/\dot{I}| = V_e/I_e$ であり，その偏角は電圧 $\dot{V}$ と電流 $\dot{I}$ の位相差である。インピーダンスは（電圧/電流）であるからその単位はオーム〔Ω〕である。

ここで抵抗，インダクタンス，キャパシタンスの三つの素子についてイン

[†] impede は邪魔するとの意味で，impedance は電流の流れを邪魔するものを意味する。

ピーダンスを求めてみよう．

〔1〕抵抗素子　抵抗 R に電流 $\dot{I} = I_e e^{j\theta}$ を流すと端子電圧 $\dot{V}_R$ は

$$\dot{V}_R = R\dot{I} = RI_e e^{j\theta}$$

となる．したがって，抵抗 R のインピーダンス $\dot{Z}_R$ は

$$\dot{Z}_R = \frac{\dot{V}_R}{\dot{I}} = \frac{RI_e e^{j\theta}}{I_e e^{j\theta}} = R \tag{3.12}$$

であり，実数である．抵抗の端子電圧は電流と同相である．

〔2〕インダクタンス素子　インダクタ L に電流 $\dot{I} = I_e e^{j\theta}$ を流すと端子電圧 $\dot{V}_L$ は

$$\dot{V}_L = j\omega L \dot{I} = j\omega L I_e e^{j\theta}$$

である．インダクタの端子電圧は $v_L(t) = L di/dt$ であり（2.4.3項），d/dt は $j\omega$ と書ける（3.2.4項）ことを思い出そう．したがって，インダクタ L のインピーダンス $\dot{Z}_L$ は

$$\dot{Z}_L = |\dot{Z}_L| e^{j\varphi} = \frac{\dot{V}_L}{\dot{I}} = j\omega L \frac{I_e e^{j\theta}}{I_e e^{j\theta}} = j\omega L = \omega L e^{j\pi/2} \tag{3.13}$$

となる．$|\dot{Z}_L| = \omega L$，偏角は $\varphi = \pi/2$ である．

電圧 $\dot{V}_L$ と電流 $\dot{I}$ の位相差を見ると

$$\dot{V}_L = j\omega L \dot{I} = j\omega L I_e e^{j\theta} = \omega L I_e e^{j(\theta + \pi/2)}$$

電圧の位相を基準とすると，電流は $\pi/2$ 遅れた位相を持つ．このことからインダクタのことを**遅れ素子**と呼ぶこともある．

〔3〕キャパシタンス素子　キャパシタの端子電圧は，（電流の積分値）/（静電容量）であり，積分は $1/j\omega$ に対応する．したがって，キャパシタ C に電流 $\dot{I} = I_e e^{j\theta}$ を流すとその端子電圧 $\dot{V}_C$ は

$$\dot{V}_C = \dot{I} \frac{1}{j\omega C} = I_e e^{j\theta} \frac{1}{j\omega C}$$

となり，キャパシタ C のインピーダンスは

$$\dot{Z}_C = |\dot{Z}_C| e^{j\varphi} = \frac{\dot{V}_C}{\dot{I}} = I_e e^{j\theta} \frac{1}{j\omega C} \frac{1}{I_e e^{j\theta}} = \frac{1}{j\omega C} = -j\frac{1}{\omega C} = \frac{1}{\omega C} e^{-j\pi/2}$$

$$\tag{3.14}$$

となる。$|\dot{Z}_C| = 1/\omega C$, 偏角は $\varphi = -\pi/2$ である。

電圧 $\dot{V}_C$ は

$$\dot{V}_C = \dot{I}\frac{1}{j\omega C} = I_e e^{j\theta}\frac{1}{j\omega C} = I_e \frac{1}{\omega C} e^{j(\theta - \pi/2)}$$

となる。電圧の位相を基準とすると，電流は $\pi/2$ 進んだ位相を持つ。このことからキャパシタンス素子のことを**進み素子**と呼ぶこともある。

〔4〕 **一般の負荷**　回路素子が組み合わされた一般の負荷のインピーダンスは

$$\dot{Z} = R + jX \tag{3.15}$$

の形の複素数となる。インピーダンスの実部 R は抵抗であり，虚部 X を**リアクタンス**（reactance）と呼ぶ。リアクタンスの単位も抵抗，インピーダンスと同様に〔Ω〕である。抵抗 R は負の値とはならないが，リアクタンス X は正にも負にもなり得る。正のとき**誘導性リアクタンス**，負のとき**容量性リアクタンス**という。

$\dot{Z}$ を極座標の形で表すと式 (3.16) の形となる。

$$\dot{Z} = R + jX = \sqrt{R^2 + X^2}(\cos\varphi + j\sin\varphi) = \sqrt{R^2 + X^2}\,e^{j\varphi} = |\dot{Z}|e^{j\varphi} \tag{3.16}$$

ここで

$$\cos\varphi = \frac{R}{\sqrt{R^2 + X^2}}, \quad \sin\varphi = \frac{X}{\sqrt{R^2 + X^2}}$$

この式から，絶対値 $|\dot{Z}|$，偏角 φ は式 (3.17) のようになる。

$$|\dot{Z}| = \sqrt{R^2 + X^2}, \quad \varphi = \tan^{-1}\left(\frac{X}{R}\right) \tag{3.17}$$

$R \geq 0$ なので $\cos\varphi \geq 0$ である。φ の変域は $-\pi/2 \leq \varphi \leq \pi/2$ である。

例題3.8　RL 直列回路で，$f = 60\,\text{Hz}$, $R = 10.0\,\Omega$, $L = 26.6\,\text{mH}$ のときのインピーダンスを求めなさい。また，このインピーダンスの絶対値と偏角を求めなさい。

解　$\dot{Z} = R + j\omega L$, $\omega = 2\pi \times 60 = 120\pi$ 〔rad/s〕
抵抗は $R = 10.0\,\Omega$, リアクタンスは $\omega L = 120\pi \times 26.5/1\,000 = 10.0\,\Omega$

$$\therefore\quad \dot{Z} = R + j\omega L = 10.0 + j10.0 \quad 〔\Omega〕$$

また，これより

$$\dot{Z} = \sqrt{2}\, 10.0 \left(\frac{1}{\sqrt{2}} + j\frac{1}{\sqrt{2}}\right) = 14.1 e^{j\pi/4} \quad [\Omega]$$

$$|\dot{Z}| = \sqrt{2} \times 10 = 14.1\,\Omega, \quad 偏角\, \varphi = \frac{\pi}{4} \quad [\text{rad}] = 45°$$

偏角についてはわかりやすくするため，しばしば度〔°〕も用いる。

例題 3.9 RC 直列回路において，$f = 50\,\text{Hz}$，$R = 10.0\,\Omega$，$C = 637\,\mu\text{F}$ のときのインピーダンスを求めなさい。また，このインピーダンスの絶対値と偏角を求めなさい。

解 $\dot{Z} = R - j\dfrac{1}{\omega C}$, $\omega = 50 \times 2\pi = 100\pi$ 〔rad/s〕

$R = 10.0\,\Omega$, $-1/\omega C = 1/(100\pi \times 637 \times 10^{-6}) = -5.00\,\Omega$

∴ $\dot{Z} = R - j\dfrac{1}{\omega C} = 10.0 - j5.00$ 〔Ω〕

$|\dot{Z}| = \sqrt{10^2 + 5.00^2} = \sqrt{125} = 11.2\,\Omega$

$\varphi = \tan^{-1}(-5.00/10.0) = -0.463\,\text{rad} = -26.5°$

3.3.2 アドミタンス

インピーダンス $\dot{Z}$ の逆数，すなわち（電流）/（電圧）を**アドミタンス**（admittance[†]）と呼び，$\dot{Y}$ で表す。

$$\dot{Y} = \frac{1}{\dot{Z}} = \frac{\dot{I}}{\dot{V}} = G + jB \tag{3.18}$$

アドミタンスの実部 G を**コンダクタンス**（conductance），虚部 B を**サセプタンス**（susceptance）という。アドミタンス，コンダクタンス，サセプタンスの単位はいずれもジーメンス〔S〕である。また，式 (3.19) の関係がある。

$$\left. \begin{array}{l} \dot{I} = \dot{Y}\dot{V} \\[4pt] \dot{Y} = \dfrac{1}{\dot{Z}} = \dfrac{1}{|\dot{Z}|e^{j\varphi}} = \dfrac{1}{|\dot{Z}|} e^{-j\varphi} = |\dot{Y}|e^{-j\varphi} \end{array} \right\} \tag{3.19}$$

例題 3.10 $\dot{Z} = 10 + j10$ 〔Ω〕のときアドミタンス $\dot{Y}$ を求めなさい。

解 $\dot{Y} = \dfrac{1}{\dot{Z}} = \dfrac{1}{10 + j10} = \dfrac{10 - j10}{10^2 + 10^2} = 0.05 - j0.05$ 〔S〕

コンダクタンスは 0.05 S，サセプタンスは -0.05 S

---

† admit は入場などを許すという意味である。

3.3.3 直列接続と並列接続

〔1〕直列接続 インピーダンス $\dot{Z}_1 \sim \dot{Z}_n$ を**直列接続**（series connection）にしたとき，全体のインピーダンス $\dot{Z}_T$ はどうなるであろうか．図 3.8 を使って考える．図において，直列接続なので各インピーダンスを流れる電流は同じ $\dot{I}$ である．

各インピーダンスの端子電圧を $\dot{V}_1 \sim \dot{V}_n$ とすると

$$\dot{V}_1 = \dot{Z}_1 \dot{I}, \quad \dot{V}_2 = \dot{Z}_2 \dot{I}, \quad \cdots, \quad \dot{V}_n = \dot{Z}_n \dot{I}$$

である．各インピーダンスの端子電圧の和が電源電圧に等しいので

$$\dot{E} = \dot{V}_1 + \dot{V}_2 + \cdots + \dot{V}_n = \dot{Z}_1 \dot{I} + \dot{Z}_2 \dot{I} + \cdots + \dot{Z}_n \dot{I}$$
$$= (\dot{Z}_1 + \dot{Z}_2 + \cdots + \dot{Z}_n) \dot{I}$$

全体のインピーダンス $\dot{Z}_T$ は $\dot{E}/\dot{I}$ で与えられるので

$$\dot{Z}_T = \frac{\dot{E}}{\dot{I}} = \dot{Z}_1 + \dot{Z}_2 + \cdots + \dot{Z}_n = \sum Z_i \tag{3.20}$$

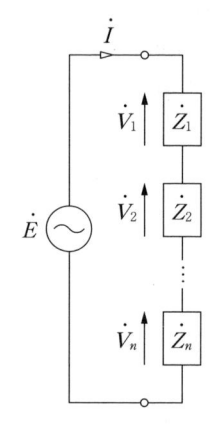

図 3.8 インピーダンスの直列接続

すなわち，直列接続では，全体のインピーダンスは各インピーダンスの和で与えられる．

〔2〕並列接続 インピーダンスの**並列接続**（parallel connection）では電圧が共通であるので，アドミタンスを使って考えたほうが簡単である．図 3.9 のように $\dot{Y}_1 \sim \dot{Y}_n$ が電源に並列に接続されているとき，全体のアドミタンス $\dot{Y}_T$ を求める．

各素子を流れる電流 $\dot{I}_1 \sim \dot{I}_n$ は $\dot{I}_1 = \dot{Y}_1 \dot{E}$, $\dot{I}_2 = \dot{Y}_2 \dot{E}$, $\cdots$, $\dot{I}_n = \dot{Y}_n \dot{E}$ となる．

電源電流 $\dot{I}$ は $\dot{I}_1 \sim \dot{I}_n$ の和であるから次式となる．

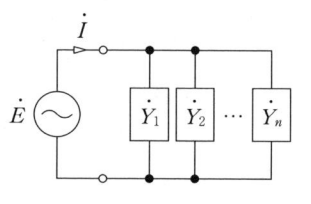

図 3.9 アドミタンスの並列接続

$$\dot{I} = \dot{I}_1 + \dot{I}_2 + \cdots + \dot{I}_n = \dot{Y}_1 \dot{E} + \dot{Y}_2 \dot{E} + \cdots + \dot{Y}_n \dot{E} = (\dot{Y}_1 + \dot{Y}_2 + \cdots + \dot{Y}_n) \dot{E} = \dot{Y}_T \dot{E}$$

$$\dot{Y}_T = \frac{\dot{I}}{\dot{E}} = \dot{Y}_1 + \dot{Y}_2 + \cdots + \dot{Y}_n = \sum Y_i \tag{3.21}$$

すなわち，並列接続では，全体のアドミタンスは各アドミタンスの和で与え

られる。これをインピーダンスで表せば次式となる。

$$\dot{Y}_\mathrm{T} = \frac{1}{\dot{Z}_\mathrm{T}} = \dot{Y}_1 + \dot{Y}_2 + \cdots + \dot{Y}_n = \frac{1}{\dot{Z}_1} + \frac{1}{\dot{Z}_2} + \cdots \frac{1}{\dot{Z}_n}$$

☕ コーヒーブレイク

「電気学会の初代会長は旧幕臣」

「電気学会」という組織がある。電気電子工学の研究者や技術者が会員となっている学会で，1888年（明治21年）に設立されており，日本の学会組織の中でも最も歴史のある学会の一つである。

電気学会の初代会長は榎本武揚（えのもとたけあき）(1836年～1908年) である。榎本は明治維新前後に，箱館（現在の函館）の五稜郭（ごりょうかく）で元新撰組（しんせんぐみ）の土方歳三（ひじかたとしぞう）らとともに官軍と戦った旧幕臣だった。

幕臣時代の榎本は，学問に優れ30歳前後でオランダに留学している。幕府では海軍副総裁にまでなったが，大政奉還（たいせい）後の戊辰戦争（ぼしん）の際に，抗戦派とともに官軍と戦い，五稜郭に立てこもった。

五稜郭の戦い（箱館戦争）に敗れたのち，本来なら処刑されるところを，榎本の才能を惜しんだ明治政府軍の参謀黒田清隆（くろだきよたか）らの嘆願によって助命され牢獄につながれた。出獄後は，その才能を買われて新政府に登用され，黒田のもとで働いた。その後，出世し逓信大臣，文部大臣，外務大臣などを歴任し，子爵にもなっている。

電気学会が設立されたのは，榎本が逓信大臣のときであった。その後20年も会長を務めている。20年も会長職に就いたのは榎本だけで，その後は長くても3年で交代している。近代日本の礎（いしずえ）を築いた大人物の一人であった。

ちなみに，現在では電気電子関係の学会は数多く設立されている。電気学会（2011年現在の会員数24 000）のほかにも，おもなものとして電子情報通信学会（同35 300），情報処理学会（同18 600），照明学会（同5 600），映像情報メディア学会（同4 200），日本音響学会（同4 500），電気設備学会（同5 900）などがあり，学会誌や研究発表会などを通じて情報発信・収集の機会提供，技術規格の制定，会員の技術研修など重要な活動を行っている。また，海外では**IEEE**（アイトリプルイーと呼ぶ：Institute of Electrical and Electronics Engineers）が世界160か国に40万人の会員を擁し，38部門部会を持つ国際的な電気電子学会として活動している。

本章のまとめ

☞ **3.1** $v(t) = \sqrt{2}\, V_e \sin(\omega t + \theta) \rightarrow \dot{V} = V_e e^{j\theta}$

$i(t) = \sqrt{2}\, I_e \sin(\omega t + \theta + \varphi) \rightarrow \dot{I} = I_e e^{j(\theta + \varphi)}$

☞ **3.2** インピーダンス $\dot{Z} = \dfrac{\dot{V}}{\dot{I}}$

アドミタンス $\dot{Y} = 1/\dot{Z} = \dfrac{\dot{I}}{\dot{V}}$

☞ **3.3** 抵抗 R のインピーダンス $\dot{Z}_R = R$

インダクタ L のインピーダンス $\dot{Z}_L = j\omega L$

キャパシタ C のインピーダンス $\dot{Z}_C = \dfrac{1}{j\omega C} = -j\dfrac{1}{\omega C}$

☞ **3.4** 直列接続 $\dot{Z} = \dot{Z}_1 + \dot{Z}_2 + \cdots + \dot{Z}_n$

並列接続 $\dot{Y} = \dot{Y}_1 + \dot{Y}_2 + \cdots + \dot{Y}_n$

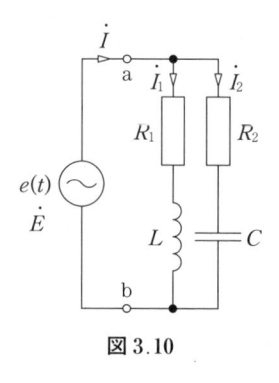

演習問題

3.1 図 3.10 に示す回路について，つぎの問に答えなさい。ここで，$e(t) = \sqrt{2} E_e \sin\omega t$ とする。
(1) $e(t)$ を記号法で表しなさい。
(2) 端子 a-b 間から負荷を見たインピーダンス（全体のインピーダンス）$\dot{Z}_T$ を求めなさい。
(3) $\dot{Z}_T$ を使って，電源を流れる電流 $\dot{I}$ を求めなさい。
(4) 電流 $\dot{I}_1$ と電流 $\dot{I}_2$ を求め，$\dot{I} = \dot{I}_1 + \dot{I}_2$ であることを確かめなさい。

図 3.10

3.2 R, L, C を直列に電圧源 $\dot{E}$ に接続した回路について，つぎの問に答えなさい。ここで，$\omega L > 1/\omega C$ とする。
(1) 全体のインピーダンス $\dot{Z}_T$ を求めなさい。
(2) $\dot{E} = E_e$ のとき，素子を流れる電流 $\dot{I}$ を求めなさい。
(3) 各素子の電圧降下 $\dot{V}_R$, $\dot{V}_L$, $\dot{V}_C$ を求めなさい。
(4) $\dot{E}$, $\dot{I}$, $\dot{V}_R$, $\dot{V}_L$, $\dot{V}_C$ のベクトル図を描きなさい。

3.3 R, L, C を並列に電流源 $\dot{I}$ に接続した回路について，つぎの問に答えなさい。ここで，$\omega C < 1/\omega L$ とする。

(1) 全体のアドミタンス $\dot{Y}_T$ を求めなさい。
(2) $\dot{I} = I_e$ のとき，素子の端子電圧 $\dot{V}$ を求めなさい。
(3) $\dot{I} = I_e$ のとき，各素子を流れる電流 $\dot{I}_R$, $\dot{I}_L$, $\dot{I}_C$ を求めなさい。
(4) $\dot{I}$, $\dot{V}$, $\dot{I}_R$, $\dot{I}_L$, $\dot{I}_C$ のベクトル図を描きなさい。

3.4 図 3.11 に示す回路で，$R_1 = R_2 = 10.0\,\Omega$, $L = 31.8\,\mathrm{mH}$, $C = 159\,\mathrm{\mu F}$ とする。$f = 50\,\mathrm{Hz}$ のとき，つぎの問に答えなさい。

(1) 全体のインピーダンス $\dot{Z}_T$ を求めなさい。$\dot{Z}_T$ の絶対値と偏角を求めなさい。
(2) $\dot{I}$ を測定したところ，$\dot{I} = 2e^{j\pi/6}$ であった。$\dot{V}_1$, $\dot{V}_2$, $\dot{E}$ を求めなさい。
(3) $\dot{I}$, $\dot{V}_1$, $\dot{V}_2$, $\dot{E}$ のベクトル図を描きなさい。

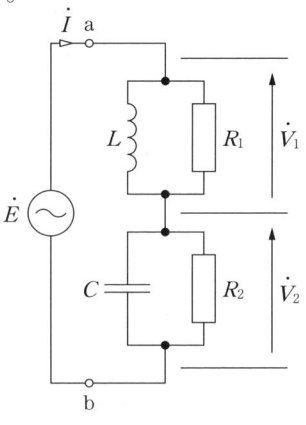

図 3.11

4. 電力と力率

　抵抗に電流が流れるとジュール熱が発生し，エネルギーを消費する。一方，インダクタに電流を流すと磁気エネルギーが蓄えられるが，エネルギーが消費されることはない。キャパシタも同じように，静電エネルギーが蓄えられるが，エネルギーは消費されない。交流の下では，インダクタやキャパシタに蓄えられたエネルギーは電源と素子の間を往復する。抵抗とリアクタンスを持つインピーダンスでは，電源から供給された電力は，抵抗で消費される有効電力とリアクタンスと電源を往復する無効電力に分かれる。本章ではこれらのことについて学ぶ。

4.1 瞬時電力とその平均

4.1.1 電源が供給する電力

　負荷が接続された電源を考える。電源に二つの負荷 $\dot{Z}_1$ と $\dot{Z}_2$ が接続されている図 4.1 に示す回路を例にとる。ここで，電源電圧の瞬時値を $e(t)$，電源を流れる電流の瞬時値を $i(t)$，$\dot{Z}_1$ の端子電圧の瞬時値を $v_1(t)$，$\dot{Z}_2$ の端子電圧の瞬時値を $v_2(t)$ とする。負荷が受け取る電力については次項で考えるとして，ここでは電源が供給する電力について検討する。

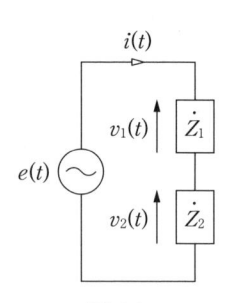

図 4.1

　時刻 t において電源が供給する電力 $p_S(t)$ を考えると，電位差 $e(t)$ を乗り越えて電流 $i(t)$ を押し出しているので

$$p_S(t) = e(t)\, i(t)$$

である。ここで電源電圧 $e(t)$ を

$$e(t) = \sqrt{2}\, E_e \sin\omega t$$

とし，電流 $i(t)$ は電圧より φ だけ遅れた位相を持つと仮定して

4.1 瞬時電力とその平均

$$i(t) = \sqrt{2}\, I_e \sin(\omega t - \varphi)$$

とすると，電源が供給する電力 $p_S(t)$ は，式 (4.1) のように表される。

$$\begin{aligned}
p_S(t) &= e(t)\,i(t) = \sqrt{2}\, E_e \sin\omega t\, \sqrt{2}\, I_e \sin(\omega t - \varphi) \\
&= 2 E_e I_e \sin\omega t\, \sin(\omega t - \varphi) \\
&= 2 E_e I_e \sin\omega t \{\sin\omega t\, \cos\varphi - \cos\omega t\, \sin\varphi\} \\
&= 2 E_e I_e \left(\sin^2\omega t\, \cos\varphi - \sin\omega t\, \cos\omega t\, \sin\varphi\right) \\
&= E_e I_e \cos\varphi (1 - \cos 2\omega t) - E_e I_e \sin\varphi\, \sin 2\omega t \qquad (4.1)
\end{aligned}$$

となる。

式 (4.1) の第 1 項は，**図 4.2** に示すように周期 $T/2$ で 0 から $2 E_e I_e \cos\varphi$ まで変動する。また，第 2 項は**図 4.3** に示すように周期 $T/2$ で $-E_e I_e \sin\varphi$ から $+E_e I_e \sin\varphi$ まで変動する。

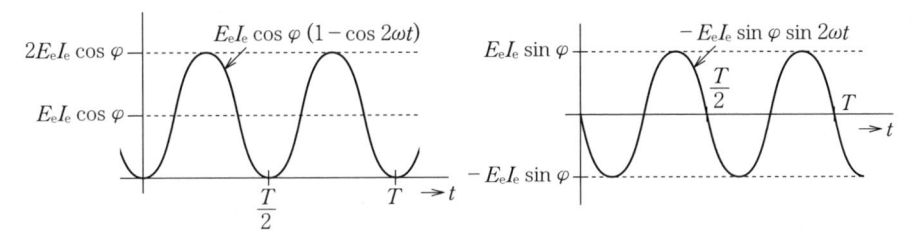

図 4.2 式 (4.1) の第 1 項　　　**図 4.3** 式 (4.1) の第 2 項

これらはどのように解釈すればよいであろうか。第 2 項が $\sin 2\omega t$ で振動することは，この項の電力が正のときは電源から負荷に向かって送られているが，負のときは逆に負荷から電源に向かって送られていることを示している。これに対して，第 1 項はつねに 0 以上なので，つねに電源から負荷に向かう成分であることがわかる。これらのことは瞬時電力 $p_S(t)$ の 1 秒間の平均，すなわち平均電力 P_{Sm} を求めてみると明確になる。

$$\begin{aligned}
P_{Sm} &= \frac{1}{T} \int_0^T p_S(t)\, dt \\
&= \frac{1}{T} \int_0^T \{E_e I_e \cos\varphi (1 - \cos 2\omega t) - E_e I_e \sin\varphi\, \sin 2\omega t\}\, dt
\end{aligned}$$

$$= E_\mathrm{e} I_\mathrm{e} \cos\varphi \tag{4.2}$$

$p_\mathrm{S}(t)$ の第1項成分だけが残り，第2項成分は0になっている。これは図4.2，図4.3からもうなずける。

さて，式 (4.1) と式 (4.2) から，電源からは時々刻々 $p_\mathrm{S}(t) = e(t)\,i(t)$ の電力が負荷に向かって送られているが，その一部は電源に返還されていること，また平均電力は $P_\mathrm{Sm} = E_\mathrm{e} I_\mathrm{e} \cos\varphi$ になることが示された。次項で，$p_\mathrm{S}(t)$ の第1項が負荷の抵抗成分における消費電力であり，第2項がリアクタンス成分と電源を往復する電力であることを学ぶ。

4.1.2　負荷が受け取る電力

〔1〕 **抵抗が受け取る電力**　図4.4のように回路の一部分に接続されている抵抗 R が受け取る電力を考える。抵抗 R を流れる電流の瞬時値を $i(t) = \sqrt{2}\,I_\mathrm{e}\sin\omega t$，また端子電圧の瞬時値を $v_R(t)$ とすると，$v_R(t) = R i(t)$ である。

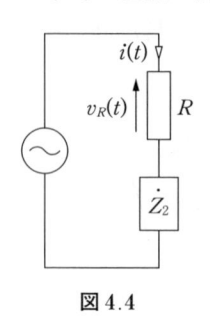

さて，抵抗 R が時刻 t に受け取る瞬時電力 $p_R(t)$ は，電位差 $v_R(t)$ に $i(t)$ が流れ込むので

$$p_R(t) = i(t)\,v_R(t) = R i^2(t)$$
$$= R \times 2 I_\mathrm{e}^2 \sin^2\omega t = R I_\mathrm{e}^2 (1 - \cos 2\omega t) \tag{4.3}$$

図 4.4

となる。式 (4.3) は，式 (4.1) 第1項と同様に，周期 $T/2$ で $(1-\cos2\omega t)$ の波形で振動していることがわかる。

ここで，$p_R(t) = R i^2(t)$ は時刻 t において抵抗で発生するジュール熱の瞬時値でもある。$p_R(t)$ が0から $2RI_\mathrm{e}^2$ の間で変動するのは，電流の時間変化に従って発生するジュール熱が変動するからである。式 (4.1) の第1項も，抵抗で発生するジュール熱の瞬時値である。

さて，瞬時電力 $p_R(t)$ の時間的な平均値 P_{Rm} を求めてみると

$$P_{Rm} = \frac{1}{T}\int_0^T p_R(t)\,dt = \frac{1}{T}\left(RI_\mathrm{e}^2\right)\int_0^T (1-\cos2\omega t)\,dt = RI_\mathrm{e}^2 \tag{4.4}$$

となる。ここで平均値 P_{Rm} の意味について考えてみると，P_{Rm} は抵抗が1s間に受け取るエネルギーである。それと同時に1s間に抵抗で発生するジュール

熱であり，抵抗で消費される電力でもある。以上のことから，抵抗の場合，受け取った電力はすべてジュール熱として消費することがわかる。これは重要なことであるので，よく理解してほしい。

また，すでに物理学で学んでいるようにエネルギーの単位はジュール〔J〕であり，電力（1秒当りのエネルギー）はワット〔W〕=〔J/s〕の単位を持つ。

〔2〕 リアクタンスが受け取る電力　リアクタンスの例として，**図4.5**のようにインダクタ L が回路のある部分に接続されている場合を考える。

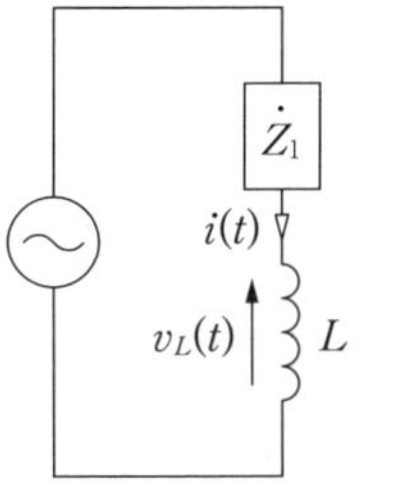

図4.5

流れる電流の瞬時値を $i(t)=\sqrt{2}\,I_e\sin\omega t$ とすると，端子電圧の瞬時値 $v_L(t)$ は

$$v_L(t)=L\frac{di(t)}{dt}=\omega L\sqrt{2}\,I_e\cos\omega t$$

となる。インダクタ L が時刻 t に受け取る瞬時電力 $p_L(t)$ は，電位差 $v_L(t)$ に $i(t)$ が流れ込むので

$$\begin{aligned}p_L(t)&=i(t)v_L(t)=\left(\sqrt{2}\,I_e\sin\omega t\right)\left(\omega L\sqrt{2}\,I_e\cos\omega t\right)\\&=2\omega LI_e^2\sin\omega t\,\cos\omega t=\omega LI_e^2\sin 2\omega t\end{aligned}\tag{4.5}$$

$p_L(t)$ は，式 (4.1) 第2項と同様に周期 $T/2$ で正弦波振動をする。

$p_L(t)$ が正弦波振動する理由を考えよう。2.4.3項でインダクタは磁気エネルギーを蓄えることを述べた。蓄えられる磁気エネルギーの瞬時値 $w_L(t)$ は

$$w_L(t)=\frac{1}{2}Li^2(t)$$

である。$w(t)$ の時間的変化量を見るために，これを時間 t で微分すると

$$\begin{aligned}\frac{dw_L(t)}{dt}&=\frac{1}{2}L\frac{d\left(\sqrt{2}\,I_e\sin\omega t\right)^2}{dt}=LI_e^2\frac{d\sin^2\omega t}{dt}\\&=2\omega LI_e^2\sin\omega t\,\cos\omega t=\omega LI_e^2\sin 2\omega t=p_L(t)\end{aligned}\tag{4.6}$$

となり，式 (4.5) に示す瞬時電力 $p_L(t)$ に等しいことがわかる。

以上のことから，貯蔵エネルギーが電源とインダクタの間を往復しているため，瞬時電力 $p_L(t)$ が正弦波振動をすることがわかる。つまり，$p_L(t)$ が正のと

きには，電源からインダクタへエネルギーが供給され，そのエネルギーは磁気エネルギーとして蓄えられる。$p_L(t)$ が負のときには，蓄えられたエネルギーが電源に返還されるわけである。したがって，$p_L(t)$ を1周期にわたって積分すれば0となる。実際に $p_L(t)$ の平均値 P_{Lm} を求めると

$$P_{Lm} = \frac{1}{T}\int_0^T \omega L I_e^2 \sin 2\omega t \, dt = 0 \tag{4.7}$$

となる。また，P_{Lm} が0であることは，インダクタが電力を消費しないことを示している。

キャパシタの場合も同様に，電源からキャパシタへ供給されたエネルギーは，静電エネルギーとして蓄えられ，消費されることなく電源に返還される。よって，平均値 P_{Cm} は0になる。このことはつぎの例題によって確かめられる。

例題 4.1 キャパシタ C が受け取る瞬時電力 $p_C(t)$ とその平均 P_{Cm} を求めなさい。また，キャパシタ C に蓄えられる静電エネルギーと瞬時電力 $p_C(t)$ との関係を調べなさい。

解 図4.6について考えよう。

流れる電流の瞬時値を $i(t) = \sqrt{2}\, I_e \sin\omega t$ とすると，端子電圧の瞬時値 $v_C(t)$ は

$$v_C(t) = \frac{1}{C}\int_0^T i(t)\,dt = \sqrt{2}\, I_e \frac{1}{\omega C}(-\cos\omega t)$$

となる。キャパシタ C が時刻 t に受け取る瞬時電力 $p_C(t)$ は，電位差 $v_C(t)$ に $i(t)$ が流れ込むので

$$\begin{aligned}p_C(t) &= i(t)v_C(t) = \sqrt{2}\,I_e\sin\omega t\,\sqrt{2}\,I_e\frac{1}{\omega C}(-\cos\omega t)\\ &= \left(2I_e^2\frac{1}{\omega C}\right)(-\sin\omega t\,\cos\omega t)\\ &= -\left(I_e^2\frac{1}{\omega C}\right)\sin 2\omega t\end{aligned} \tag{4.8}$$

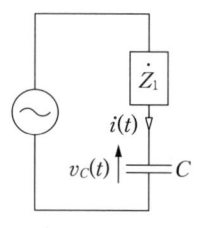

図4.6

瞬時電力 $p_C(t)$ の平均値 P_{Cm} は

$$P_{Cm} = \frac{1}{T}\int_0^T \left(-I_e^2\frac{1}{\omega C}\sin 2\omega t\right)dt = 0$$

となる。

キャパシタ C に蓄えられる静電エネルギーの瞬時値 $w_C(t)$ は

$$w_C(t) = \frac{1}{2} C v_C^2(t)$$

その時間微分は

$$\frac{dw_C(t)}{dt} = \frac{C}{2} \frac{d(\sqrt{2}\, I_e/\omega C)^2 (-\cos\omega t)^2}{dt}$$

$$= \frac{I_e^2}{\omega^2 C} \frac{d\cos^2\omega t}{dt} = -\frac{I_e^2}{\omega C} \sin 2\omega t = p_C(t)$$

したがって，蓄えられる静電エネルギーの変化量が瞬時電力 $p_C(t)$ である。

以上に示したように，リアクタンスにおいては平均電力 P_m は 0 となる。リアクタンスが受け取る瞬時電力は正弦波振動するが，これは電源から供給されたエネルギーはリアクタンスに蓄えられ，その後，電源に返還されるためである。

4.2 電力と力率

電力を考えるとき，時間的に変動する瞬時電力より時間的に一定な平均値のほうが扱いやすい。以下では，平均値について考えていく。

4.2.1 インピーダンス $\dot{Z}$ の電力

図 4.7 に示すようにインピーダンス $\dot{Z} = R + jX$ に電流 $\dot{I}$ が流れ，端子電圧が $\dot{V}$ である場合の電力について考える。

$\dot{V} = V_e$ とすると，$\dot{V} = \dot{Z}\dot{I}$ なので

$$\dot{I} = \frac{\dot{V}}{\dot{Z}} = \frac{V_e}{|\dot{Z}|e^{j\varphi}} = \frac{V_e}{|\dot{Z}|} e^{-j\varphi} = I_e e^{-j\varphi}$$

ここで，$I_e = V_e/|\dot{Z}|$，$|\dot{Z}| = \sqrt{R^2 + X^2}$ は $\dot{Z}$ の絶対値，φ は $\dot{Z}$ の偏角である。

前節と同様に，時刻 t においてインピーダンス $\dot{Z}$ が受け取る瞬時電力 $p(t)$ を求めると

$$p(t) = v(t)i(t) = \sqrt{2}\, V_e \sin\omega t\, \sqrt{2}\, I_e \sin(\omega t - \varphi)$$

$$= V_e I_e \cos\varphi (1 - \cos 2\omega t) - V_e I_e \sin\varphi \sin 2\omega t \quad (4.9)$$

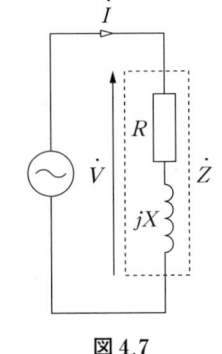

図 4.7

平均電力 P_m を求めると

$$P_\mathrm{m} = \frac{1}{T}\int_0^T \{V_e I_e \cos\varphi(1-\cos 2\omega t) - V_e I_e \sin\varphi \sin 2\omega t\}dt$$

$$= V_e I_e \cos\varphi = \frac{V_e^2}{|Z|}\cos\varphi = |Z|I_e^2 \cos\varphi$$

と求まる。ここで $\cos\varphi = R/|Z|$ なので

$$P_\mathrm{m} = |Z|I_e^2 \cos\varphi = RI_e^2 \tag{4.10}$$

となり，平均電力が抵抗による1s当りのジュール発熱量，つまり抵抗で消費される電力であることが明確にわかる。

4.2.2 有効電力，皮相電力，力率

負荷に含まれる抵抗で消費される電力を**有効電力**（active power）と呼び P_a で表す。式(4.10)に示したように，有効電力 P_a は平均電力 P_m に等しい。また，電圧の実効値と電流の実効値の積を**皮相電力**（apparent power）と呼び P で表す。皮相とは，見かけのという意味である。さらに，（有効電力）/（皮相電力）を，有効に働く割合という意味から**力率**（power factor）と呼んでいる。

上の議論から，負荷 $\dot{Z} = R + jX$ に対しては

皮相電力 $P = V_e I_e$ \hfill (4.11)

有効電力（平均電力）＝皮相電力×力率

$$P_\mathrm{a} = P_\mathrm{m} = V_e I_e \cos\varphi = P\cos\varphi \tag{4.12}$$

力　率　　$\cos\varphi = \dfrac{P_\mathrm{a}}{P} = \dfrac{R}{\sqrt{R^2 + X^2}}$ \hfill (4.13)

となることがわかる。ここで，φ は $\dot{Z}$ の偏角であり，これはまた電圧と電流の位相差でもある。

ところで，負荷 $\dot{Z} = R + jX$ において，抵抗 R は $R \geqq 0$ なので，力率 $\cos\varphi \geqq 0$ である。また，φ の変域は $-\pi/2 \leqq \varphi \leqq \pi/2$ であり，リアクタンス X が $X > 0$ のとき $\varphi > 0$ となる。このとき電流の位相は電圧の位相よりも φ だけ遅れる。その意味で，$\varphi > 0$ のときの力率 $\cos\varphi$ を**遅れ力率**と呼ぶ。同様に $\varphi < 0$ のときの力率 $\cos\varphi$ を**進み力率**と呼ぶ。

4.2.3 無 効 電 力

有効電力に対応して，**無効電力**（reactive power）という概念がある。無効電力 P_r は，（皮相電力）× $\sin\varphi$ で定義される。

$$\text{無効電力} \quad P_r = E_e I_e \sin\varphi = P\sin\varphi \tag{4.14}$$

ここで $\sin\varphi = X/\sqrt{R^2 + X^2}$ である。無効電力とはつぎのようなものである。

瞬時電力 $p(t)$ に対する式 (4.9) を書き換えると

$$\begin{aligned}p(t) &= E_e I_e \cos\varphi(1 - \cos 2\omega t) - E_e I_e \sin\varphi \sin 2\omega t \\ &= P_a(1 - \cos 2\omega t) - P_r \sin 2\omega t\end{aligned} \tag{4.15}$$

と表される。4.1節で見たとおり，右辺第2項はリアクタンス成分と電源の間を往復する電力である。このことから，無効電力 P_r は負荷のリアクタンス成分と電源の間を往復する電力の振幅を表していることがわかる。

ここで，端子電圧 $\dot{V}$ と電流 $\dot{I}$ のベクトル図を考える。

$$\dot{V} = V_e, \quad \dot{I} = I_e e^{-j\varphi} = I_e(\cos\varphi - j\sin\varphi)$$

図4.8に示すベクトル図において，$\dot{I}$ の実部，すなわち $\dot{V}$ と同相の成分が $I_e\cos\varphi$ であり，$\dot{V}$ と直角の成分が $I_e\sin\varphi$ であることがわかる。これから，有効電力 P_a は $\dot{V}$ とそれと同相な $\dot{I}$ の成分との積であり，無効電力 P_r は $\dot{V}$ と直交する $\dot{I}$ の成分との積であるといえる[†]。

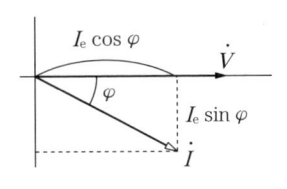

図4.8 ベクトル図

4.2.4 電 力 の 単 位

有効電力の単位は**ワット**〔W〕である。一方，皮相電力の単位は**ボルトアンペア**〔V·A〕，無効電力の単位は**バール**〔var〕と定められている。var は，volt ampere reactive の頭文字をとったものである。

物理的にはこれら3者は同じ次元〔J·s^{-1}〕を持つが，有効電力，皮相電力，無効電力の区別が明確になるように，異なった単位を定めている。

[†] V と I を x-y 平面上の通常のベクトルと考えると，有効電力 P_a はベクトル V とベクトル I の内積（スカラ積）$V \cdot I$ となっている。また，無効電力 P_r はベクトル V とベクトル I の外積（ベクトル積）の大きさ $|V \times I|$ であり，これはまたベクトル V とベクトル I によって形作られる平行四辺形の面積に等しい。

例題 4.2 RL 直列回路を $\dot{E}=E_e$ の電源に接続した。力率,皮相電力,有効電力,無効電力を求めなさい。

解 $\dot{E}=E_e$ 〔V〕

$$\dot{Z}=R+j\omega L=\sqrt{R^2+(\omega L)^2}\left(\frac{R}{\sqrt{R^2+(\omega L)^2}}+\frac{j\omega L}{\sqrt{R^2+(\omega L)^2}}\right)=\sqrt{R^2+(\omega L)^2}\,e^{j\varphi} \quad 〔\Omega〕$$

$$\cos\varphi=\frac{R}{\sqrt{R^2+(\omega L)^2}}, \quad \sin\varphi=\frac{\omega L}{\sqrt{R^2+(\omega L)^2}}$$

$$\therefore \dot{I}=\frac{\dot{E}}{\dot{Z}}=\frac{E_e}{\sqrt{R^2+(\omega L)^2}}e^{-j\varphi} \quad 〔A〕$$

力率 $\cos\varphi=\dfrac{R}{\sqrt{R^2+(\omega L)^2}}$

$$P=E_e I_e=E_e\frac{E_e}{\sqrt{R^2+(\omega L)^2}}=\frac{E_e^2}{\sqrt{R^2+(\omega L)^2}} \quad 〔V\cdot A〕$$

$$P_a=P\cos\varphi=\frac{E_e^2 R}{R^2+(\omega L)^2}=RI_e^2 \quad 〔W〕$$

$$P_r=P\sin\varphi=\frac{E_e^2 \omega L}{R^2+(\omega L)^2}=\omega L I_e^2 \quad 〔\mathrm{var}〕$$

例題 4.3 前問で,$E_e=100$ V,$f=60$ Hz,$R=17.3\,\Omega$,$L=26.5$ mH のとき,力率,皮相電力,有効電力,無効電力の数値を求めなさい。

解 $\omega=60\times 2\pi=120\pi$ 〔rad/s〕,$j\omega L=120\pi\times 26.5\times 10^{-3}=j10.0$ 〔Ω〕

$\dot{Z}=R+j\omega L=17.3+j10.0$ 〔Ω〕$=20.0\,e^{j\pi/6}$ 〔Ω〕

$$\dot{I}=\frac{\dot{E}}{\dot{Z}}=\frac{100}{20.0}e^{-j\pi/6}=5.00e^{-j\pi/6} \quad 〔A〕$$

力率 $\cos\varphi=\dfrac{R}{\sqrt{R^2+(\omega L)^2}}=\dfrac{17.3}{20.0}=0.865$

$P=E_e I_e=100\times 5=500$ V·A

$P_a=P\cos\varphi=500\times 0.865=432$ W

$P_r=P\sin\varphi=500\times\dfrac{10.0}{20.0}=250$ var

4.3 複素電力

交流回路の電力を考えるとき,**複素電力** (complex power) は便利な概念である。負荷の端子電圧を $\dot{V}$,電流を $\dot{I}$ とすると,複素電力 $\dot{P}$ は

$$\dot{P} = \dot{V}\bar{\dot{I}} \tag{4.16}$$

と定義されている。ここで，$\bar{\dot{I}}$ は $\dot{I}$ の複素共役である。以下，複素電力について詳しく見てみよう。なお，複素電力の単位は〔V·A〕である。

負荷インピーダンス $\dot{Z} = R + jX = |\dot{Z}|e^{j\varphi}$ の端子電圧を $\dot{V} = V_e e^{j\theta}$ とすると，流れる電流 $\dot{I}$ は

$$\dot{I} = \frac{\dot{V}}{\dot{Z}} = \frac{V_e e^{j\theta}}{|\dot{Z}|e^{j\varphi}} = \frac{V_e}{|\dot{Z}|}e^{j(\theta-\varphi)} = I_e e^{j(\theta-\varphi)}$$

となる。負荷の複素電力 $\dot{P}$ は

$$\dot{P} = \dot{V}\bar{\dot{I}} = V_e e^{j\theta} \overline{I_e e^{j(\theta-\varphi)}} = V_e e^{j\theta} I_e e^{-j(\theta-\varphi)} = V_e I_e e^{j\varphi}$$
$$= P e^{j\varphi} = P(\cos\varphi + j\sin\varphi) = P_a + jP_r \tag{4.17}$$

つまり，複素電力の実部は有効電力であり，虚部は無効電力である。絶対値は皮相電力である。**図 4.9** はこれらの関係を示したベクトル図である。

ここで無効電力 P_r の符号は $\dot{Z}$ の偏角 φ の正負によって決まる。$\varphi > 0$ のとき，$\sin\varphi > 0$ となり，$P_r > 0$ となる。このとき，電流の位相は電圧より遅れており，遅れ力率を持つ。通常，工場や家庭で使用されている機器は遅れ力率を持ち，その無効電力は正である。

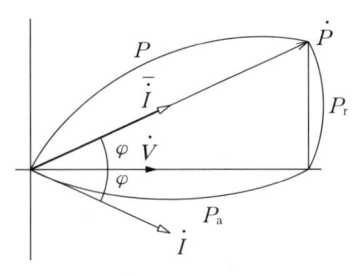

図 4.9 $\dot{V}$ の位相を基準として描いたベクトル図

逆に，$\varphi < 0$ のとき（進み力率）には無効電力 P_r は負の値を持つ。

例題 4.4 例題 4.2 と同じ RL 直列回路の複素電力を求めなさい。

解 例題 4.2 の解答で

$$\dot{E} = E_e, \quad \dot{I} = E_e \frac{1}{\sqrt{R^2 + (\omega L)^2}} e^{-j\varphi} \quad \text{であった。}$$

$$\dot{P} = \dot{V}\bar{\dot{I}} = E_e \frac{E_e}{\sqrt{R^2 + (\omega L)^2}} \overline{e^{-j\varphi}} = E_e \frac{E_e}{\sqrt{R^2 + (\omega L)^2}} e^{j\varphi}$$
$$= \frac{E_e^2}{\sqrt{R^2 + (\omega L)^2}} \left(\frac{R}{\sqrt{R^2 + (\omega L)^2}} + j\frac{\omega L}{\sqrt{R^2 + (\omega L)^2}} \right)$$

54　4. 電力と力率

$$= \frac{E_e^2 R}{R^2 + (\omega L)^2} + j\frac{E_e^2 \omega L}{R^2 + (\omega L)^2}$$

この場合は遅れ負荷（$\varphi > 0$）であり，無効電力は正であることに注意してほしい。

例題 4.5 RC 直列回路を $\dot{E} = E_e$ の電源に接続した。複素電力を求めなさい。

解 $\dot{E} = E_e$

$$\dot{Z} = R - j\frac{1}{\omega C}$$

$$= \sqrt{R^2 + 1/(\omega C)^2}\left(\frac{R}{\sqrt{R^2 + 1/(\omega C)^2}} - j\frac{1/\omega C}{\sqrt{R^2 + 1/(\omega C)^2}}\right)$$

$$= \sqrt{R^2 + 1/(\omega C)^2}\, e^{j\varphi}$$

$$\dot{I} = \frac{\dot{E}}{\dot{Z}} = \frac{E_e}{\sqrt{R^2 + 1/(\omega C)^2}\, e^{j\varphi}} = \frac{E_e}{\sqrt{R^2 + 1/(\omega C)^2}}\, e^{-j\varphi}$$

$$\dot{P} = \dot{V}\bar{I} = E_e\left(\frac{E_e}{\sqrt{R^2 + 1/(\omega C)^2}}\, e^{-j\varphi}\right)$$

$$= E_e\left(\frac{E_e}{\sqrt{R^2 + 1/(\omega C)^2}}\right)e^{j\varphi}$$

$$= E_e^2 \frac{R}{R^2 + 1/(\omega C)^2} - j\frac{E_e^2}{\omega C}\frac{1}{R^2 + 1/(\omega C)^2}$$

この場合は進み負荷（$\varphi < 0$）であり，無効電力は負になっている。

☕ **コーヒーブレイク**

「規格の話」

JIS という言葉はよく聞くと思う。日本工業規格のことで，英語の Japanese Industrial Standards の頭文字をとって JIS（ジス）と呼んでいる。JIS 規格は法律に基づいて制定される国家規格である。電気回路に関する多くの事項，例えば抵抗やインダクタ，キャパシタの図記号も JIS で決められていて，本書もこれに従っている。

国家規格は国際的にも通用しなければならない。抵抗の記号が各国でばらばらでは困る。そこで各国が加盟する国際機関 ISO，IEC で国際規格を制定し，各国の国家規格がそれに従うような仕組みにしてある。**ISO** は正式には International Organization for Standardization（国際標準化機構）といい，電気電子分野を除く全産業分野（鉱工農医薬等）に関する国際規格を作成している。**IEC** は正式には International Electrotechnical Commission（国際電気標準会議）といい，対

象は電気電子分野に限られている。両方とも現在の本部はスイスのジュネーブにある。国際規格の制定には各国の利害が直接かかわることも多く，熾烈な主導権争いが展開されることもある。

電気電子分野は IEC，その他の分野は ISO の管掌となっているのは，IEC の設立が ISO よりはるかに早かったからである。IEC 設立の直接のきっかけは，1904年にアメリカのセントルイスで開かれた博覧会で，各国が持ち込んだ展示物がまちまちのタイプの電力を必要として起きた大混乱である。それを受けて 1906 年に IEC がロンドンで設立され，まず用語と単位の統一が図られた。一方，ISO の設立は 40 年もあとの 1947 年であった。

複素電力の定義 ($\dot{P} = \dot{V}\bar{I}$) は現 IEC 規格に従っている。しかし，以前の定義は $\dot{P} = \bar{\dot{V}}\dot{I}$ であった。遅れ無効電力は以前は負だったが，正に変わったのである。抵抗の記号も以前は三角波状であったが長方形に変更された。規格は時代とともに見直され変化する。

4.4 力率の改善

4.4.1 力率と効率

電力は発電所から電線（ケーブルや架空線）を通して負荷に供給される。電線は小さな値ではあるが抵抗を持つ。さらに，変圧器などのさまざまな電力機器も抵抗を持つ。したがって，電線や電力機器を電流が流れればジュール熱が発生し，損失となる。負荷に送る電流はなるべく小さいほうが損失が小さく効率が良い。

負荷で消費される電力は有効電力であり，無効電力は電源と負荷を往復する電力である。負荷の力率を 1 に近づけて無効電力を小さくすると電線を往復する電流が小さくなり，効率が良くなる。以下ではこれを確かめる。

電源 $\dot{E} = E_e$ に負荷 $\dot{Z} = |\dot{Z}|e^{j\varphi}$ が接続れているとすると，流れる電流 $\dot{I}$ と複素電力 $\dot{P}$ は

$$\dot{I} = \frac{E_e}{|\dot{Z}|}e^{-j\varphi} = I_e e^{-j\varphi}$$

$$\dot{P} = P(\cos\varphi + j\sin\varphi) = \frac{E_e^2}{|\dot{Z}|}(\cos\varphi + j\sin\varphi) = P_a + jP_r$$

となる．このとき，電源電圧と負荷で消費される電力は決められているものとして E_e と P_a をそれぞれ定数 A, B とする．

$$P_a = \frac{E_e^2}{|\dot{Z}|}\cos\varphi \text{ より}$$

$$|\dot{Z}| = \frac{E_e^2}{P_a}\cos\varphi = \frac{A^2}{B}\cos\varphi$$

$$\therefore I_e = \frac{E_e}{|\dot{Z}|} = \frac{A}{(A^2/B)\cos\varphi} = \frac{B}{A\cos\varphi}$$

となる．力率 $\cos\varphi$ が大きいほど，電流は小さくなる．

以上のことから，ある決められた電源から決められた有効電力を供給する場合，力率 $\cos\varphi$ が1に近いほど，損失が小さくなり，効率が良くなることがわかる．

4.4.2 進相コンデンサ

すでに述べたように，通常の負荷は遅れ力率を持つ．このような負荷の力率を改善して1に近づけるため，負荷と並列に進み力率を持つコンデンサを設置することがしばしば行われている．このようなコンデンサを**進相コンデンサ**と呼んでいる．進相コンデンサは多くの工場の受電設備で見受けられる．以下では進相コンデンサの効果を確かめる．

図 4.10 に示すような回路を考える．

最初はスイッチSは解放されていて，電源には負荷 $\dot{Z}$ だけが接続されている．電源電圧 $\dot{E}$ とインピーダンス $\dot{Z}$ を

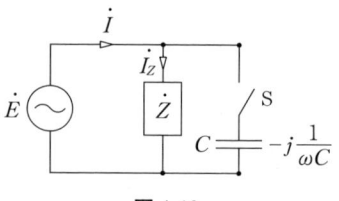

図 4.10

$$\dot{E} = E_e$$
$$\dot{Z} = R + jX = |\dot{Z}|e^{j\varphi}, \quad X > 0, \quad \varphi > 0$$

$$|\dot{Z}| = \sqrt{R^2 + X^2}, \quad \cos\varphi = \frac{R}{\sqrt{R^2 + X^2}}, \quad \sin\varphi = \frac{X}{\sqrt{R^2 + X^2}}$$

とすると，負荷 $\dot{Z}$ を流れる電流 $\dot{I}_Z$ は

4.4 力率の改善

$$\dot{I}_Z = \frac{\dot{E}}{\dot{Z}} = \frac{E_\mathrm{e}}{|\dot{Z}|e^{j\varphi}} = \frac{E_\mathrm{e}}{|\dot{Z}|}e^{-j\varphi} = \frac{E_\mathrm{e}}{R^2+X^2}(R-jX)$$

である.ここで,$X>0$ すなわち $\varphi>0$ なので,$\dot{Z}$ は遅れ力率を持つ.スイッチSが開放のとき,電源を流れる電流 I は $\dot{I}_Z$ と等しい.

$$\dot{I} = \dot{I}_Z$$

つぎに,スイッチSを閉じてキャパシタを接続する.キャパシタのインピーダンスを $(-j/\omega C)$ とすると,流れる電流 $\dot{I}_C$ は

$$\dot{I}_C = \frac{E_\mathrm{e}}{-j/\omega C} = j\omega C E_\mathrm{e}$$

となる.そのときの電源電流 $\dot{I}'$ は $\dot{I}_Z$ と $\dot{I}_C$ の和となり

$$\dot{I}' = \dot{I}_Z + \dot{I}_C = \frac{E_\mathrm{e}}{R^2+X^2}(R-jX) + j\omega C E_\mathrm{e}$$

$$= E_\mathrm{e}\left\{\frac{R}{R^2+X^2} - j\left(\frac{X}{R^2+X^2} - \omega C\right)\right\}$$

となる.ここで $X/(R^2+X^2) - \omega C = 0$ となるように ωC を選べば

$$\dot{I}' = E_\mathrm{e}\frac{R}{R^2+X^2}$$

となる.図 4.11 に電流のベクトル図を示す.

$\dot{I}_Z$ の成分のうち電圧と直交する成分が $\dot{I}_C$ と打ち消し合い,電圧と同じ位相の成分だけが残る.これに対応して,キャパシタ接続後の全体のインピーダンス $\dot{Z}_\mathrm{T}$ は

$$\dot{Z}_\mathrm{T} = \frac{E_\mathrm{e}}{\dot{I}'} = \frac{R^2+X^2}{R}$$

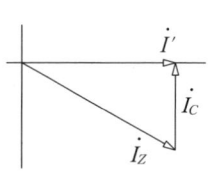

図 4.11 ベクトル図

と純抵抗となり,したがって力率=1 となっている.

例題 4.6 図 4.10 において,キャパシタ接続前後の電源電流の大きさを比較しなさい.

解 キャパシタ接続前:

$$\dot{I} = \dot{I}_Z = \frac{\dot{E}}{\dot{Z}} = \frac{E_\mathrm{e}}{|\dot{Z}|e^{j\varphi}} = \frac{E_\mathrm{e}}{|\dot{Z}|}e^{-j\varphi}$$

58   4. 電力と力率

$$= \frac{E_e}{R^2+X^2}(R-jX)$$

$$\therefore \ |\dot{I}| = |\dot{I}_Z| = \frac{E_e}{\sqrt{R^2+X^2}}$$

キャパシタ接続後：

$$\dot{I}' = \dot{I}_Z + \dot{I}_C = \frac{E_e R}{R^2+X^2}$$

$$|\dot{I}'| = \frac{E_e R}{R^2+X^2}$$

これを比較すると

$$\frac{|\dot{I}'|}{|\dot{I}|} = \frac{E_e R/(R^2+X^2)}{E_e/\sqrt{R^2+X^2}} = \frac{R}{\sqrt{R^2+X^2}} < 1$$

キャパシタ接続後は $(R/\sqrt{R^2+X^2})$ に減少している。図 4.11 においても大きさの減少は明らかである

例題 4.7　図 4.10 において，電源が供給する複素電力をキャパシタ接続前後で求め，ベクトル図に示しなさい。

解　キャパシタ接続前：電源が供給する複素電力を $\dot{P}$ とする。キャパシタ接続前は $\dot{P}$ は $\dot{Z}$ の複素電力 $\dot{P}_Z$ に等しい。

$$\dot{P} = \dot{P}_Z = \dot{E}\overline{\dot{I}}_Z = E_e \frac{E_e}{R^2+X^2}(\overline{R-jX}) = \frac{E_e^2}{R^2+X^2}(R+jX)$$

キャパシタ接続後：キャパシタの複素電力 $\dot{P}_C$ は

$$\dot{P}_C = \dot{E}\overline{\dot{I}}_C = E_e \overline{(E_e/(-j/\omega C))} = -j\omega C E_e^2 = -jE_e^2 X/(R^2+X^2)$$

$$\omega C = X/(R^2+X^2)$$

電源が供給する複素電力を $\dot{P}'$ とすると

$$\dot{P}' = \dot{P}_Z + \dot{P}_C$$

$$= \frac{E_e^2}{R^2+X^2}(R+jX) - j\frac{E_e^2 X}{R^2+X^2} = \frac{E_e^2 R}{R^2+X^2}$$

接続後には有効電力だけとなっている。ベクトル図を**図 4.12** に示す。

負荷 $\dot{Z}$ の無効電力はキャパシタの無効電力と打ち消し合っている。あるいは，負荷 $\dot{Z}$ の無効電力はキャパシタから供給されたといってもよい。

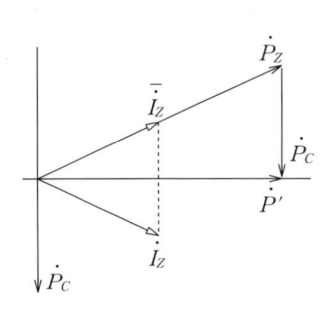

図 4.12　ベクトル図

コーヒーブレイク

「電力王と女優第 1 号」

　「日本の電力王」といわれた実業家福沢桃介(ももすけ)は，「日本の女優第 1 号」として海外公演にもたびたび出掛けた川上貞奴(さだやっこ)と一時期を名古屋でともに暮らした。

　福沢桃介（1868～1938）は，埼玉県の貧農岩崎家の二男として生まれたが，神童といわれ，16 歳で慶応義塾に入学した。入学後，福沢諭吉夫妻の目にとまり，その養子となった。卒業後，諭吉の次女の婿となり福沢姓に変わった。株取引で財をなしたのち，木曽川に多くの水力発電所を作り，さらに大同電力（現関西電力），東邦電力（現中部電力）の設立にも関与し「日本の電力王」といわれた。また，東邦瓦斯（現東邦ガス），愛知電気鉄道（現名古屋鉄道）の経営にも参画し名古屋の発展に大いに貢献した。

　東京生まれの川上貞奴（1871～1946）は日本橋で芸者をしていたとき，川上音(おと)二郎(じろう)と結婚した。才色兼備の貞奴は大政治家の贔屓(ひいき)も多くたいへんな売れっ子芸妓(げいぎ)であったそうだ。一方，博多の生まれの川上音二郎は自由民権運動の活動家であり，世情風刺の「オッペケペー節」で一世を風靡(ふうび)した演劇家であった。結婚後に音二郎の海外公演に同行した貞奴は，サンフランシスコで代役として舞台に立ち大好評を得た。その後，ヨーロッパなどで海外公演をしばしば行い，特にパリの万国博覧会の公演でフランス政府から勲章まで送られ，女優としての地位を不動のものとした。1911 年に音二郎が亡くなるとしばらくして引退し，1920 年頃から 6 年間ほど名古屋市内で福沢桃介とともに住んでいた。

　桃介と貞奴は，貞奴が 14 歳頃に野良犬に襲われているところを慶応義塾の学生だった桃介が助けたことから知り合っていた。後年，二人が名古屋で暮らした大豪邸は二葉御殿といわれ，当時の政財界のサロンだった。電力王の邸宅らしく，停電用の自家発電装置まで付いていたという。この邸宅は現在，名古屋市の文化財として公開されている。

本章のまとめ

☞ **4.1** 皮相電力 = 電圧実効値 × 電流実効値
$$P = E_e I_e \quad \text{ボルトアンペア} \; [\text{V·A}]$$

☞ **4.2** 有効電力（平均電力） = 皮相電力 × 力率
$$P_a = P_m = P\cos\varphi \quad \text{ワット} \; [\text{W}]$$

☞ **4.3** 力率 $\cos\varphi = \dfrac{P_a}{P} = \dfrac{R}{\sqrt{R^2 + X^2}}$

☞ **4.4** 無効電力　皮相電力 × $\sin\varphi$
$$P_r = P\sin\varphi \quad \text{バール} \; [\text{var}]$$
$$\sin\varphi = \dfrac{X}{\sqrt{R^2 + X^2}}$$

☞ **4.5** 複素電力 = 電圧ベクトル × (電流ベクトルの複素共役)
$$\dot{P} = \dot{V}\overline{\dot{I}} = P(\cos\varphi + j\sin\varphi) = P_a + jP_r \quad \text{ボルトアンペア} \; [\text{V·A}]$$

演習問題

4.1 負荷が受け取る電力について，つぎの問に答えなさい。

(1) 図 4.4 において，抵抗 R を電流 $i(t) = \sqrt{2}\, I_e \sin\omega t$ が流れている。電流 $i(t)$，端子電圧 $v_R(t)$，瞬時電力 $p_R(t)$ の式を求め，その波形を図示しなさい。

(2) 図 4.5 において，インダクタ L を電流 $i(t) = \sqrt{2}\, I_e \sin\omega t$ が流れている。電流 $i(t)$，磁束 $\phi(t)$，端子電圧 $v_L(t)$，瞬時電力 $p_L(t)$ および蓄えられる磁気エネルギーの瞬時値 $w_L(t)$ の式を求め，その波形を図示しなさい。

(3) 図 4.6 において，キャパシタ C を電流 $i(t) = \sqrt{2}\, I_e \sin\omega t$ が流れている。電流 $i(t)$，端子電圧 $v_C(t)$，電荷 $q(t)$，瞬時電力 $p_C(t)$ および蓄えられる静電エネルギーの瞬時値 $w_C(t)$ の式を求め，その波形を図示しなさい。

4.2 RLC 直列回路を電圧源 E_e に接続した。つぎの問に答えなさい。

(1) 各素子の端子電圧 $\dot{V}_R$, $\dot{V}_L$, $\dot{V}_C$ を求めなさい。

(2) $\dot{E}$, $\dot{V}_R$, $\dot{V}_L$, $\dot{V}_C$ のベクトル図を描きなさい。

(3) 各素子の複素電力 $\dot{P}_R$, $\dot{P}_L$, $\dot{P}_C$ を求めなさい。

(4) 回路全体の複素電力 $\dot{P}_T$ を求めなさい。

(5) $\dot{P}_T$, $\dot{P}_R$, $\dot{P}_L$, $\dot{P}_C$ のベクトル図を描きなさい。

4.3 RLC 並列回路を電流源 $\dot{I} = I_e$ に接続した。つぎの問に答えなさい。

(1) 各素子を流れる電流 $\dot{I}_R$, $\dot{I}_L$, $\dot{I}_C$ を求めなさい。

(2) $\dot{I}$, $\dot{I}_R$, $\dot{I}_L$, $\dot{I}_C$ のベクトル図を描きなさい。

(3) 各素子の複素電力 $\dot{P}_R$, $\dot{P}_L$, $\dot{P}_C$ を求めなさい。
(4) 回路全体の複素電力 $\dot{P}_T$ を求めなさい。
(5) $\dot{P}_T$, $\dot{P}_R$, $\dot{P}_L$, $\dot{P}_C$ のベクトル図を描きなさい。

4.4 図 4.13 に示す回路を電源 $\dot{E} = 100$ V に接続した。つぎの問に答えなさい。

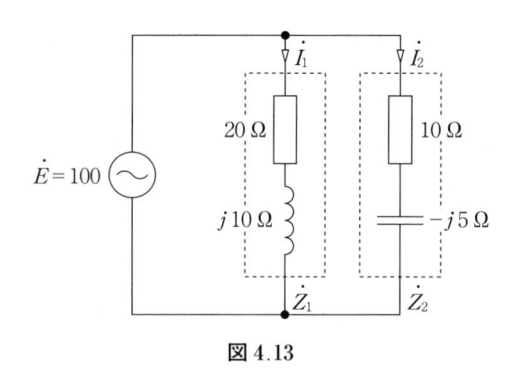

図 4.13

(1) $\dot{Z}_1$, $\dot{Z}_2$ を流れる電流 $\dot{I}_1$, $\dot{I}_2$ および電源を流れる電流 $\dot{I}$ を求め，それらのベクトル図を示しなさい。
(2) $\dot{Z}_1$, $\dot{Z}_2$ の複素電力 $\dot{P}_1$, $\dot{P}_2$ および全体の複素電力 $\dot{P}_T$ を求め，それらのベクトル図を示しなさい。

4.5 図 4.14 に示す回路を電源 $\dot{E} = 100$ V に接続した。つぎの問に答えなさい。

(1) 端子電圧 $\dot{V}_1$, $\dot{V}_2$ を求め，$\dot{E}$, $\dot{V}_1$, $\dot{V}_2$ のベクトル図を示しなさい。ベクトル図には電源を流れる電流 $\dot{I}$ も示しなさい。
(2) 端子電圧 $\dot{V}_1$, $\dot{V}_2$ の部分の複素電力を $\dot{P}_1$, $\dot{P}_2$ とする。$\dot{P}_1$, $\dot{P}_2$ および全体の複素電力 $\dot{P}_T$ を求め，それらのベクトル図を示しなさい。

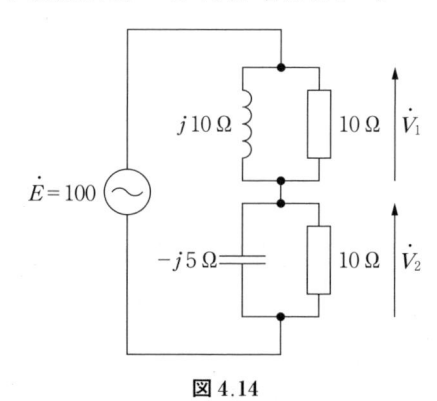

図 4.14

5. 回路方程式

本章では，2章で学んだ回路素子の働きを踏まえて，少し複雑な回路網の解析を行う。回路網は，1章で学んだキルヒホッフの法則を利用し，回路方程式を導き，未知の変数を解くことで解析できる。

5.1 キルヒホッフの法則による回路網の解き方

回路網は，2章で学んだ複数の回路素子と電源で構成されている。さらに回路網は，枝と節点とで組まれている。**枝**（**枝路**：branch）とは，**図 5.1**（a）で示すように回路素子と電源（電源がない場合もある）が直列に接続されている1本の回路片である。**節点**（**接続点**：node または junction point）は，図（b）に示すように回路を構成する枝が3本以上接続されている点である。

（a） 枝（枝路）　　（b） 節点（接続点）

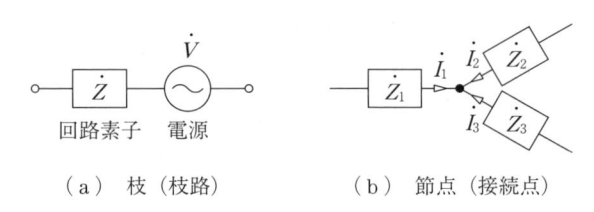

図 5.1 枝と節点

回路網の問題を解く場合，枝，接点の概念を利用して，1章で述べたキルヒホッフの法則により回路方程式を導き，解くことになる。キルヒホッフの法則は，つぎの二つの法則から成り立っている。

① **電流則**（**第1法則**）　　回路中の任意の一つの接合点に流入する電流の代数和は0である（$\sum \dot{I}_i = 0$）。

② **電圧則**（**第2法則**）　　回路中の任意の一つのループ（閉回路）において，各受動素子の両端の電位差と電源電圧の代数和は0である（$\sum \dot{Z}_i \dot{I}_i + \sum \dot{V}_i = 0$）。

5.1 キルヒホッフの法則による回路網の解き方

この法則を自由に使えるようになると回路網の解析力が飛躍的に向上する。図5.2に示す回路網でキルヒホッフの法則を利用してみる。ただし，図の電源電圧 $\dot{V}_1, \dot{V}_2$ と各枝にあるインピーダンス $\dot{Z}_a, \dot{Z}_b, \dot{Z}_c$ は既知であり，各枝には，電流 $\dot{I}_1, \dot{I}_2, \dot{I}_3$ が流れているとする。

電流則（第1法則）は，$\sum \dot{I}_i = 0$ となるので，図の点P（節点）では，$\dot{I}_1 + \dot{I}_2 - \dot{I}_3 = 0$ である。符号は，点Pに電流が流入する場合を「＋」（正），流出する場合を「－」（負）とする。

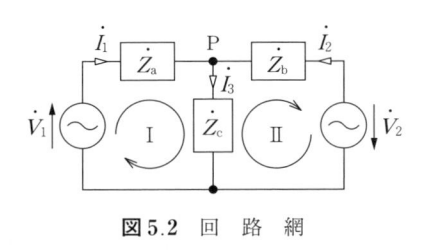

図5.2 回 路 網

電圧則（第2法則）は，$\sum \dot{V}_i + \sum \dot{Z}_i \dot{I}_i = 0$ を示し，ループ（閉回路）Ⅰの矢印の向きを正とすれば，電源 $\dot{V}_1$ とインピーダンス $\dot{Z}_a$ での両端電圧 $-\dot{Z}_a \dot{I}_1$ およびインピーダンス $\dot{Z}_c$ での両端電圧 $-\dot{Z}_c \dot{I}_3$ との総和となり，$\dot{V}_1 - \dot{Z}_a \dot{I}_1 - \dot{Z}_c \dot{I}_3 = 0$ となる。**ループ**（loop）とは，電気回路の一つの節点から出発して複数の枝を通って元の節点に戻る経路のことであり，**閉回路**（closed circuit）ともいう。電圧則は「回路中の任意の一つのループにおいて，電源電圧の代数和と各受動素子の両端の電位差の代数和が等しい」と表現することもできる。ここで注意すべき点は，各受動素子の両端の電位差の方向を考慮する必要がある。この場合，各受動素子の両端電位差がループの向きと同じ方向に上昇する場合を「＋」（正），下降する場合を「－」（負）とする。

回路網の問題をキルヒホッフの法則を適用して解くための手順を以下に示す。

① 電流則に従って各枝に流れる電流とその向きを仮定する。
② 電圧則を適用するループを決定する。
③ ループにある各受動素子の両端の電位差の向きを決定する。
④ 電流則および電圧則に従った回路方程式を導き，その解を求める。

実際に図5.2の回路網においてキルヒホッフの法則（電流則，電圧則）に従って回路方程式を導き，各枝の電流 $\dot{I}_1, \dot{I}_2, \dot{I}_3$ を求めてみる。電流則およびループⅠの電圧則による式は，前に求めた。各枝の電流 $\dot{I}_1, \dot{I}_2, \dot{I}_3$ を求めるに

は，もう一つのループⅡの式を電圧則より求める必要があり，前の方法で求めると，$\dot{V}_2 + \dot{Z}_b \dot{I}_2 + \dot{Z}_c \dot{I}_3 = 0$ となり，$-\dot{V}_2 = \dot{Z}_b \dot{I}_2 + \dot{Z}_c \dot{I}_3$ となる．これより，つぎに示す3元連立1次方程式（回路方程式）が求められる．

$$\dot{I}_1 + \dot{I}_2 - \dot{I}_3 = 0 \tag{5.1}$$

$$\dot{V}_1 = \dot{Z}_a \dot{I}_1 + \dot{Z}_c \dot{I}_3 \tag{5.2}$$

$$-\dot{V}_2 = \dot{Z}_b \dot{I}_2 + \dot{Z}_c \dot{I}_3 \tag{5.3}$$

この回路方程式 (5.1) ～ (5.3) より各枝の電流 $\dot{I}_1, \dot{I}_2, \dot{I}_3$ を求める．式 (5.1) より $\dot{I}_3 = \dot{I}_1 + \dot{I}_2$ を求め，式 (5.2) および (5.3) に代入し，$\dot{I}_1, \dot{I}_2$ の2元連立1次方程式がつぎのように求められる．

$$\dot{V}_1 = (\dot{Z}_a + \dot{Z}_c) \dot{I}_1 + \dot{Z}_c \dot{I}_2 \tag{5.4}$$

$$-\dot{V}_2 = \dot{Z}_c \dot{I}_1 + (\dot{Z}_b + \dot{Z}_c) \dot{I}_2 \tag{5.5}$$

$\dot{I}_1$ は，式 (5.4) × $(\dot{Z}_b + \dot{Z}_c)$ + 式 (5.5) × $\dot{Z}_c$ より求められる．

$$(\dot{Z}_b + \dot{Z}_c) \dot{V}_1 + \dot{Z}_c \dot{V}_2 = (\dot{Z}_a + \dot{Z}_c)(\dot{Z}_b + \dot{Z}_c) \dot{I}_1 - \dot{Z}_c^2 \dot{I}_1$$

$$\dot{I}_1 = \frac{(\dot{Z}_b + \dot{Z}_c) \dot{V}_1 + \dot{Z}_c \dot{V}_2}{\dot{Z}_a \dot{Z}_b + \dot{Z}_b \dot{Z}_c + \dot{Z}_c \dot{Z}_a}$$

また，$\dot{I}_2$ も式 (5.4) × $\dot{Z}_c$ − 式 (5.5) × $(\dot{Z}_a + \dot{Z}_c)$ より求められる．

$$\dot{Z}_c \dot{V}_1 + (\dot{Z}_a + \dot{Z}_c) \dot{V}_2 = \dot{Z}_c^2 \dot{I}_2 - (\dot{Z}_a + \dot{Z}_c)(\dot{Z}_b + \dot{Z}_c) \dot{I}_2$$

$$\dot{I}_2 = \frac{-\dot{Z}_c \dot{V}_1 - (\dot{Z}_a + \dot{Z}_c) \dot{V}_2}{\dot{Z}_a \dot{Z}_b + \dot{Z}_b \dot{Z}_c + \dot{Z}_c \dot{Z}_a}$$

よって式 (5.1) に求めた $\dot{I}_1, \dot{I}_2$ を代入し，$\dot{I}_3$ を求めると以下のようになり，各枝の電流 $\dot{I}_1, \dot{I}_2, \dot{I}_3$ が求められる．

$$\dot{I}_3 = \frac{\dot{Z}_b \dot{V}_1 - \dot{Z}_a \dot{V}_2}{\dot{Z}_a \dot{Z}_b + \dot{Z}_b \dot{Z}_c + \dot{Z}_c \dot{Z}_a}$$

5.2 クラメールの方法

5.1節で示したように図5.2の回路網でキルヒホッフの法則を適用すると連立1次方程式が得られるが，これを解く場合，**クラメールの方法**（Cramer's formula) を利用すると便利である。クラメールの方法を利用するには，行列の知識を必要とする。

5.2.1 2元連立1次方程式の解

x_1, x_2 を未知数とする2元連立1次方程式の解は，つぎのようになる。

$$a_{11}x_1 + a_{12}x_2 = b_1 \tag{5.6}$$

$$a_{21}x_1 + a_{22}x_2 = b_2 \tag{5.7}$$

$$x_1 = \frac{\Delta_1}{\Delta}, \quad x_2 = \frac{\Delta_2}{\Delta}$$

$$\Delta = \begin{vmatrix} a_{11} & a_{12} \\ a_{21} & a_{22} \end{vmatrix} \neq 0, \quad \Delta_1 = \begin{vmatrix} b_1 & a_{12} \\ b_2 & a_{22} \end{vmatrix}, \quad \Delta_2 = \begin{vmatrix} a_{11} & b_1 \\ a_{21} & b_2 \end{vmatrix} \tag{5.8}$$

式 (5.6) と式 (5.7) の解が，式 (5.8) となるか確かめる。

x_1 は，式 (5.6)×a_{22} − 式 (5.7)×a_{12} により $(a_{11}a_{22} - a_{21}a_{12})x_1 = b_1 a_{22} - b_2 a_{12}$ となり

$$x_1 = \frac{b_1 a_{22} - b_2 a_{12}}{a_{11}a_{22} - a_{21}a_{12}} = \frac{\Delta_1}{\Delta}$$

と求められる。

一方，x_2 は，式 (5.6)×$-a_{21}$ + 式 (5.7)×a_{11} により $(-a_{12}a_{21} + a_{22}a_{11})x_2 = -b_1 a_{21} + b_2 a_{11}$ となり

$$x_2 = \frac{-b_1 a_{21} + b_2 a_{11}}{a_{11}a_{22} - a_{21}a_{12}} = \frac{\Delta_2}{\Delta}$$

となる。

5.2.2 3元連立1次方程式の解

x_1, x_2, x_3 を未知数とする3元連立1次方程式（式 (5.9)）の解は，式 (5.10) となる。

$$\left.\begin{array}{l} a_{11}x_1 + a_{12}x_2 + a_{13}x_3 = b_1 \\ a_{21}x_1 + a_{22}x_2 + a_{23}x_3 = b_2 \\ a_{31}x_1 + a_{32}x_2 + a_{33}x_3 = b_3 \end{array}\right\} \tag{5.9}$$

$$x_1 = \frac{\Delta_1}{\Delta}, \quad x_2 = \frac{\Delta_2}{\Delta}, \quad x_3 = \frac{\Delta_3}{\Delta} \tag{5.10}$$

$$\Delta = \begin{vmatrix} a_{11} & a_{12} & a_{13} \\ a_{21} & a_{22} & a_{23} \\ a_{31} & a_{32} & a_{33} \end{vmatrix} \neq 0, \quad \Delta_1 = \begin{vmatrix} b_1 & a_{12} & a_{13} \\ b_2 & a_{22} & a_{23} \\ b_3 & a_{32} & a_{33} \end{vmatrix}, \quad \Delta_2 = \begin{vmatrix} a_{11} & b_1 & a_{13} \\ a_{21} & b_2 & a_{23} \\ a_{31} & b_3 & a_{33} \end{vmatrix}, \quad \Delta_3 = \begin{vmatrix} a_{11} & a_{12} & b_1 \\ a_{21} & a_{22} & b_2 \\ a_{31} & a_{32} & b_3 \end{vmatrix}$$

式(5.9)の解が，式(5.10)となるか確かめる。

式(5.9)は行列で示すと，つぎのようになる。

$$\begin{bmatrix} a_{11} & a_{12} & a_{13} \\ a_{21} & a_{22} & a_{23} \\ a_{31} & a_{32} & a_{33} \end{bmatrix} \begin{bmatrix} x_1 \\ x_2 \\ x_3 \end{bmatrix} = \begin{bmatrix} b_1 \\ b_2 \\ b_3 \end{bmatrix}, \quad [a][x] = [b]$$

式(5.9)の解である行列 x を求めるには，両辺の前に $[a]^{-1}$（$[a]$ の逆行列）を掛ける。

$$[a]^{-1}[a][x] = [a]^{-1}[b] = [x]$$

$$\therefore \quad [x] = [a]^{-1}[b]$$

行列 a での a_{ij} の余因子を A_{ij} として，逆行列 $[a]^{-1}$ は

$$[a]^{-1} = \frac{1}{|a|}[A] = \frac{1}{\Delta}[A]$$

$$[A] = \begin{vmatrix} A_{11} & A_{21} & A_{31} \\ A_{12} & A_{22} & A_{32} \\ A_{13} & A_{23} & A_{33} \end{vmatrix} = \frac{1}{\Delta} \begin{vmatrix} \begin{vmatrix} a_{22} & a_{23} \\ a_{32} & a_{33} \end{vmatrix} & -\begin{vmatrix} a_{12} & a_{13} \\ a_{32} & a_{33} \end{vmatrix} & \begin{vmatrix} a_{12} & a_{13} \\ a_{22} & a_{23} \end{vmatrix} \\ -\begin{vmatrix} a_{21} & a_{23} \\ a_{31} & a_{33} \end{vmatrix} & \begin{vmatrix} a_{11} & a_{13} \\ a_{31} & a_{33} \end{vmatrix} & -\begin{vmatrix} a_{11} & a_{13} \\ a_{21} & a_{23} \end{vmatrix} \\ \begin{vmatrix} a_{21} & a_{22} \\ a_{31} & a_{32} \end{vmatrix} & -\begin{vmatrix} a_{11} & a_{12} \\ a_{31} & a_{33} \end{vmatrix} & \begin{vmatrix} a_{11} & a_{12} \\ a_{21} & a_{22} \end{vmatrix} \end{vmatrix} : 余因子行列$$

で求められ

$$[x] = [a]^{-1}[b] = \frac{1}{\Delta}[A][b]$$

となる。よって x_1 は

$$x_1 = \frac{1}{\Delta}(A_{11}b_1 + A_{21}b_2 + A_{31}b_3)$$

$$= \frac{1}{\Delta}\left(\begin{vmatrix} a_{22} & a_{23} \\ a_{32} & a_{33} \end{vmatrix} b_1 - \begin{vmatrix} a_{12} & a_{13} \\ a_{32} & a_{33} \end{vmatrix} b_2 + \begin{vmatrix} a_{12} & a_{13} \\ a_{22} & a_{23} \end{vmatrix} b_3 \right)$$

となり，この式の（ ）内は Δ の第 1 列の要素を b_1, b_2, b_3 で置き換えてできた行列式を第 1 列で展開したものであるので

$$x_1 = \frac{1}{\Delta} \begin{vmatrix} b_1 & a_{12} & a_{13} \\ b_2 & a_{22} & a_{23} \\ b_3 & a_{23} & a_{33} \end{vmatrix}$$

に等しい。よって $x_1 = \Delta_1/\Delta$ となる。同様に x_2, x_3 も求めることができ，$x_2 = \Delta_2/\Delta, x_3 = \Delta_3/\Delta$ となる。

例題 5.1 つぎの 2 元連立 1 次方程式の未知数 x_1, x_2 をクラメールの方法を用いて求めなさい。このクラメールの方法は未知数 x_1, x_2 が複素数でも解を求めることができる。

$$(1+j)x_1 + (1-j)x_2 = 4$$
$$(1-j)x_1 + (1+j)x_2 = 0$$

解 クラメールの方法により行列を作り，数値を代入する。

$$x_1 = \frac{\Delta_1}{\Delta} = \frac{\begin{vmatrix} 4 & 1-j \\ 0 & 1+j \end{vmatrix}}{\begin{vmatrix} 1+j & 1-j \\ 1-j & 1+j \end{vmatrix}} = \frac{4(1+j)}{4j} = 1-j, \quad x_2 = \frac{\Delta_2}{\Delta} = \frac{\begin{vmatrix} 1+j & 4 \\ 1-j & 0 \end{vmatrix}}{4j} = 1+j$$

例題 5.2 図 5.2 の回路網について，クラメールの方法を用いて各枝の電流 $\dot{I}_1, \dot{I}_2, \dot{I}_3$ を求め，5.1 節で求めた解と同じになるか確かめなさい。

解 5.1 節で求めた回路方程式 (5.1)〜(5.3) より 3 元連立 1 次方程式の未知の電流 $\dot{I}_1, \dot{I}_2, \dot{I}_3$ を求める。

$$\dot{I}_1 + \dot{I}_2 - \dot{I}_3 = 0 \qquad\qquad 再掲 (5.1)$$
$$\dot{Z}_a \dot{I}_1 + \dot{Z}_c \dot{I}_3 = \dot{V}_1 \qquad\qquad 再掲 (5.2)$$
$$\dot{Z}_b \dot{I}_2 + \dot{Z}_c \dot{I}_3 = -\dot{V}_2 \qquad\qquad 再掲 (5.3)$$

式 (5.1)〜(5.3) よりクラメールの方法を用いて行列式を求める。

$$\Delta = \begin{vmatrix} 1 & 1 & -1 \\ \dot{Z}_a & 0 & \dot{Z}_c \\ 0 & \dot{Z}_b & \dot{Z}_c \end{vmatrix} = -(\dot{Z}_a \dot{Z}_b + \dot{Z}_b \dot{Z}_c + \dot{Z}_c \dot{Z}_a)$$

$$\Delta_1 = \begin{vmatrix} 0 & 1 & -1 \\ \dot{V}_1 & 0 & \dot{Z}_c \\ -\dot{V}_2 & \dot{Z}_b & \dot{Z}_c \end{vmatrix} = -(\dot{Z}_b + \dot{Z}_c)\dot{V}_1 - \dot{Z}_c \dot{V}_2$$

$$\Delta_2 = \begin{vmatrix} 1 & 0 & -1 \\ \dot{Z}_a & \dot{V}_1 & \dot{Z}_c \\ 0 & -\dot{V}_2 & \dot{Z}_c \end{vmatrix} = \dot{Z}_c \dot{V}_1 + (\dot{Z}_a + \dot{Z}_c)\dot{V}_2$$

$$\Delta_3 = \begin{vmatrix} 1 & 1 & 0 \\ \dot{Z}_a & 0 & \dot{V}_1 \\ 0 & \dot{Z}_b & -\dot{V}_2 \end{vmatrix} = -\dot{Z}_b \dot{V}_1 + \dot{Z}_a \dot{V}_2$$

$$\dot{I}_1 = \frac{\Delta_1}{\Delta} = \frac{(\dot{Z}_b + \dot{Z}_c)\dot{V}_1 + \dot{Z}_c \dot{V}_2}{\dot{Z}_a \dot{Z}_b + \dot{Z}_b \dot{Z}_c + \dot{Z}_c \dot{Z}_a}, \quad \dot{I}_2 = \frac{\Delta_2}{\Delta} = \frac{-\dot{Z}_c \dot{V}_1 - (\dot{Z}_a + \dot{Z}_c)\dot{V}_2}{\dot{Z}_a \dot{Z}_b + \dot{Z}_b \dot{Z}_c + \dot{Z}_c \dot{Z}_a},$$

$$\dot{I}_3 = \frac{\Delta_3}{\Delta} = \frac{\dot{Z}_b \dot{V}_1 - \dot{Z}_a \dot{V}_2}{\dot{Z}_a \dot{Z}_b + \dot{Z}_b \dot{Z}_c + \dot{Z}_c \dot{Z}_a}$$

5.1節で求めた結果と同様となった。

5.3 回路網の解析

　回路網の一般的な解法は，各枝の電流を仮定し，キルヒホッフの法則を適用するのであるが，回路構成によりこの法則を拡張して解くこともある。解き方としては，二つあり，電流を変数とする解法（**網目法**：mesh method）と電圧を変数とする解法（**接続点（節点）法**：junction（node）method）がある。

　電流を変数とする網目法は，網目（ループまたは閉回路）ごとに閉電流を仮定した方法で，**ループ法**（loop method）とも呼ばれる。電圧を変数とする接続点法は，キルヒホッフの電流則を各接点に適用したもので，電流は電圧とアドミタンスの積で置き換えられて示される。

5.3.1　電流を変数とする解法（網目法）

　5.1節で示した図5.2の回路網を網目法によって解く。電源電圧と各枝のインピーダンスは既知であり，網目電流 $\dot{I}_a$, $\dot{I}_b$ を求める。**図5.3**のようにループⅠ，Ⅱとその網目電流 $\dot{I}_a$, $\dot{I}_b$ と仮定する。

5.3 回路網の解析

ここで，にキルヒホッフの法則より各ループでの回路方程式を求めると，つぎのように2元連立1次方程式が得られる。

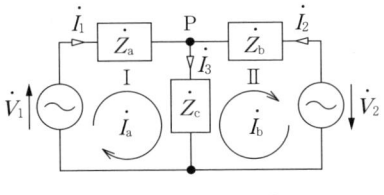

図5.3 網目法

ループ I : $\dot{V}_1 - \dot{Z}_a \dot{I}_a - \dot{Z}_c(\dot{I}_a - \dot{I}_b) = 0$

$(\dot{Z}_a + \dot{Z}_c)\dot{I}_a - \dot{Z}_c \dot{I}_b = \dot{V}_1$

ループ II : $\dot{V}_2 - \dot{Z}_c(\dot{I}_b - \dot{I}_a) - \dot{Z}_b \dot{I}_b = 0, \quad -\dot{Z}_c \dot{I}_a + (\dot{Z}_b + \dot{Z}_c)\dot{I}_b = \dot{V}_2$

クラメールの方法を用いて網目電流 $\dot{I}_a, \dot{I}_b$ を求める。

$$\dot{I}_a = \frac{\Delta_1}{\Delta} = \frac{\begin{vmatrix} \dot{V}_1 & -\dot{Z}_c \\ \dot{V}_2 & \dot{Z}_b + \dot{Z}_c \end{vmatrix}}{\Delta} = \frac{(\dot{Z}_b + \dot{Z}_c)\dot{V}_1 + \dot{Z}_c \dot{V}_2}{\Delta}$$

$$\dot{I}_b = \frac{\Delta_2}{\Delta} = \frac{\begin{vmatrix} \dot{Z}_a + \dot{Z}_c & \dot{V}_1 \\ -\dot{Z}_c & \dot{V}_2 \end{vmatrix}}{\Delta} = \frac{\dot{Z}_c \dot{V}_1 + (\dot{Z}_a + \dot{Z}_c)\dot{V}_2}{\Delta}$$

$$\Delta = \begin{vmatrix} \dot{Z}_a + \dot{Z}_c & -\dot{Z}_c \\ -\dot{Z}_c & \dot{Z}_b + \dot{Z}_c \end{vmatrix} = \dot{Z}_a \dot{Z}_b + \dot{Z}_b \dot{Z}_c + \dot{Z}_c \dot{Z}_a$$

さらに，この網目電流 $\dot{I}_a, \dot{I}_b$ と各枝の電流 $\dot{I}_1, \dot{I}_2, \dot{I}_3$ との関係を考える。各ループにおいて枝路電流の矢印の方向を正とする。枝路電流 $\dot{I}_1$ と網目電流 $\dot{I}_a$ とでは，大きさと流れる方向が等しく，枝路電流 $\dot{I}_2$ と網目電流 $\dot{I}_b$ とでは大きさは等しいが，流れる方向が異なる。また，枝路電流 $\dot{I}_3$ では，網目電流 $\dot{I}_a$ と $\dot{I}_b$ との差となる。したがって，各枝の電流 $\dot{I}_1, \dot{I}_2, \dot{I}_3$ と網目電流 $\dot{I}_a, \dot{I}_b$ との関係は，$\dot{I}_1 = \dot{I}_a$，$\dot{I}_2 = -\dot{I}_b$ および $\dot{I}_3 = \dot{I}_a - \dot{I}_b$ となる。この関係より各枝の電流 $\dot{I}_1, \dot{I}_2, \dot{I}_3$ を網目電流 $\dot{I}_a, \dot{I}_b$ より求めるとつぎのようになり，求められた電流値は，5.1項と例題5.2で求めたものと同じ値となる。

$$\dot{I}_1 = \dot{I}_a = \frac{(\dot{Z}_b + \dot{Z}_c)\dot{V}_1 + \dot{Z}_c \dot{V}_2}{\dot{Z}_a \dot{Z}_b + \dot{Z}_b \dot{Z}_c + \dot{Z}_c \dot{Z}_a}, \quad \dot{I}_2 = -\dot{I}_b = \frac{-\dot{Z}_c \dot{V}_1 - (\dot{Z}_a + \dot{Z}_c)\dot{V}_2}{\dot{Z}_a \dot{Z}_b + \dot{Z}_b \dot{Z}_c + \dot{Z}_c \dot{Z}_a}$$

$$\dot{I}_3 = \dot{I}_a - \dot{I}_b \frac{\dot{Z}_b \dot{V}_1 - \dot{Z}_a \dot{V}_2}{\dot{Z}_a \dot{Z}_b + \dot{Z}_b \dot{Z}_c + \dot{Z}_c \dot{Z}_a}$$

例題 5.3 網目法を用いて図 5.4 に示す網目電流 $\dot{I}_a, \dot{I}_b$ を求め，各枝の電流 $\dot{I}_1, \dot{I}_2, \dot{I}_3$ も求めなさい。ただし，電源電圧 $\dot{V}_1, \dot{V}_2, \dot{V}_3$ と各枝のインピーダンス $\dot{Z}_1, \dot{Z}_2, \dot{Z}_3$ は既知であるものとする。

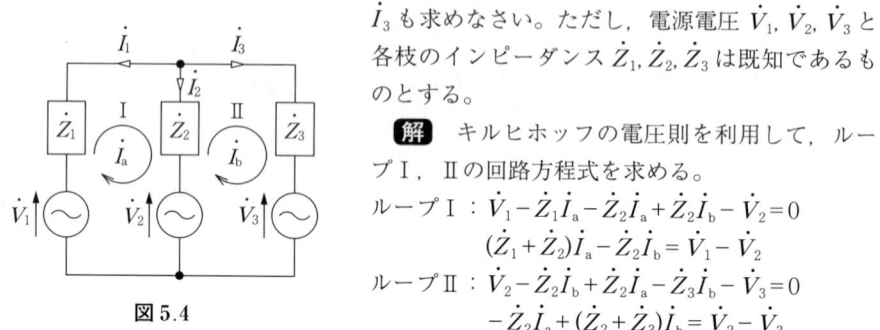

解 キルヒホッフの電圧則を利用して，ループ I, II の回路方程式を求める。

ループ I : $\dot{V}_1 - \dot{Z}_1 \dot{I}_a - \dot{Z}_2 \dot{I}_a + \dot{Z}_2 \dot{I}_b - \dot{V}_2 = 0$
$(\dot{Z}_1 + \dot{Z}_2) \dot{I}_a - \dot{Z}_2 \dot{I}_b = \dot{V}_1 - \dot{V}_2$

ループ II : $\dot{V}_2 - \dot{Z}_2 \dot{I}_b + \dot{Z}_2 \dot{I}_a - \dot{Z}_3 \dot{I}_b - \dot{V}_3 = 0$
$-\dot{Z}_2 \dot{I}_a + (\dot{Z}_2 + \dot{Z}_3) \dot{I}_b = \dot{V}_2 - \dot{V}_3$

図 5.4

上式の 2 元連立 1 次の回路方程式より，網目電流 $\dot{I}_a, \dot{I}_b$ を求める。クラメールの方法を用いて求めると以下のようになる。

$$\dot{I}_a = \frac{\Delta_1}{\Delta} = \frac{\begin{vmatrix} \dot{V}_1 - \dot{V}_2 & -\dot{Z}_2 \\ \dot{V}_2 - \dot{V}_3 & \dot{Z}_2 + \dot{Z}_3 \end{vmatrix}}{\Delta} = \frac{(\dot{Z}_2 + \dot{Z}_3) \dot{V}_1 - \dot{Z}_3 \dot{V}_2 - \dot{Z}_2 \dot{V}_3}{\Delta}$$

$$\dot{I}_b = \frac{\Delta_2}{\Delta} = \frac{\begin{vmatrix} \dot{Z}_1 + \dot{Z}_2 & \dot{V}_1 - \dot{V}_2 \\ -\dot{Z}_2 & \dot{V}_2 - \dot{V}_3 \end{vmatrix}}{\Delta} = \frac{\dot{Z}_2 \dot{V}_1 + \dot{Z}_1 \dot{V}_2 - (\dot{Z}_1 + \dot{Z}_2) \dot{V}_3}{\Delta}$$

$$\Delta = \begin{vmatrix} \dot{Z}_1 + \dot{Z}_2 & -\dot{Z}_2 \\ -\dot{Z}_2 & \dot{Z}_2 + \dot{Z}_3 \end{vmatrix} = \dot{Z}_1 \dot{Z}_2 + \dot{Z}_2 \dot{Z}_3 + \dot{Z}_3 \dot{Z}_1$$

つぎに，各枝の電流 $\dot{I}_1, \dot{I}_2, \dot{I}_3$ を求める。各枝の電流 $\dot{I}_1, \dot{I}_2, \dot{I}_3$ と網目電流 $\dot{I}_a, \dot{I}_b$ とは，つぎの関係となり，各枝の電流 $\dot{I}_1, \dot{I}_2, \dot{I}_3$ が求められる。

$$\dot{I}_1 = -\dot{I}_a, \quad \dot{I}_2 = \dot{I}_a - \dot{I}_b, \quad \dot{I}_3 = \dot{I}_b$$

$$\dot{I}_1 = -\dot{I}_a = \frac{-(\dot{Z}_2 + \dot{Z}_3) \dot{V}_1 + \dot{Z}_3 \dot{V}_2 + \dot{Z}_2 \dot{V}_3}{\dot{Z}_1 \dot{Z}_2 + \dot{Z}_2 \dot{Z}_3 + \dot{Z}_3 \dot{Z}_1}$$

$$\dot{I}_2 = \dot{I}_a - \dot{I}_b = \frac{\dot{Z}_3 \dot{V}_1 - (\dot{Z}_1 + \dot{Z}_3) \dot{V}_2 + \dot{Z}_1 \dot{V}_3}{\dot{Z}_1 \dot{Z}_2 + \dot{Z}_2 \dot{Z}_3 + \dot{Z}_3 \dot{Z}_1}$$

$$\dot{I}_3 = \dot{I}_b = \frac{\dot{Z}_2 \dot{V}_1 + \dot{Z}_1 \dot{V}_2 - (\dot{Z}_1 + \dot{Z}_2) \dot{V}_3}{\dot{Z}_1 \dot{Z}_2 + \dot{Z}_2 \dot{Z}_3 + \dot{Z}_3 \dot{Z}_1}$$

5.3.2 電圧を変数とする解法(接続点法)

接続点法とは,回路網の節点に注目し,キルヒホッフの電流則を用いて解く方法である。このとき,各枝の電流は,電圧とアドミタンスの積として求める。この方法は,並列回路を解くのに有効な方法である。

図 5.5(a)の回路で,電流 $\dot{I}_1, \dot{I}_2$ と各枝のアドミタンス $\dot{Y}_{ab}, \dot{Y}_{cd}, \dot{Y}_{ac}$ を既知として,端子 a-b および端子 c-d 間の電圧 $\dot{V}_{ab}, \dot{V}_{cd}$ を求める。

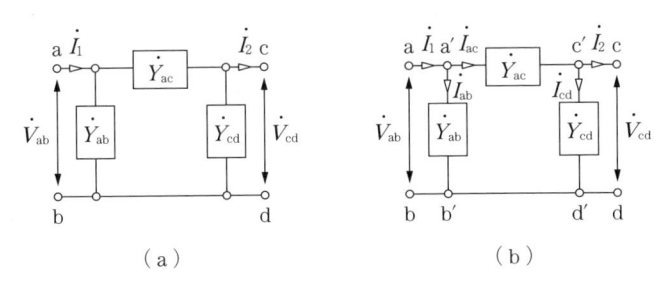

図 5.5 接 続 点 法

図(b)に示すように,アドミタンス $\dot{Y}_{ab}, \dot{Y}_{cd}, \dot{Y}_{ac}$ にそれぞれ流れる電流を $\dot{I}_{ab}, \dot{I}_{cd}, \dot{I}_{ac}$ とすると,電流は,電圧とアドミタンスの積で示されるので

$$\dot{I}_{ab} = \dot{Y}_{ab}\dot{V}_{ab}, \quad \dot{I}_{cd} = \dot{Y}_{cd}\dot{V}_{cd}, \quad \dot{I}_{ac} = \dot{Y}_{ac}(\dot{V}_{ab} - \dot{V}_{cd})$$

となる。ただし,点 b′ および d′ の電位を 0 とする。点 a′ の電位は $\dot{V}_{ab}$ であり,点 c′ の電位は $\dot{V}_{cd}$ であるため,端子 a-c 間のアドミタンス $\dot{Y}_{ac}$ に加わる電圧は,$\dot{V}_{ab} - \dot{V}_{cd}$ であり,その積が端子 a-c 間を流れる電流 $\dot{I}_{ac}$ となる。電流 $\dot{I}_{ac}$ は点 a′ から c′ へ向かって流れる方向を正として仮定しているため,$\dot{V}_{ab}$ が $\dot{V}_{cd}$ よりも大きいとしている。

点 a′ および c′ では,キルヒホッフの電流則よりつぎの式が求められる。

$$\text{点 a′}: \dot{I}_1 - \dot{I}_{ab} - \dot{I}_{ac} = 0 \tag{5.11}$$

$$\text{点 c′}: -\dot{I}_2 + \dot{I}_{ac} - \dot{I}_{cd} = 0 \tag{5.12}$$

式 (5.11),(5.12) と $\dot{I}_{ab} = \dot{Y}_{ab}\dot{V}_{ab}, \dot{I}_{cd} = \dot{Y}_{cd}\dot{V}_{cd}, \dot{I}_{ac} = \dot{Y}_{ac}(\dot{V}_{ab} - \dot{V}_{cd})$ との式より,$\dot{I}_{ab}, \dot{I}_{cd}, \dot{I}_{ac}$ を消去し,電流 $\dot{I}_1, \dot{I}_2$ とアドミタンス $\dot{Y}_{ab}, \dot{Y}_{cd}, \dot{Y}_{ac}$ との関係式を求めるとつぎのようになる。

式 (5.11) より

$$\dot{I}_1 - \dot{Y}_{ab}\dot{V}_{ab} - \dot{Y}_{ac}(\dot{V}_{ac} - \dot{V}_{cd}) = 0$$

$$(\dot{Y}_{ab} + \dot{Y}_{ac})\dot{V}_{ab} - \dot{Y}_{ac}\dot{V}_{cd} = \dot{I}_1 \tag{5.13}$$

式 (5.12) より

$$-\dot{I}_2 + \dot{Y}_{ac}(\dot{V}_{ac} - \dot{V}_{cd}) - \dot{Y}_{cd}\dot{V}_{cd} = 0$$

$$\dot{Y}_{ac}\dot{V}_{ab} - (\dot{Y}_{ac} + \dot{Y}_{cd})\dot{V}_{cd} = \dot{I}_2 \tag{5.14}$$

式 (5.13) および式 (5.14) は**節点方程式**とも呼ばれており，この 2 元連立 1 次方程式をクラメールの方法を用いて解くと，電圧 $\dot{V}_{ab}$, $\dot{V}_{cd}$ をつぎのように求めることができる。

$$\dot{V}_{ab} = \frac{\Delta_1}{\Delta} = \frac{\begin{vmatrix} \dot{I}_1 & -\dot{Y}_{ac} \\ \dot{I}_2 & -(\dot{Y}_{ac} + \dot{Y}_{cd}) \end{vmatrix}}{\Delta}$$

$$= \frac{-(\dot{Y}_{ac} + \dot{Y}_{cd})\dot{I}_1 + \dot{Y}_{ac}\dot{I}_2}{\Delta}$$

$$= \frac{(\dot{Y}_{ac} + \dot{Y}_{cd})\dot{I}_1 - \dot{Y}_{ac}\dot{I}_2}{\dot{Y}_{ab}\dot{Y}_{ac} + \dot{Y}_{ab}\dot{Y}_{cd} + \dot{Y}_{cd}\dot{Y}_{ac}}$$

$$\dot{V}_{cd} = \frac{\Delta_2}{\Delta} = \frac{\begin{vmatrix} \dot{Y}_{ab} + \dot{Y}_{ac} & \dot{I}_1 \\ \dot{Y}_{ac} & \dot{I}_2 \end{vmatrix}}{\Delta}$$

$$= \frac{(\dot{Y}_{ab} + \dot{Y}_{ac})\dot{I}_2 - \dot{Y}_{ac}\dot{I}_1}{\Delta}$$

$$= \frac{\dot{Y}_{ac}\dot{I}_1 - (\dot{Y}_{ab} + \dot{Y}_{ac})\dot{I}_2}{\dot{Y}_{ab}\dot{Y}_{ac} + \dot{Y}_{ab}\dot{Y}_{cd} + \dot{Y}_{cd}\dot{Y}_{ac}}$$

$$\Delta = \begin{vmatrix} \dot{Y}_{ab} + \dot{Y}_{ac} & -\dot{Y}_{ac} \\ \dot{Y}_{ac} & -(\dot{Y}_{ab} + \dot{Y}_{cd}) \end{vmatrix} = -(\dot{Y}_{ab}\dot{Y}_{ac} + \dot{Y}_{ab}\dot{Y}_{cd} + \dot{Y}_{cd}\dot{Y}_{ac})$$

5.3 回路網の解析

例題5.4 接続点法を用いて図5.6(a)に示す端子a-b間の電圧$\dot{V}_{ab}$を求めなさい。ただし、電源電圧$\dot{V}_1, \dot{V}_2, \dot{V}_3$と各枝のインピーダンス$\dot{Z}_1, \dot{Z}_2, \dot{Z}_3$は既知であるものとする。

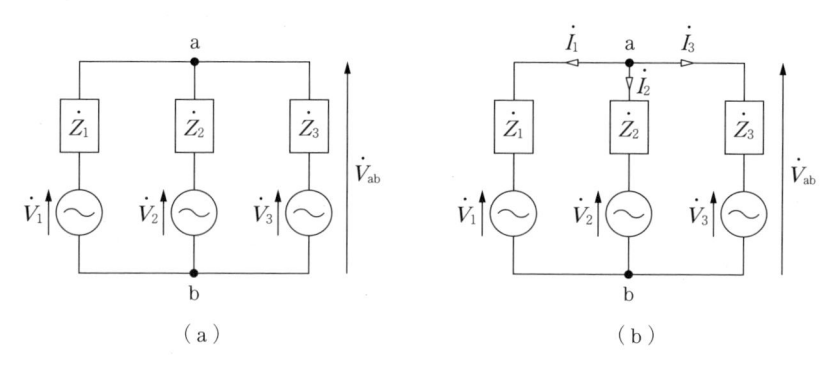

図5.6

解 図(b)のように各枝の電流$\dot{I}_1, \dot{I}_2, \dot{I}_3$が流れると仮定する。節点aでの各枝の電流$\dot{I}_1, \dot{I}_2, \dot{I}_3$は、キルヒホッフの電流則より$\dot{I}_1+\dot{I}_2+\dot{I}_3=0$となる。

インピーダンス$\dot{Z}_1$に印加される電圧は$\dot{V}_{ab}-\dot{V}_1$となるので枝路電流$\dot{I}_1=(\dot{V}_{ab}-\dot{V}_1)/\dot{Z}_1$となる。同様に、$\dot{I}_2, \dot{I}_3$を求めると、$\dot{I}_2=(\dot{V}_{ab}-\dot{V}_2)/\dot{Z}_2$, $\dot{I}_3=(\dot{V}_{ab}-\dot{V}_3)/\dot{Z}_3$となる。このように求められた$\dot{I}_1, \dot{I}_2, \dot{I}_3$を$\dot{I}_1+\dot{I}_2+\dot{I}_3=0$に代入し、端子電圧$\dot{V}_{ab}$がつぎのように求められる。

$$\dot{I}_1+\dot{I}_2+\dot{I}_3=0 \quad \rightarrow \quad \frac{\dot{V}_{ab}-\dot{V}_1}{\dot{Z}_1}+\frac{\dot{V}_{ab}-\dot{V}_2}{\dot{Z}_2}+\frac{\dot{V}_{ab}-\dot{V}_3}{\dot{Z}_3}=0$$

$$\dot{V}_{ab}=\frac{\dot{Z}_2\dot{Z}_3\dot{V}_1+\dot{Z}_1\dot{Z}_3\dot{V}_2+\dot{Z}_1\dot{Z}_2\dot{V}_3}{\dot{Z}_1\dot{Z}_2+\dot{Z}_2\dot{Z}_3+\dot{Z}_3\dot{Z}_1}$$

☕ コーヒーブレイク

「3月はでんきの月」

社団法人電気学会が設定をしているキャンペーン(電気・電子技術への啓蒙)であり、電気記念日(明治11年(1878年)3月25日に日本で初めてアーク灯が点灯された日を記念して制定)のある3月を「でんきの月」としている。詳細は、http://www.denki-no-tsuki.jp/ (2011年8月16日現在)を参照されたい。

本章のまとめ

☞ **5.1** キルヒホッフの法則
① 電流則（第1法則）$\sum \dot{I}_i = 0$
② 電圧則（第2法則）$\sum \dot{V}_i + \sum \dot{Z}_i \dot{I}_i = 0$

☞ **5.2** 回路網の問題をキルヒホッフの法則を適用して解くための手順
① 電流則に従って各枝に流れる電流とその向きを仮定する。
② 電圧則を適用するループ（閉回路）を決定する。
③ ループにある各受動素子の両端の電位差の向きを決定する。
④ 電流則（第1法則）および電圧則（第2法則）に従った回路方程式を導き，その解を求める。

☞ **5.3** 回路方程式を解くには，クラメールの方法を用いるとよい。

☞ **5.4** 回路網の回路方程式を導く場合，網目法（電流を変数とする解法）と接続点法（電圧を変数とする解法）とがある。

演習問題

5.1 図 5.7 の回路網について，つぎの問に答えなさい。

（1）各枝の電流 $\dot{I}_1, \dot{I}_2, \dot{I}_3$ を求めなさい。ただし，電源電圧 $\dot{E}_1, \dot{E}_2$ と各枝のインピーダンス $\dot{Z}_1, \dot{Z}_2, \dot{Z}_3$ は既知とする。

（2）$\dot{E}_1 = 100 \text{[V]}$, $\dot{E}_2 = 50 e^{j\pi/2} = 50 \angle 90° \text{[V]}$, $\dot{Z}_1 = 10 + j10 \text{[Ω]} = \bar{\dot{Z}}_2$, $\dot{Z}_3 = -j5 \text{[Ω]}$ として各枝の電流 $\dot{I}_1 \text{[A]}$, $\dot{I}_2 \text{[A]}$, $\dot{I}_3 \text{[A]}$ を求めなさい。

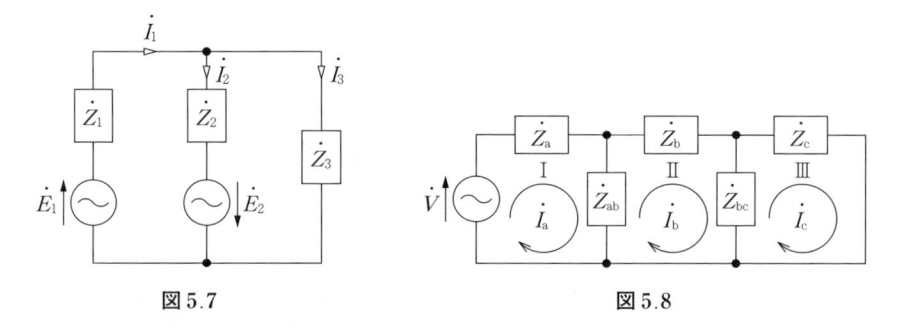

図 5.7

図 5.8

5.2 図 5.8 のはしご形回路網について，網目電流 $\dot{I}_a, \dot{I}_b, \dot{I}_c$ を求めなさい。ただし，電源電圧 $\dot{V}$ と各枝のインピーダンス $\dot{Z}_a, \dot{Z}_b, \dot{Z}_c, \dot{Z}_{ab}, \dot{Z}_{bc}$ は既知とする。

5.3 図 5.9 の回路に示す $\dot{I}_a, \dot{I}_b$ を網目法より求めなさい。ただし，電源電圧 $\dot{V}_1$，$\dot{V}_2$ と各枝のインピーダンス $\dot{Z}_1, \dot{Z}_2, \dot{Z}_3$ は既知とする。さらに各枝の電流 $\dot{I}_1, \dot{I}_2, \dot{I}_3$ も求めなさい。

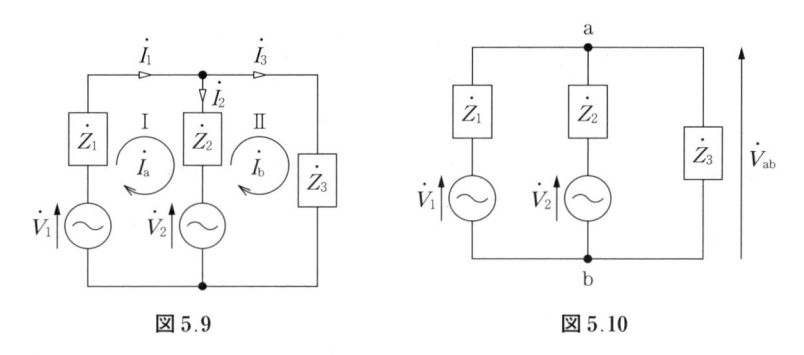

図 5.9

図 5.10

5.4 図 5.10 の回路に示す端子 a-b 間の電圧 $\dot{V}_{ab}$ を接続点法より求めなさい。ただし，電源電圧 $\dot{V}_1, \dot{V}_2$ と各枝のインピーダンス $\dot{Z}_1, \dot{Z}_2, \dot{Z}_3$ は既知とする。

5.5 図 5.11 の回路における各枝の電流 $\dot{I}_1, \dot{I}_2, \dot{I}_3$ を求めなさい。ただし，$\dot{V}_1 = 10$ V，$\dot{V}_2 = 5e^{j\pi/2} = 5\angle 90°$ [V]，$\dot{Z}_1 = r_1 - jx_1 = 2 - j3$ [Ω]，$\dot{Z}_2 = r_2 + jx_2 = 4 + j3$ [Ω]，$\dot{Z}_3 = r_3 + jx_3 = 3 + j4$ [Ω] とする。

図 5.11

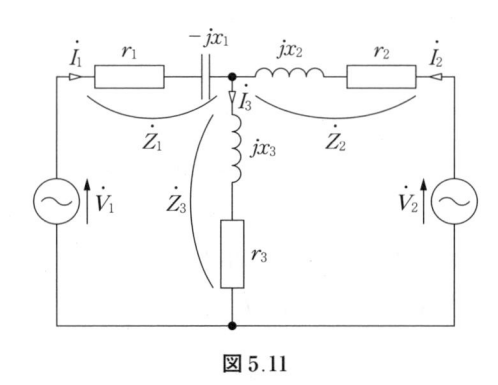

6. 回路と諸定理

　回路網を解く場合，5章でも示したようにキルヒホッフの法則を用いると解くことができる。ただし，回路網の構成によっては，その回路網を解くための便利な定理が数多くある。6章では，これらの定理を学び，回路網を解いていく。

6.1　重ね合わせの理

　「多数の電源を含む回路網中での各枝の電流や電圧は，それらの電源が一つずつ存在するときの回路網中の，同一の枝の電流や電圧の総和に等しい」。この関係を**重ね合わせの理**（principle of superposition）といい，複数の電源を含む回路網の各枝における電流を求めるのに便利である。

　図6.1（a）の回路網の各枝の電流 $\dot{I}_1, \dot{I}_2, \dot{I}_3$ を求める。ただし，電源電圧 $\dot{V}_1, \dot{V}_2$，各枝のインピーダンス $\dot{Z}_1, \dot{Z}_2, \dot{Z}_3$ は既知である。重ね合わせの理に従って，図（b），（c）のように電源が一つずつ別々に存在する回路を構成して，それぞれの回路での各枝の電流を求め，これらを重ね合わせる。ただし，各電源の出力を0と（電源を除去）する際には電圧源は短絡し，電流源は開放とすることを忘れないでほしい。

　最初に図（b）に示す回路の各枝の未知電流 $\dot{I}_1', \dot{I}_2', \dot{I}_3'$ を求める。キルヒホッフの電流則より，節点Aでは $\dot{I}_1' + \dot{I}_2' = \dot{I}_3'$ となる。さらに

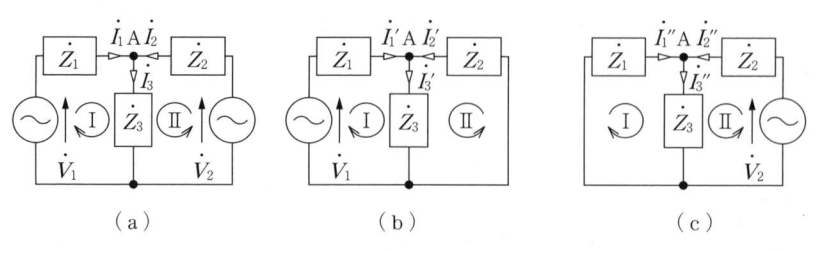

図6.1　重ね合わせの理

$\dot{Z}_1\dot{I}_1' + \dot{Z}_3(\dot{I}_1' + \dot{I}_2') = \dot{V}_1$ (ループⅠ), $\dot{Z}_3(\dot{I}_1' + \dot{I}_2') + \dot{Z}_2\dot{I}_2' = 0$ (ループⅡ)
より，網目法を用いてつぎの2式が導かれる。

$(\dot{Z}_1 + \dot{Z}_3)\dot{I}_1' + \dot{Z}_3\dot{I}_2' = \dot{V}_1$, $\dot{Z}_3\dot{I}_1' + (\dot{Z}_2 + \dot{Z}_3)\dot{I}_2' = 0$

各枝の電流 $\dot{I}_1'$, $\dot{I}_2'$ は以下のように求められる。

$$\dot{I}_1' = \frac{\begin{vmatrix} \dot{V}_1 & \dot{Z}_3 \\ 0 & \dot{Z}_2 + \dot{Z}_3 \end{vmatrix}}{\Delta} = \frac{(\dot{Z}_2 + \dot{Z}_3)\dot{V}_1}{\Delta}, \quad \dot{I}_2' = \frac{\begin{vmatrix} \dot{Z}_1 + \dot{Z}_3 & \dot{V}_1 \\ \dot{Z}_3 & 0 \end{vmatrix}}{\Delta} = \frac{\dot{Z}_3\dot{V}_1}{\Delta}$$

$$\Delta = \begin{vmatrix} \dot{Z}_1 + \dot{Z}_3 & \dot{Z}_3 \\ \dot{Z}_3 & \dot{Z}_2 + \dot{Z}_3 \end{vmatrix} = \dot{Z}_1\dot{Z}_2 + \dot{Z}_2\dot{Z}_3 + \dot{Z}_3\dot{Z}_1 \neq 0$$

同様にして図（c）に示す回路の各枝の電流 $\dot{I}_1''$, $\dot{I}_2''$ を求める。

$(\dot{Z}_1 + \dot{Z}_3)\dot{I}_1'' + \dot{Z}_3\dot{I}_2'' = 0$ (ループⅠ), $\dot{Z}_3\dot{I}_1'' + (\dot{Z}_2 + \dot{Z}_3)\dot{I}_2'' = \dot{V}_2$ (ループⅡ)

$$\dot{I}_1'' = \frac{\begin{vmatrix} 0 & \dot{Z}_3 \\ \dot{V}_2 & \dot{Z}_2 + \dot{Z}_3 \end{vmatrix}}{\Delta} = \frac{-\dot{Z}_3\dot{V}_2}{\Delta}, \quad \dot{I}_2'' = \frac{\begin{vmatrix} \dot{Z}_1 + \dot{Z}_3 & 0 \\ \dot{Z}_3 & \dot{V}_2 \end{vmatrix}}{\Delta} = \frac{(\dot{Z}_1 + \dot{Z}_3)\dot{V}_2}{\Delta}$$

以上の結果より図（a）に示す回路の各枝の電流 $\dot{I}_1$, $\dot{I}_2$, $\dot{I}_3$ は，つぎのように重ね合わせの理を用いて，それぞれ求めることができる。

$$\dot{I}_1 = \dot{I}_1' + \dot{I}_1'' = \frac{(\dot{Z}_2 + \dot{Z}_3)\dot{V}_1}{\Delta} + \frac{-\dot{Z}_3\dot{V}_2}{\Delta} = \frac{(\dot{Z}_2 + \dot{Z}_3)\dot{V}_1 - \dot{Z}_3\dot{V}_2}{\dot{Z}_1\dot{Z}_2 + \dot{Z}_2\dot{Z}_3 + \dot{Z}_3\dot{Z}_1}$$

$$\dot{I}_2 = \dot{I}_2' + \dot{I}_2'' = \frac{-\dot{Z}_3\dot{V}_1}{\Delta} + \frac{(\dot{Z}_2 + \dot{Z}_3)\dot{V}_2}{\Delta} = \frac{-\dot{Z}_3\dot{V}_1 + (\dot{Z}_1 + \dot{Z}_3)\dot{V}_2}{\dot{Z}_1\dot{Z}_2 + \dot{Z}_2\dot{Z}_3 + \dot{Z}_3\dot{Z}_1}$$

$$\dot{I}_3 = \dot{I}_1 + \dot{I}_2 = \frac{(\dot{Z}_2 + \dot{Z}_3)\dot{V}_1 - \dot{Z}_3\dot{V}_2}{\dot{Z}_1\dot{Z}_2 + \dot{Z}_2\dot{Z}_3 + \dot{Z}_3\dot{Z}_1} + \frac{-\dot{Z}_3\dot{V}_1 + (\dot{Z}_1 + \dot{Z}_3)\dot{V}_2}{\dot{Z}_1\dot{Z}_2 + \dot{Z}_2\dot{Z}_3 + \dot{Z}_3\dot{Z}_1}$$

$$= \frac{\dot{Z}_2\dot{V}_1 + \dot{Z}_1\dot{V}_2}{\dot{Z}_1\dot{Z}_2 + \dot{Z}_2\dot{Z}_3 + \dot{Z}_3\dot{Z}_1}$$

重ね合わせの理より求めた解と，図6.1の回路を5章で学んだ回路方程式から求めた解と同じになるか確かめてみよう。

図 (a) の点 A (節点) において，キルヒホッフの電流則により電流の関係とループ I および II におけるキルヒホッフの電圧則による電圧の関係を考慮すると，つぎの 3 式が成り立つ。この 3 式よりクラメールの方法を用いて各枝の未知電流 $\dot{I}_1, \dot{I}_2, \dot{I}_3$ を求める。

$$\dot{I}_1 + \dot{I}_2 - \dot{I}_3 = 0 \quad (\text{電流則})$$

$$\dot{Z}_1 \dot{I}_1 + \dot{Z}_3 \dot{I}_3 = \dot{V}_1 \quad (\text{ループ I の電圧則})$$

$$\dot{Z}_2 \dot{I}_2 + \dot{Z}_3 \dot{I}_3 = \dot{V}_2 \quad (\text{ループ II の電圧則})$$

$$\begin{bmatrix} 1 & 1 & -1 \\ \dot{Z}_1 & 0 & \dot{Z}_3 \\ 0 & \dot{Z}_2 & \dot{Z}_3 \end{bmatrix} \begin{bmatrix} \dot{I}_1 \\ \dot{I}_2 \\ \dot{I}_3 \end{bmatrix} = \begin{bmatrix} 0 \\ \dot{V}_1 \\ \dot{V}_2 \end{bmatrix}, \quad \Delta = \begin{vmatrix} 1 & 1 & -1 \\ \dot{Z}_1 & 0 & \dot{Z}_3 \\ 0 & \dot{Z}_2 & \dot{Z}_3 \end{vmatrix} = -(\dot{Z}_1 \dot{Z}_2 + \dot{Z}_2 \dot{Z}_3 + \dot{Z}_3 \dot{Z}_1) \neq 0$$

$$\dot{I}_1 = \frac{\begin{vmatrix} 0 & 1 & -1 \\ \dot{V}_1 & 0 & \dot{Z}_3 \\ \dot{V}_2 & \dot{Z}_2 & \dot{Z}_3 \end{vmatrix}}{\Delta} = \frac{\dot{Z}_3 \dot{V}_2 - \dot{Z}_2 \dot{V}_1 - \dot{Z}_3 \dot{V}_1}{\Delta} = \frac{(\dot{Z}_2 + \dot{Z}_3) \dot{V}_1 - \dot{Z}_3 \dot{V}_2}{\dot{Z}_1 \dot{Z}_2 + \dot{Z}_2 \dot{Z}_3 + \dot{Z}_3 \dot{Z}_1}$$

$$\dot{I}_2 = \frac{\begin{vmatrix} 1 & 0 & -1 \\ \dot{Z}_1 & \dot{V}_1 & \dot{Z}_3 \\ 0 & \dot{V}_2 & \dot{Z}_3 \end{vmatrix}}{\Delta} = \frac{\dot{Z}_3 \dot{V}_1 - \dot{Z}_1 \dot{V}_2 - \dot{Z}_3 \dot{V}_2}{\Delta} = \frac{-\dot{Z}_3 \dot{V}_1 + (\dot{Z}_1 + \dot{Z}_3) \dot{V}_2}{\dot{Z}_1 \dot{Z}_2 + \dot{Z}_2 \dot{Z}_3 + \dot{Z}_3 \dot{Z}_1}$$

$$\dot{I}_3 = \frac{\begin{vmatrix} 1 & 1 & 0 \\ \dot{Z}_1 & 0 & \dot{V}_1 \\ 0 & \dot{Z}_2 & \dot{V}_2 \end{vmatrix}}{\Delta} = \frac{-\dot{Z}_2 \dot{V}_1 - \dot{Z}_1 \dot{V}_2}{\Delta} = \frac{\dot{Z}_2 \dot{V}_1 + \dot{Z}_1 \dot{V}_2}{\dot{Z}_1 \dot{Z}_2 + \dot{Z}_2 \dot{Z}_3 + \dot{Z}_3 \dot{Z}_1}$$

以上の結果より，解は同一のものとなることが確かめられた。

例題6.1 電圧源 $\dot{V}$ と電流源 $\dot{I}_0$ を含む**図 6.2** (a) の回路について，インピーダンス $\dot{Z}_L$ に流れる電流 $\dot{I}$ を重ね合わせの理を用いて求めなさい。

解 重ね合わせの理を用いるため，図 (a) の回路を図 (b), (c) に分割する。図 (b) は電圧源 $\dot{V}$ のみの回路 (電流源 $\dot{I}_0$ を除き，その部分を開放) とし，図 (c) は電流源 $\dot{I}_0$ のみの回路 (電圧源 $\dot{V}$ を除き，その部分は短絡) とする。図 (b) での

6.2 テブナンの定理

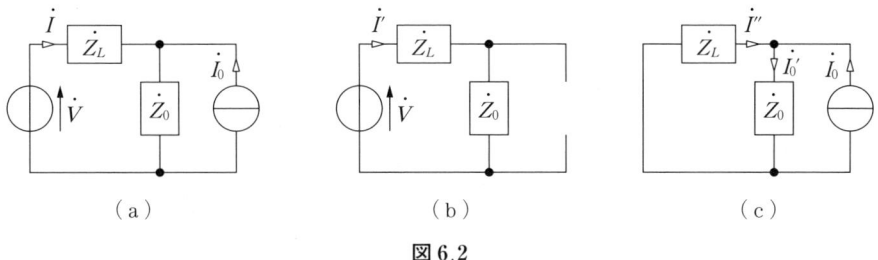

（a）　　　　　　　　（b）　　　　　　　　（c）

図 6.2

インピーダンス $\dot{Z}_L$ に流れる電流は $\dot{I}' = \dot{V}/(\dot{Z}_0 + \dot{Z}_L)$ となる。つぎに図（c）でのインピーダンス $\dot{Z}_L$ に流れる電流は，$\dot{I}'' = \dot{Z}_0 \dot{I}_0/(\dot{Z}_0 + \dot{Z}_L)$ となる。ここで，電流 $\dot{I}''$ は，電流源 $\dot{I}_0$ が分流し，インピーダンス $\dot{Z}_L$ に流れたものであり，電流 $\dot{I}'$ と電流の流れる向きが逆であることに注意する。重ね合わせの理により電流 $\dot{I}$ は

$$\dot{I} = \dot{I}' - \dot{I}'' = \frac{\dot{V}}{\dot{Z}_0 + \dot{Z}_L} - \frac{\dot{Z}_0 \dot{I}_0}{\dot{Z}_0 + \dot{Z}_L} = \frac{\dot{V} - \dot{Z}_0 \dot{I}_0}{\dot{Z}_0 + \dot{Z}_L}$$

と求められる。

6.2　テブナンの定理

図 6.3（a）に示すように，内部に電源を含む回路網があり，それに属する端子 a-b 間の開放電圧を $\dot{V}_{ab}$ であるとし，端子 a-b 間から回路網を見たときの内部インピーダンスが $\dot{Z}_{ab}$ とする。このとき端子 a-b 間に内部に電源を含まないインピーダンス $\dot{Z}$ を接続すれば，$\dot{Z}$ には

$$\dot{I} = \frac{\dot{V}_{ab}}{\dot{Z}_{ab} + \dot{Z}}$$

の電流が流れる。この関係を**テブナンの定理**（Thévenin's theorem）という。

この定理を 6.1 節で学んだ重ね合わせの理を用いて説明する。図（b）に示すように，端子 a-b 間の開放電圧 $\dot{V}_{ab}$ と大きさが等しい電圧源 $\dot{V}_{ab}$ と，これと大きさが等しく反対向きに電圧を発生する電圧源 $-\dot{V}_{ab}$ を，端子 a-b 間にインピーダンス $\dot{Z}$ とともに直列に挿入する。この場合，インピーダンス $\dot{Z}$ に流れる電流は，図（a）の場合とまったく同じである。図（b）の回路に重ね合わせの理を用いて，図（c），（d）の回路に分割する。図（c）は回路網中のすべて

80　　6. 回 路 と 諸 定 理

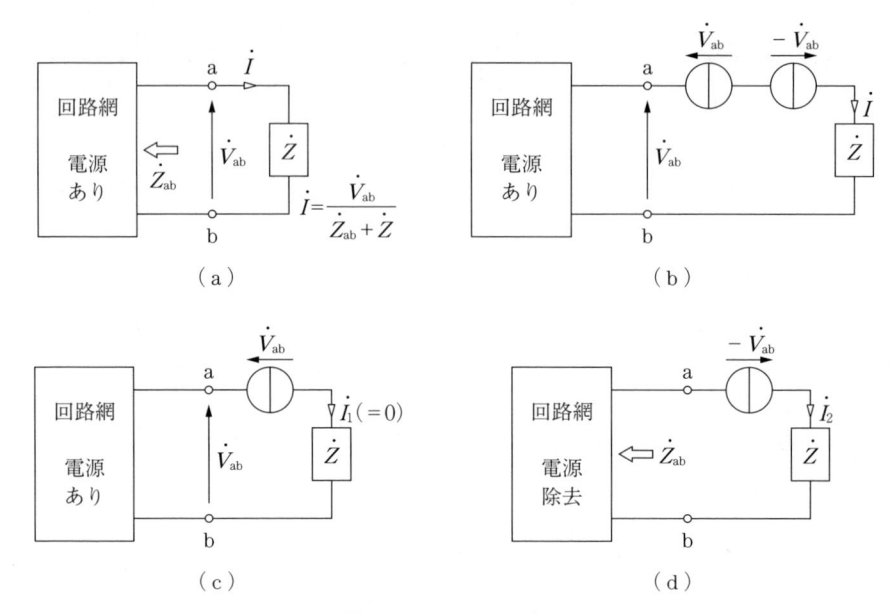

図 6.3 テブナンの定理

の電源とインピーダンス $\dot{Z}$ の枝に電源 $\dot{V}_{ab}$ を含んでおり，この枝（インピーダンス $\dot{Z}$）に流れる電流を $\dot{I}_1$ とする．図（d）の回路は，インピーダンス $\dot{Z}$ の枝に電圧源 $-\dot{V}_{ab}$ があり，回路網の電源を取り除いた（電圧源は短絡除去し，電流源は開放除去した）ものであり，この枝（インピーダンス $\dot{Z}$）に流れる電流を $\dot{I}_2$ とする．図（c）では，端子 a-b 間の開放電圧 $\dot{V}_{ab}$ と電圧源 $\dot{V}_{ab}$ の大きさは等しく，向きは反対であるため，インピーダンス $\dot{Z}$ に流れる電流は 0 （$\dot{I}_1=0$）となる．図（d）では，端子 a-b から見たインピーダンスが $\dot{Z}_{ab}$ であるため，インピーダンス $\dot{Z}$ に流れる電流 $\dot{I}_2$ は，$\dot{I}_2 = \dot{V}_{ab}/(\dot{Z}_{ab}+\dot{Z})$ となる．重ね合わせの理より，$\dot{I} = \dot{I}_1 + \dot{I}_2$ であるので

$$\dot{I} = 0 + \dot{I}_2 = \frac{\dot{V}_{ab}}{\dot{Z}_{ab}+\dot{Z}}$$

となり，テブナンの定理が証明された．

　この定理によれば，**図 6.4**（a）の回路網は，図（b）に示す電圧源 $\dot{V}_{ab}$ とインピーダンス $\dot{Z}_{ab}$ を直列接続した回路と等価であることを示す．よって，テブ

6.2 テブナンの定理   81

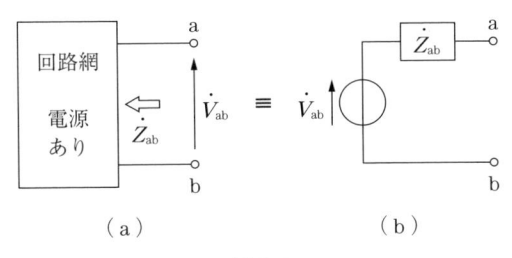

```
┌─────────┐                    Żab
│ 回路網   │   a              ┌──┐    a
│         ├──○          ≡    │  ├───○
│ 電源    │  ↑ V̇ab          ↑V̇ab
│ あり    │  ⇐ Żab            │
│         ├──○                 └────○
└─────────┘   b                      b
     (a)                       (b)
```

図 6.4

ナンの定理は**等価電圧源の定理**ともいわれる。

☕ コーヒーブレイク

「回路定理と短歌」

電気回路の定理「テブナンの定理」は，フランス人技術者シャルルテブナンが直流に対して発見し，東京帝国大学工学部教授鳳秀太郎（ほうひでたろう）が交流に対しても成り立つことを証明している。そのため「テブナンの定理」を**鳳 – テブナンの定理**と呼ぶこともある。

鳳秀太郎（1872 年～1931 年）は有名な歌人（短歌作家）与謝野晶子（あきこ）（1878 年～1942 年）の実兄である。与謝野晶子の結婚前の名前は「鳳志（し）よう」という。二人は大阪府堺市の菓子商に 5 人兄弟の長男，長女（3 番目の子）として誕生した。

晶子はやはり歌人の与謝野鉄幹（てっかん）と結婚し，12 人の子をもうけている。結婚後，晶子は弟の 籌三郎（ちゅうざぶろう）（4 番目の子で三男）が日露戦争で旅順に出征しているとき，「君死にたもうことなかれ」の有名な歌を発表している。この中で「ああおとうとよ　君を泣く　君死にたもうことなかれ　すめらみことは戦いに　おおみずからは出でまさね（天皇は戦争に自ら出かけられない）」と率直にうたい，危険思想と非難を受けた。これに対しては，「歌はまことの心を歌うもの」と反論している。この弟は日露戦争から無事帰還し，家業の菓子商を継いでいる。

秀太郎は家業は継がずに電気工学の道に進み，名をなした。後に東京帝国大学工学部教授となり，また電気学会会長（第 8 代；1920 年～1921 年）も務めている。晶子はこの兄の影響で小説を読むことが好きになったといわれている。

6.3　ノートンの定理

図 6.5（a）の回路網内の端子 a–b 間のアドミタンスを $\dot{Y}_{ab}$ とする．図（b）のように端子 a–b 間を短絡したとき，a–b 間に流れる短絡電流を $\dot{I}_{ab}$ とする．図（c）の回路網で端子 a–b 間に負荷としてアドミタンス $\dot{Y}_L$ を接続すると，$\dot{Y}_L$ に流れる電流 $\dot{I}_L$ は

$$\dot{I}_L = \frac{\dot{Y}_L}{\dot{Y}_{ab} + \dot{Y}_L} \dot{I}_{ab}$$

となる．この関係を**ノートンの定理**（Norton's theorem）という．この定理は，6.2 節で示したテブナンの定理において，電流を電圧，インピーダンスをアドミタンス，開放電圧を短絡電流に置き換えたものとして得られていることに気が付く．

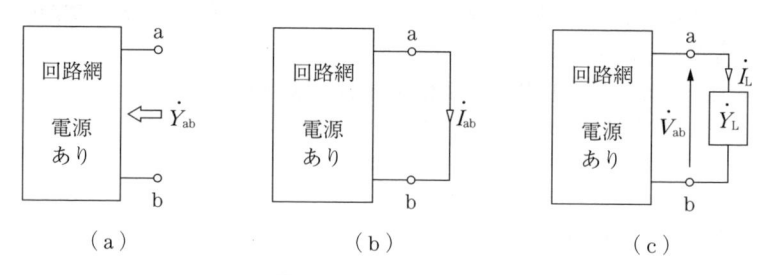

図 6.5　ノートンの定理

この定理を 6.1 節で学んだ重ね合わせの理を用いて説明する．図 6.5（a）の回路網において，**図 6.6**（a）に示すように端子 a–b 間に短絡電流 $\dot{I}_{ab}$ と大きさが等しい電流源 $\dot{I}_{ab}$ と，これと大きさが等しく反対向きに電流が流れる電流源 $-\dot{I}_{ab}$ を負荷のアドミタンス $\dot{Y}_L$ とともに並列に挿入する．この場合，アドミタンス $\dot{Y}_L$ の両端に発生する電圧 $\dot{V}_{ab}$ は図 6.5（c）と同じである．

図 6.6（a）の回路に重ね合わせの理を用いて，図（b），（c）の回路に分割する．図（b）は回路網中のすべての電源とアドミタンス $\dot{Y}_L$ と並列に電流源 $-\dot{I}_{ab}$ が接続されており，アドミタンス $\dot{Y}_L$ に発生する電圧を $\dot{V}_1$ とする．図（c）の回路は，アドミタンス $\dot{Y}_L$ の枝に電流源 $\dot{I}_{ab}$ があり，回路網の電源を取

6.3 ノートンの定理

（a）

（b）

（c）

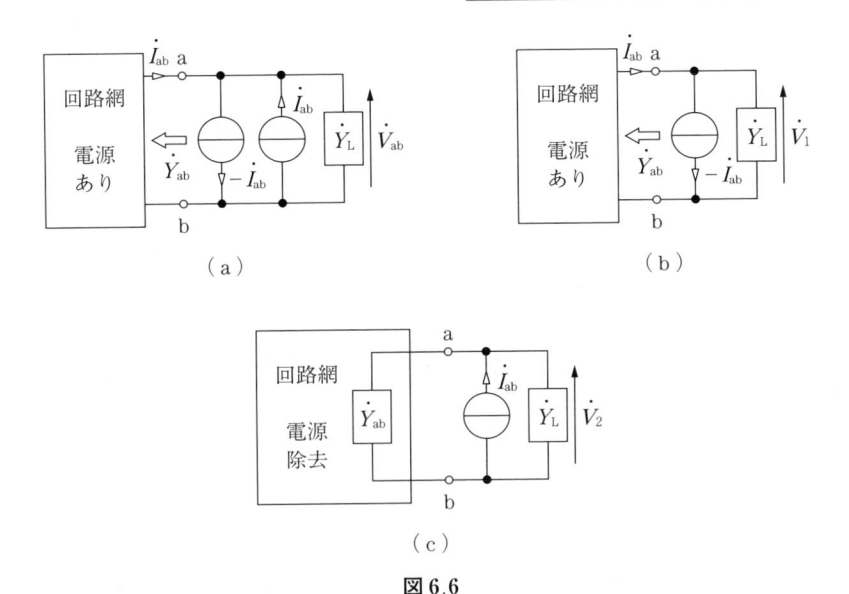

図 6.6

り除き，アドミタンス $\dot{Y}_L$ に発生する電圧を $\dot{V}_2$ とする。図（b）では，短絡電流 $\dot{I}_{ab}$ はすべてアドミタンス $\dot{Y}_L$ に並列に接続された電流源 $-\dot{I}_{ab}$ を通るため，アドミタンス $\dot{Y}_L$ に流れる電流は 0 となる。よってアドミタンスの両端電圧 $\dot{V}_1$ は $\dot{V}_1=0$ となる。図（c）では，回路網の端子 a-b 間から見たアドミタンスが $\dot{Y}_{ab}$ であるため，アドミタンス $\dot{Y}_L$ と並列に接続された電流源 $\dot{I}_{ab}$ により，電圧 $\dot{V}_2=\dot{I}_{ab}/(\dot{Y}_{ab}+\dot{Y}_L)$ となる。重ね合わせの理より，$\dot{V}_{ab}=\dot{V}_1+\dot{V}_2$ であるので $\dot{V}_{ab}=0+\dot{V}_2=\dot{I}_{ab}/(\dot{Y}_{ab}+\dot{Y}_L)$ となり，$\dot{V}_{ab}=\dot{I}_L/\dot{Y}_L$ より

$$\dot{I}_L = \frac{\dot{Y}_L}{\dot{Y}_{ab}+\dot{Y}_L}\dot{I}_{ab}$$

が求められる。

　この定理によれば，**図 6.7**（a）の回路網は，図（b）の電流源 $\dot{I}_{ab}$ とアドミタンス $\dot{Y}_{ab}$ と並列接続した回路と等価であることを示す。ゆえにノートンの定理は**等価電流源の定理**ともいわれる。

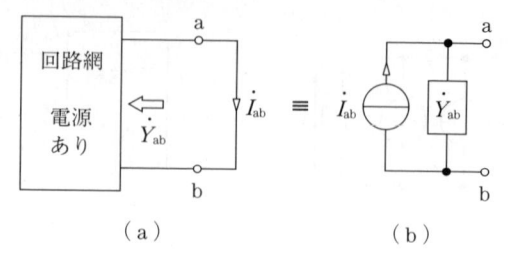

図6.7

6.4 帆足 - ミルマンの定理

並列回路の端子間電圧は，各並列枝の電圧源とアドミタンスの積の和を各枝のアドミタンスの和で割ったものとなる。これを**帆足 - ミルマンの定理**（Hoashi-Millman's theorem）という。

図 6.8（a）の回路網の端子 a-b 間の電圧 $\dot{V}_{ab}$ を求める。各電圧源 $\dot{V}_1$, $\dot{V}_2$ および直列インピーダンス $\dot{Z}_1, \dot{Z}_2$ を電流源とアドミタンスに示すと図（b）になる。電流 $\dot{I}_{ab}$ は，$\dot{I}_{ab} = \dot{V}_1 \dot{Y}_1 + \dot{V}_2 \dot{Y}_2$ であり，全アドミタンスは，$\dot{Y}_1 + \dot{Y}_2$ である。よって端子 a-b 間の電圧は

$$\dot{V}_{ab} = \frac{\dot{V}_1 \dot{Y}_1 + \dot{V}_2 \dot{Y}_2}{\dot{Y}_1 + \dot{Y}_2}$$

となる。

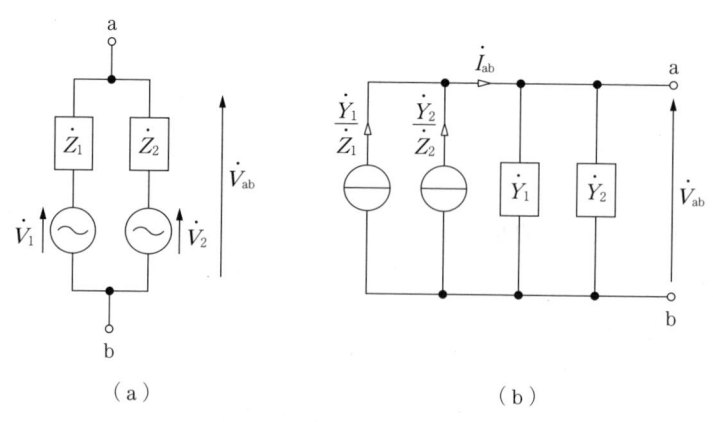

図 6.8　帆足 - ミルマンの定理

例題 6.2 図 6.9（a）に示す回路の端子 a-b 間にアドミタンス $\dot{Y}_L$ を接続した場合，$\dot{Y}_L$ での電圧 $\dot{V}_{ab}$ を求めなさい。ただし，アドミタンス $\dot{Y}_1, \dot{Y}_2, \cdots, \dot{Y}_n$ および $\dot{Y}_L$ と電源電圧 $\dot{V}_1, \dot{V}_2, \cdots, \dot{V}_n$ は既知とする。

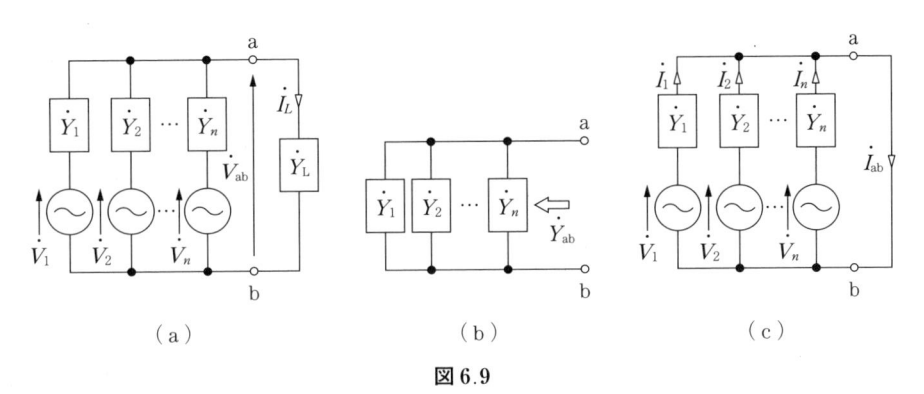

図 6.9

解 ノートンの定理より求められる。ノートンの定理より $\dot{I}_L = \dot{I}_{ab}\dot{Y}_L/(\dot{Y}_{ab} + \dot{Y}_L)$ から，$\dot{V}_{ab} = \dot{I}_L/\dot{Y}_L$ より $\dot{V}_{ab} = \dot{I}_{ab}/(\dot{Y}_{ab} + \dot{Y}_L)$ と導かれる。アドミタンス $\dot{Y}_{ab}$ は，図（b）に示すように負荷 $\dot{Y}_L$ を端子 a-b 間に接続する前の回路網であり，その回路網の電源をすべて取り去り（電圧源は短絡除去），端子 a-b 側から見た合成アドミタンスである。よって $\dot{Y}_{ab} = \dot{Y}_1 + \dot{Y}_2 + \cdots + \dot{Y}_n$ となる。端子 a-b 間の短絡電流 $\dot{I}_{ab}$ は，図（c）に示すように求める。ここで，電源 $\dot{V}_1$ からの電流 $\dot{I}_1$ はインピーダンスが 0 の短絡導線に入り，同じ電源に戻る閉回路を流れる。よって $\dot{I}_1 = \dot{Y}_1\dot{V}_1$ となり，各枝においても同様に $\dot{I}_2 = \dot{Y}_2\dot{V}_2, \cdots, \dot{I}_n = \dot{Y}_n\dot{V}_n$ と導かれる。キルヒホッフの電流則より端子 a-b 間の短絡電流は，$\dot{I}_{ab} = \dot{I}_1 + \dot{I}_2 + \cdots + \dot{I}_n$ として求められる。ここで求められた $\dot{Y}_{ab}$ と $\dot{I}_{ab}$ を $\dot{V}_{ab} = \dot{I}_{ab}/(\dot{Y}_{ab} + \dot{Y}_L)$ に代入すると，つぎの式が導かれる。

$$\dot{V}_{ab} = \frac{\dot{I}_{ab}}{\dot{Y}_{ab} + \dot{Y}_L} = \frac{\dot{I}_1 + \dot{I}_2 + \cdots + \dot{I}_n}{\dot{Y}_1 + \dot{Y}_2 + \cdots + \dot{Y}_L} = \frac{\dot{Y}_1\dot{V}_1 + \dot{Y}_2\dot{V}_2 + \cdots + \dot{Y}_n\dot{V}_n}{\dot{Y}_1 + \dot{Y}_2 + \cdots + \dot{Y}_n + \dot{Y}_L}$$

この式は，帆足 - ミルマンの定理を示している。

6.5 補償の定理

ある回路網中において，任意の枝路のインピーダンス $\dot{Z}$ に電流 $\dot{I}$ が流れているとする。もし $\dot{Z}$ が $\dot{Z} + \Delta\dot{Z}$ に変化すれば，当然，回路網中の電流は変化する。ただし，その変化分は，最初にあった起電力をすべて取り除き，$\dot{Z} + \Delta\dot{Z}$

と直列に新たに $\Delta \dot{Z} \dot{I}$ に等しい起電力を反対向きに挿入したとき流れる電流 $\Delta \dot{I}$ に等しくなる。これを**補償の定理**（compensation theorem）という。また，$\Delta \dot{Z} \dot{I}$ なる起電力を**補償起電力**という。

図6.10 (a) は回路網（電源 $\dot{V}_i$ を含む）の任意の枝にあるインピーダンス $\dot{Z}_0$ とそこに流れる電流 $\dot{I}_0$ を示す。図 (b) に示すようにインピーダンス $\dot{Z}_0$ が $\Delta \dot{Z}_0$ 変化すると，枝に流れている電流も $\Delta \dot{I}_0$ だけ変化して，$\dot{I}_0 + \Delta \dot{I}_0$ となる。

図 (c) に示すようにこの枝に起電力 $\dot{I}_0 \Delta \dot{Z}_0$ を二つ挿入する。ただしその起電力は，大きさが等しく，起電力の向きは相反するものとする。この図 (c)

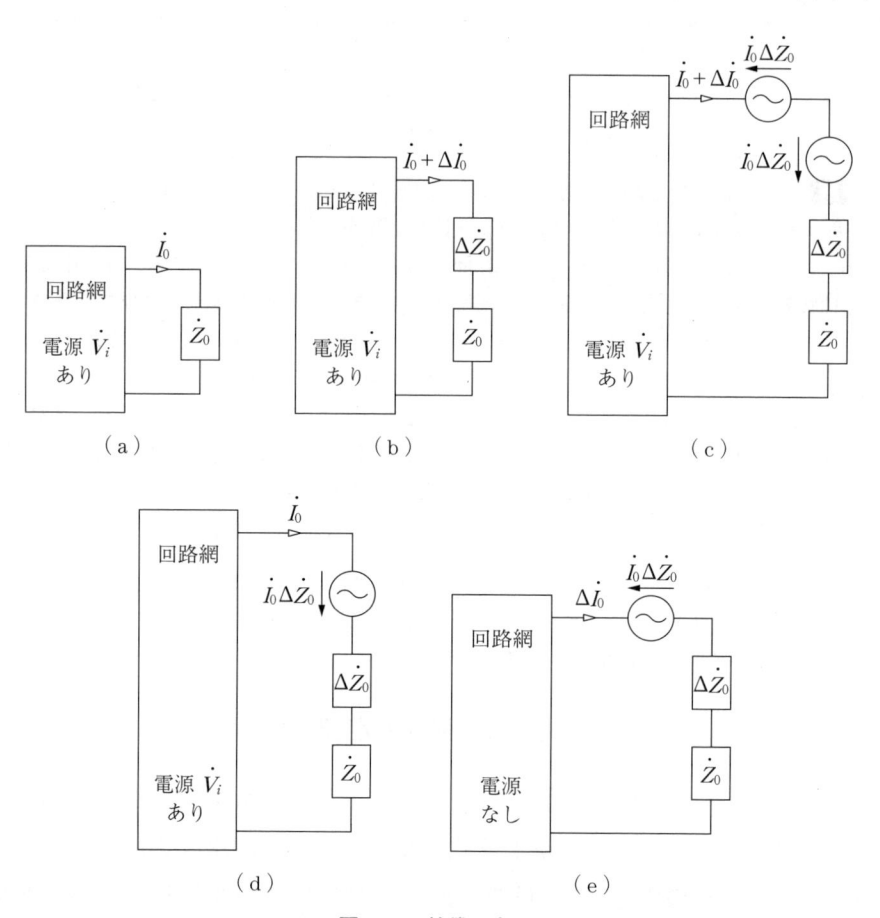

図6.10 補償の定理

に重ね合わせの理を適用し，回路を図（d），（e）のように二つに分割する。図（d）では，回路網を含むインピーダンス$\Delta \dot{Z}_0$による電圧降下と挿入した$\dot{I}_0 \Delta \dot{Z}_0$とが打ち消し合う。この回路は，最初の図（a）の回路と等価となる。また，図（d）と図（e）を合わせた図（c）は，図（b）と等価である。（（図（c）=図（b），図（c）=図（d）+図（e）=図（a）+図（e）））。よって図（b）=図（a）+図（e）となる。したがって，インピーダンス変化後の電流変化分は，図（e）で表される。すなわち$\Delta \dot{I}_0$は図（e）で与えられる。

6.6 相反の定理

図6.11（a）のように回路網中のa-d間に電源$\dot{V}$を挿入したとき，任意のc-d間に流れる電流$\dot{I}_c$は，図（b）のように電源$-\dot{V}$をc-d間に挿入したときa-d間に流れる電流$\dot{I}_a$に等しい。これを**相反の定理**（reciprocity theorem）または**可逆の定理**ともいわれる。この結果は偶然の一致ではなく，任意の回路網において成立する。

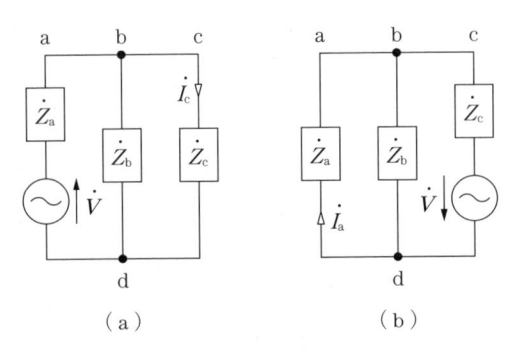

図6.11 相反の定理

例題6.3 図6.11（a）のc-d間の電流$\dot{I}_c$と図（b）のa-d間の電流$\dot{I}_a$を求め，相反の定理が成立するか確かめなさい（$\dot{I}_c = \dot{I}_a$）。ただし，電源$\dot{V}$および$-\dot{V}$，インピーダンス$\dot{Z}_a, \dot{Z}_b, \dot{Z}_c$は既知とする。

解 図（a）のc-d間の電流$\dot{I}_c$を求める。c-d間の電流$\dot{I}_c$は，図の上から下へ流れる。

$$\dot{I}_\mathrm{c} = \cfrac{\dot{V}}{\dot{Z}_\mathrm{a} + \cfrac{\dot{Z}_\mathrm{b}\dot{Z}_\mathrm{c}}{\dot{Z}_\mathrm{b} + \dot{Z}_\mathrm{c}}} \cfrac{\dot{Z}_\mathrm{b}}{\dot{Z}_\mathrm{b} + \dot{Z}_\mathrm{c}} = \cfrac{\dot{Z}_\mathrm{b}\dot{V}}{\dot{Z}_\mathrm{a}\dot{Z}_\mathrm{b} + \dot{Z}_\mathrm{b}\dot{Z}_\mathrm{c} + \dot{Z}_\mathrm{c}\dot{Z}_\mathrm{a}}$$

図(b)のa-d間の電流 $\dot{I}_\mathrm{a}$ を求める。ただし，c-d間に図(a)とは反対の向きに発生する起電力 $-\dot{V}$ が挿入される。この点に注意してa-d間の電流 $\dot{I}_\mathrm{a}$ を求める。

$$\dot{I}_\mathrm{a} = \cfrac{\dot{V}}{\dot{Z}_\mathrm{c} + \cfrac{\dot{Z}_\mathrm{a}\dot{Z}_\mathrm{b}}{\dot{Z}_\mathrm{a} + \dot{Z}_\mathrm{b}}} \cfrac{\dot{Z}_\mathrm{b}}{\dot{Z}_\mathrm{a} + \dot{Z}_\mathrm{b}} = \cfrac{\dot{Z}_\mathrm{b}\dot{V}}{\dot{Z}_\mathrm{a}\dot{Z}_\mathrm{b} + \dot{Z}_\mathrm{b}\dot{Z}_\mathrm{c} + \dot{Z}_\mathrm{c}\dot{Z}_\mathrm{a}}$$

この結果は，$\dot{I}_\mathrm{c} = \dot{I}_\mathrm{a}$ である。よって相反の定理が成立している。

6.7 ブリッジ回路

図6.12のブリッジ回路（bridge circuit）において端子a-d間に電圧 $\dot{V}$ を印加し，インピーダンス $\dot{Z}_5$ と直列接続された電流計Ⓐに流れる電流 $\dot{I}_5$ を求める。各枝に流れる電流を $\dot{I}_1, \dot{I}_2, \dot{I}_3, \dot{I}_4, \dot{I}_5$ とする。ループⅠ，Ⅱ，Ⅲにそれぞれキルヒホッフの電圧則を適用するとつぎのようになる。

ループⅠ：$-\dot{Z}_1\dot{I}_1 + \dot{Z}_2\dot{I}_2 - \dot{Z}_5\dot{I}_5 = 0$

ループⅡ：$\dot{Z}_3\dot{I}_3 - \dot{Z}_4\dot{I}_4 - \dot{Z}_5\dot{I}_5 = 0$

ループⅢ：$\dot{V} - \dot{Z}_2\dot{I}_2 - \dot{Z}_4\dot{I}_4 = 0$

さらに，点bおよびcにおいてキルヒホッフの電流則を適用すると，点bでは $\dot{I}_1 = \dot{I}_5 + \dot{I}_3$，点cでは $\dot{I}_4 = \dot{I}_2 + \dot{I}_5$ となり，$\dot{I}_3$ と $\dot{I}_4$ を $\dot{I}_1$，および $\dot{I}_5$

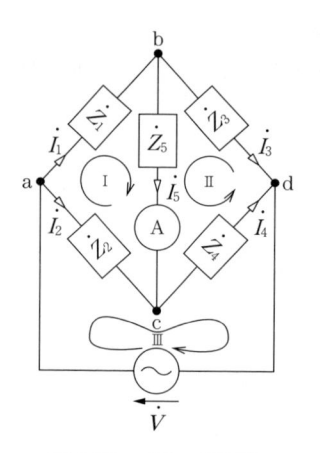

図6.12 ブリッジ回路

で表すことができる。この関係を利用してループⅠ～Ⅲで示した電圧則の式を，$\dot{I}_1, \dot{I}_2$ および $\dot{I}_5$ の式で表せば，3元連立1次方程式を得ることができる。

$$0 = \dot{Z}_1\dot{I}_1 - \dot{Z}_2\dot{I}_2 + \dot{Z}_5\dot{I}_5$$
$$0 = \dot{Z}_3\dot{I}_1 - \dot{Z}_4\dot{I}_2 - (\dot{Z}_3 + \dot{Z}_4 + \dot{Z}_5)\dot{I}_5$$
$$\dot{V} = (\dot{Z}_2 + \dot{Z}_4)\dot{I}_2 + \dot{Z}_4\dot{I}_5$$

この3元連立1次方程式から，電流計Ⓐに流れる $\dot{I}_5$ は，つぎのようになる。

$$\dot{I}_5 = \frac{\begin{vmatrix} \dot{Z}_1 & -\dot{Z}_2 & 0 \\ \dot{Z}_3 & -\dot{Z}_4 & 0 \\ 0 & \dot{Z}_2+\dot{Z}_4 & \dot{V} \end{vmatrix}}{\Delta} = \frac{-\dot{Z}_1\dot{Z}_4 + \dot{Z}_2\dot{Z}_3}{\Delta}\dot{V}$$

$$\Delta = \begin{vmatrix} \dot{Z}_1 & -\dot{Z}_2 & \dot{Z}_5 \\ \dot{Z}_3 & -\dot{Z}_4 & -(\dot{Z}_3+\dot{Z}_4+\dot{Z}_5) \\ 0 & \dot{Z}_2+\dot{Z}_4 & \dot{Z}_4 \end{vmatrix} \neq 0$$

$\dot{I}_5 = 0$ になるのは，$-\dot{Z}_1\dot{Z}_4 + \dot{Z}_2\dot{Z}_3 = 0$ のときである．よって $\dot{Z}_1\dot{Z}_4 = \dot{Z}_2\dot{Z}_3$（ブリッジの対辺のインピーダンスの積が等しい）のときに電流計Ⓐに電流が流れない．この条件を**ブリッジ回路の平衡条件**といい，重要なので覚えておく必要がある．

このブリッジ回路の平衡条件を利用して，未知の抵抗，インダクタンスおよびキャパシタンスの値を決定することができる．図6.12でのインピーダンス $\dot{Z}_1, \dot{Z}_3, \dot{Z}_4$ が既知であり，$\dot{Z}_2$ が未知であれば，平衡条件 ($\dot{I}_5 = 0$) になるよう調整することで $\dot{Z}_2 = \dot{Z}_1\dot{Z}_4/\dot{Z}_3$ として求められる．

例題6.4 図6.13に示すブリッジ回路によりインダクタンス L の値を求めなさい．ただし，Ⓐは電流計，r_1, r_2 は抵抗，C はキャパシタンスとする．また，電流計Ⓐには電流Ⓐは流れていないものとし，電源の角周波数は ω とする．

解 電流計Ⓐに電流が流れていないことから，本ブリッジ回路は平衡状態にある．6.7節で示した平衡条件を利用する．図6.13の回路を図6.12にあてはめてみると

$$\dot{Z}_1 = r_1, \quad \dot{Z}_2 = j\omega L, \quad \dot{Z}_3 = \frac{1}{j\omega C}, \quad \dot{Z}_4 = r_2$$

となる．インダクタンス L が未知であるため，$\dot{Z}_1\dot{Z}_4 = \dot{Z}_2\dot{Z}_3$（ブリッジの対辺のインピーダンスの積が等しい）より，$\dot{Z}_2 = \dot{Z}_1\dot{Z}_4/\dot{Z}_3$ を求めればよい．$j\omega L = r_1 r_2/(1/j\omega C) = j\omega C r_1 r_2$ となり，$L = C r_1 r_2$ が導かれる．

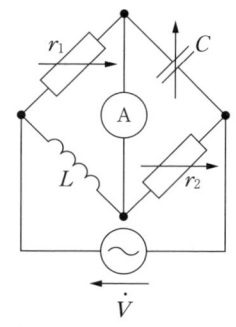

図6.13

6.8 最大電力供給の定理

図 6.14 に示すように電源を含む回路の端子 a–b 間に負荷を接続するとき，負荷に供給される有効電力（負荷電力）が最大になるためには，回路側と負荷側とのインピーダンス間にどのような関係が必要か考える。

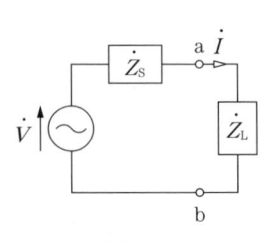

電源電圧 $\dot{V}$，電源側のインピーダンス $\dot{Z}_S = r_S + jx_S$，負荷インピーダンス $\dot{Z}_L = r_L + jx_L$ とすれば，負荷に流れる電流 $\dot{I}$ は

図 6.14

$$\dot{I} = \frac{\dot{V}}{\dot{Z}_S + \dot{Z}_L} = \frac{\dot{V}}{r_S + r_L + j(x_S + x_L)}$$

となり，負荷電力は

$$P_a = r_L |\dot{I}|^2 = \frac{r_L |\dot{V}|^2}{(r_S + r_L)^2 + (x_S + x_L)^2}$$

となる。

ここで，負荷インピーダンスが可変の場合と，電源側のインピーダンスが可変の場合を考える。

〔1〕 **負荷インピーダンスが可変の場合**　P_a が最大になるためには $x_S + x_L = 0$ となる必要がある。すなわち $x_L = -x_S$ となり

$$P_a = \frac{r_L |\dot{V}|^2}{(r_S + r_L)^2}$$

となる。さらに $dP_a/dr_L = 0$ から $r_L = r_S$ のとき

$$\frac{d^2 P_a}{dr_L^2} = \frac{-E}{8 r_S^2} < 0$$

であることから P_a が最大となる。図 6.15 に r_L と電力との関係を示す。図 6.14 より負荷インピーダンス $\dot{Z}_L$ が電源側インピーダンス $\dot{Z}_S$ の共役のとき負荷電力は最大になる。これを**最大電力供給の定理**（maximum power-transfer theorem）と呼び，この関係になるように調整することを**インピーダンス整合**（impedance matching）と呼ぶ。インピーダンス整合時の負荷電力は，$P_m = |\dot{V}|^2/4r_S$ となる。このことは，電源の発生電力 $P = |\dot{V}|^2/2r_S$ のうち半分は，電源の内部抵抗で消費される電力 $P_i = |\dot{V}|^2/4r_S$ となり，

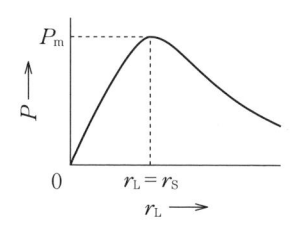

図 6.15 r_L と電力との関係

他の半分が負荷に供給される。よって，最大電力供給時の電力効率は50％であり，電力供給の立場からはきわめて効率が悪い。最大電力供給の定理は，微弱信号を取り扱う場合には重要となる。

〔2〕 **電源のインピーダンスが可変の場合**　電源インピーダンスが可変の場合は，$x_L = -x_S$ であり，かつ $r_S = 0$ のとき分母が最小となるから負荷電力は最大となる。

例題 6.5　図 6.16 のように抵抗 r，インダクタンス L，キャパシタンス C を直列に接続した回路に交流電圧 $\dot{V}$（角周波数 ω）を印加した場合，抵抗 r がどのような値で消費電力が最大になるか求めなさい。ただし，L, C は一定であり，$\omega L - 1/\omega C \neq 0$ とする。

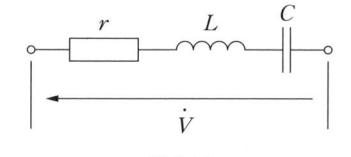

図 6.16

解　合成インピーダンス $\dot{Z}$ は

$$\dot{Z} = r + j\left(\omega L - \frac{1}{\omega C}\right)$$

となり，そのインピーダンスの大きさと力率は

$$|\dot{Z}| = \sqrt{r^2 + \left(\omega L - \frac{1}{\omega C}\right)^2}, \quad \cos\varphi = \frac{r}{\sqrt{r^2 + \left(\omega L - \frac{1}{\omega C}\right)^2}}$$

となる。この回路の消費電力 P_a は，$P_a = VI\cos\varphi$ であるのでつぎのようになる。

$$P_a = |\dot{V}| \frac{|\dot{V}|}{\sqrt{r^2 + \left(\omega L - \frac{1}{\omega C}\right)^2}} \frac{r}{\sqrt{r^2 + \left(\omega L - \frac{1}{\omega C}\right)^2}} = \frac{r|\dot{V}|^2}{r^2 + \left(\omega L - \frac{1}{\omega C}\right)^2}$$

消費電力 P_a が最大になる点は，dP/dr であるから，このときの r を求めると $r = \left|\omega L - \frac{1}{\omega C}\right|$ である。また消費電力 P_a は，$P_{a\max} = |\dot{V}|^2/2r$ となる。

6.9 Δ（三角）結線とY（星形）結線の等価変換

図6.17（a）は，Δ（三角）結線（環状結線），図（b）はY（星形）結線と呼ばれる。Δ結線のインピーダンスは，Y結線のインピーダンスに変換することができ，その逆も可能である。この変換法は，複雑な回路網を解析するときに役に立つ。

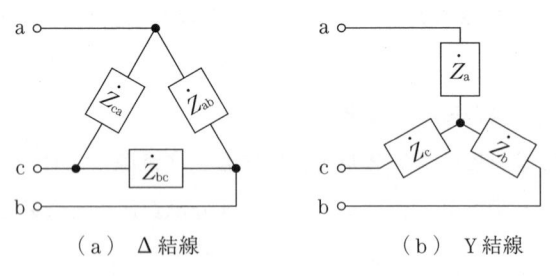

（a）Δ結線　　　　（b）Y結線

図6.17　Δ結線とY結線

6.9.1　Δ結線からY結線へのインピーダンス変換

図6.18のようにY結線のインピーダンス回路とΔ結線のインピーダンスの回路が三つの線a, b, cで結線されているものと考える。

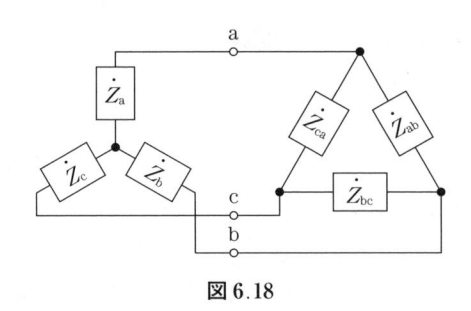

図6.18

いま，そのうちa線が切断され，残りの線b, cで結線されているとすると，Y結線の回路は$\dot{Z}_b$と$\dot{Z}_c$の直列回路となり，Δ結線では$\dot{Z}_{ca}$と$\dot{Z}_{ab}$の直列回路に$\dot{Z}_{bc}$が並列接続していることになる。このY結線とΔ結線のインピーダンスが等しいとする。すなわち，端子b-c間からどちらを見ても，同じインピーダンスが見えるものとする。このような状態を，a, b, c線がそれぞれ単独で切

断されたと考えるとつぎの式が得られる。

a 線のみ切断（開放）： $\dot{Z}_c + \dot{Z}_b = \dfrac{\dot{Z}_{bc}(\dot{Z}_{ca} + \dot{Z}_{ab})}{\dot{Z}_{ca} + \dot{Z}_{ab} + \dot{Z}_{bc}}$

b 線のみ切断（開放）： $\dot{Z}_a + \dot{Z}_c = \dfrac{\dot{Z}_{ca}(\dot{Z}_{ab} + \dot{Z}_{bc})}{\dot{Z}_{ca} + \dot{Z}_{ab} + \dot{Z}_{bc}}$

c 線のみ切断（開放）： $\dot{Z}_a + \dot{Z}_b = \dfrac{\dot{Z}_{ab}(\dot{Z}_{ca} + \dot{Z}_{bc})}{\dot{Z}_{ca} + \dot{Z}_{ab} + \dot{Z}_{bc}}$

これらの三つの式から，$\dot{Z}_a, \dot{Z}_b, \dot{Z}_c$ をそれぞれ $\dot{Z}_{ca}, \dot{Z}_{ab}, \dot{Z}_{bc}$ を用いて示すとつぎの関係となる。

$$\dot{Z}_a = \dfrac{\dot{Z}_{ca}\dot{Z}_{ab}}{\dot{Z}_{ca} + \dot{Z}_{ab} + \dot{Z}_{bc}}, \quad \dot{Z}_b = \dfrac{\dot{Z}_{ab}\dot{Z}_{bc}}{\dot{Z}_{ca} + \dot{Z}_{ab} + \dot{Z}_{bc}}, \quad \dot{Z}_c = \dfrac{\dot{Z}_{bc}\dot{Z}_{ca}}{\dot{Z}_{ca} + \dot{Z}_{ab} + \dot{Z}_{bc}}$$

上式から Δ 結線におけるインピーダンス $\dot{Z}_{ca}, \dot{Z}_{ab}, \dot{Z}_{bc}$ に対応する Y 結線 $\dot{Z}_a, \dot{Z}_b, \dot{Z}_c$ の値を求めることができる。

6.9.2　Y 結線から Δ 結線へのインピーダンス変換

Y 結線を Δ 結線に変換する場合，$\dot{Z}_a, \dot{Z}_b, \dot{Z}_c$ を用いて $\dot{Z}_{ca}, \dot{Z}_{ab}, \dot{Z}_{bc}$ を示す。導出方法としては，6.9.1 項で示した $\dot{Z}_a, \dot{Z}_b, \dot{Z}_c$ でのそれぞれの組合せによる比を求めて解くことになる。ヒントは，6.9.1 項で導かれた $\dot{Z}_a, \dot{Z}_b, \dot{Z}_c$ と $\dot{Z}_{ca}, \dot{Z}_{ab}, \dot{Z}_{bc}$ との関係式より求められる $\dot{Z}_a / \dot{Z}_b = \dot{Z}_{ca} / \dot{Z}_{bc}$ より，$\dot{Z}_{ca} = \dot{Z}_{bc}\dot{Z}_a / \dot{Z}_b$ と変換でき，これらから Δ 結線と Y 結線とのインピーダンスの関係を考えれば，つぎの 3 式が導かれる。

$$\dot{Z}_{ca} = \dfrac{\dot{Z}_a\dot{Z}_b + \dot{Z}_b\dot{Z}_c + \dot{Z}_c\dot{Z}_a}{\dot{Z}_b}, \quad \dot{Z}_{ab} = \dfrac{\dot{Z}_a\dot{Z}_b + \dot{Z}_b\dot{Z}_c + \dot{Z}_c\dot{Z}_a}{\dot{Z}_c},$$

$$\dot{Z}_{bc} = \dfrac{\dot{Z}_a\dot{Z}_b + \dot{Z}_b\dot{Z}_c + \dot{Z}_c\dot{Z}_a}{\dot{Z}_a}$$

【例題 6.6】 図 6.19 は，各枝がすべて抵抗器であるブリッジ回路である。図の端子 a-b 間の合成抵抗を以下の方法で求めなさい。

（1）ブリッジ回路の一部を Δ 結線から Y 結線へインピーダンス変換して求めなさい。

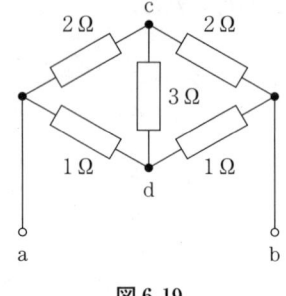

図 6.19

（2） ブリッジ回路が平衡状態であることから求めなさい。

解

（1） ブリッジ回路の端子 a 側の Δ 結線を Y 結線へインピーダンス変換をする。その結果，**図 6.20** のような回路となる。本回路より合成抵抗を求めると，$1.33\,\Omega$ となる。

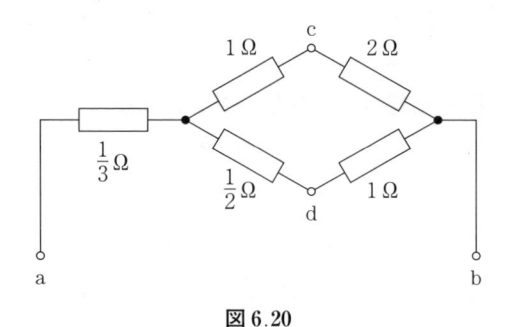

図 6.20

（2） 本ブリッジ回路は，6.7 節で学んだように「ブリッジの対辺のインピーダンスの積が等しい」状況にある。そのため枝路 c-d 間の抵抗 $3\,\Omega$ には電流が流れず，**図 6.21** に示す回路と同等となる。よってこの回路の合成抵抗を求めると，$1.33\,\Omega$ となる。

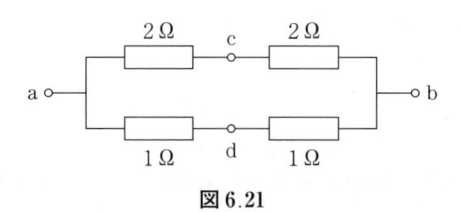

図 6.21

コーヒーブレイク

「パワーアカデミー（Power Academy）」

　本機関は，産学と連携し，電気工学分野の研究，教育を支援するとともに，本分野の魅力や重要性に対する社会の認識を高める PR 活動を展開している。詳細は，http://www.power-academy.jp/（2011 年 8 月 16 日現在）に記載されている。おもに電力，エネルギー関係の研究に興味があり，大学院進学，電力業界へ就職を考えているのであれば，一見の価値はある。他大学の研究の様子も知ることができる。

本章のまとめ

- **6.1** 回路網の構成によって使用する定理は異なる。回路網を解析する場合，さまざまな定理が利用できる。
- **6.2** 重ね合わせの理は，「多数の電源を含む回路網中での各枝の電流や電圧は，それらの電源が一つずつ存在するときの回路網中の同一の枝の電流や電圧の総和に等しい」であり，複数の電源を含む回路網の各枝における電流を求めるのに用いる。
- **6.3** テブナンの定理では，図 6.4（a）の回路網は，図（b）に示す電圧源 $\dot{V}_{ab}$ とインピーダンス $\dot{Z}_{ab}$ の直列接続した回路と等価であることを示す。
- **6.4** ノートンの定理では，図 6.7（a）の回路網は，図（b）の電流源 $\dot{I}_{ab}$ とアドミタンス $\dot{Y}_{ab}$ と並列接続した回路と等価であることを示す。
- **6.5** ブリッジ回路の平衡条件（対辺のインピーダンスの積が等しい）は重要であるので覚えておきたい。

演習問題

6.1 図 6.22 は，5 章の演習問題 1 と同じ回路である。つぎの問に答えなさい。ただし，電源電圧 $\dot{E}_1, \dot{E}_2$ と各枝のインピーダンス $\dot{Z}_1, \dot{Z}_2, \dot{Z}_3$ は既知とする。
（1）重ね合わせの理を用いて電流 $\dot{I}_3$ を求めなさい。
（2）テブナンの定理を用いて電流 $\dot{I}_3$ を求めなさい。
（3）帆足 - ミルマンの定理を用いて電流 $\dot{I}_3$ を求めなさい。
（4）各定理で求めた電流値が同じ値になることを確かめなさい。

図 6.22　　　　　　　　　　　図 6.23

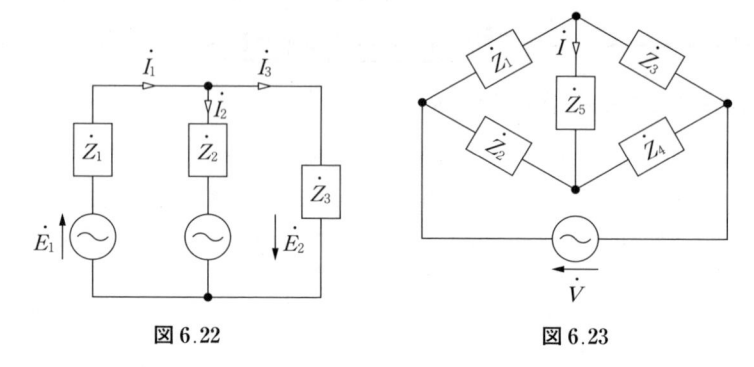

6.2 図 6.23 に示すブリッジ回路のインピーダンス $\dot{Z}_5$ を流れる枝路電流 $\dot{I}$ をテブナン定理を用いて求めなさい。ただし，電源 $\dot{V}$ と各枝のインピーダンス $\dot{Z}_1, \dot{Z}_2, \dot{Z}_3, \dot{Z}_4, \dot{Z}_5$ は既知とする。

6.3 図 6.24 に示す回路（電源電圧 $\dot{V}$，インピーダンス $\dot{Z}_1, \dot{Z}_2$ を含む）の端子 a–b 間にインピーダンス $\dot{Z}_L$ を接続する。そのときに流れる電流 $\dot{I}$ を求めなさい。ただし，端子 a–b 間は，$\dot{Z}_L$ を接続する前は短絡していたものと考え，補償の定理を用いて求めなさい。

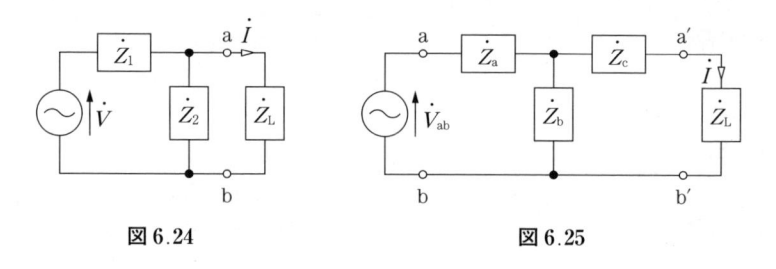

図 6.24　　　　　　　　　　　図 6.25

6.4 図 6.25 に示す回路のインピーダンス $\dot{Z}_L$ を流れる電流 $\dot{I}$ を求めなさい。ただし，a–b 間電圧 $\dot{V}_{ab}$ と各枝のインピーダンス $\dot{Z}_a, \dot{Z}_b, \dot{Z}_c$ は既知とする（補償の定理と重ね合わせの理を用いると解きやすい）。

7. 相互インダクタンス

コイル単体で用いれば，自己インダクタンスのみを考えればよいが，コイルが二つ以上あり，コイルに生じた磁束がほかのコイルへ影響する場合，相互インダクタンスを考慮する必要がある。これを応用した例が変圧器である。本章では，相互インダクタンスの概念を理解し，相互インダクタンスを含む回路（相互誘導結合回路）の解き方も学ぶ。

7.1 自己インダクタンスと相互インダクタンス

2.4.3項でインダクタンスについてすでに学んでいるが，復習をかねてもう一度簡単に説明する。コイルに電流 i を流すとコイルを貫通するように磁束 ϕ が生じ，$\phi = Li$ の関係となる。ここで，L は比例定数を示し，**自己インダクタンス**（self-inductance）という。単位は〔H〕である。さらに，L はコイルの巻線数や幾何学的形状で決まる定数でもある。もし，コイルに電流 $i(t)$ を流すと磁束 $\phi(t)$ も電流と同じように時間変化し，ファラデーの電磁誘導の法則により，コイルの両端には，$\phi(t)$ の時間的変化を妨げる向きに起電力

$$v(t) = \frac{d\phi(t)}{dt} = L\frac{di(t)}{dt}$$

が生じる。

図7.1のようにコイルⅠ，Ⅱがある場合を考える。

図（a）でコイルⅠ（自己インダクタンス L_1）に交流電流 $i_1(t)$ が流れると，磁束 $\phi_{11}(t) = L_1 i_1(t)$ が生じる。よって，コイルⅠでは

$$v_{1L}(t) = \frac{d\phi_{11}(t)}{dt} = L_1 \frac{di_1(t)}{dt}$$

が生じる。また，磁束 $\phi_{11}(t)$ の一部（$\phi_{12}(t)$ がコイルⅡに鎖交し，その結果，コイルⅡの両端に電圧

7. 相互インダクタンス

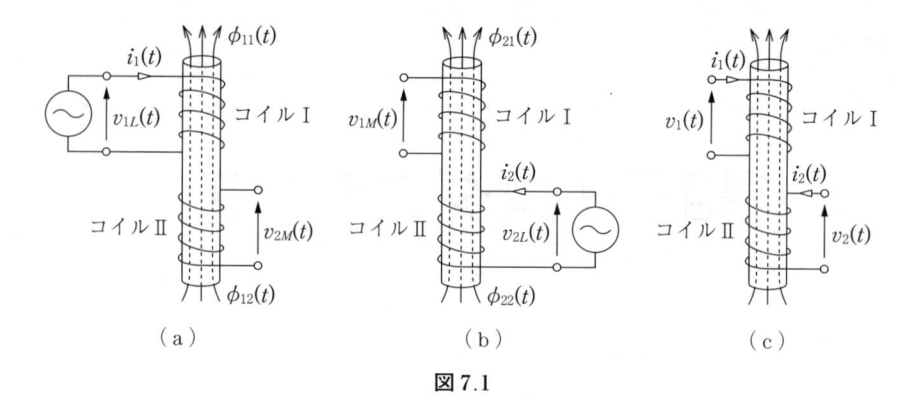

図7.1

$$v_{2M}(t) = \frac{d\phi_{12}(t)}{dt} = M\frac{di_1(t)}{dt}$$

が生じる。ここで，式の比例定数 M を**相互インダクタンス**（mutual inductance）といい，単位は〔H〕である。これはコイルどうしの結合の強さを示す。

つぎに，図（b）のようにコイルⅡ（自己インダクタンス L_2）に電流 $i_2(t)$ が流れると，磁束 $\phi_{22}(t) = L_2 i_2(t)$ が生じ，コイルⅡでは

$$v_{2L}(t) = \frac{d\phi_{22}(t)}{dt} = L_2\frac{di_2(t)}{dt}$$

が生じる。また，磁束 $\phi_{22}(t)$ の一部（$\phi_{21}(t)$）がコイルⅠに鎖交し，その両端に電圧

$$v_{1M}(t) = \frac{d\phi_{21}(t)}{dt} = M\frac{di_2(t)}{dt}$$

も生じる。ここで，図（c）のように交流電流 $i_1(t)$，$i_2(t)$ がコイルⅠおよびⅡを流れたときに生じる各コイルでの起電力は，式（7.1）のようになる。

$$\left.\begin{array}{l} \text{コイルⅠ}: v_1(t) = v_{1L}(t) + v_{1M}(t) = L_1\dfrac{di_1(t)}{dt} + M\dfrac{di_2(t)}{dt} \\[2mm] \text{コイルⅡ}: v_2(t) = v_{2L}(t) + v_{2M}(t) = M\dfrac{di_1(t)}{dt} + L_2\dfrac{di_2(t)}{dt} \end{array}\right\} \quad (7.1)$$

ここで注意すべき点は，相互インダクタンス M による起電力を考慮するの

は，コイルⅠとコイルⅡで生じた磁束がたがいに鎖交している場合だけである。かりに，コイルⅠで生じた磁束が，コイルⅡに鎖交しなければ，コイルⅡでは電流 $i_1(t)$ による起電力は生じない。

7.2 二つのコイルの直列接続

図 7.2（a），（b）は，コイルⅠとコイルⅡを直列に接続している。コイルの端子間で生じる電圧は，コイルの巻き方によってコイルの作る磁束の向きが変わるため発生電圧の極性が変化する。図（a）のようにコイルⅠ，Ⅱに電流 $i(t)$ が流れ，磁束 $\phi_1(t)$，$\phi_2(t)$ が同じ向きに生じ，鎖交するように二つのコイルを接続した場合を**和動的**，図（b）のように磁束 $\phi_1(t)$，$\phi_2(t)$ が打ち消し合うように二つのコイルを接続された場合を**差動的**であるという。実際の回路図では，コイルの巻き方を区別することが難しいため，図（c），（d）のようにインダクタンスの図記号に誘導電圧が加えられる極性か，減じられる極性に•印を付けて区別している。

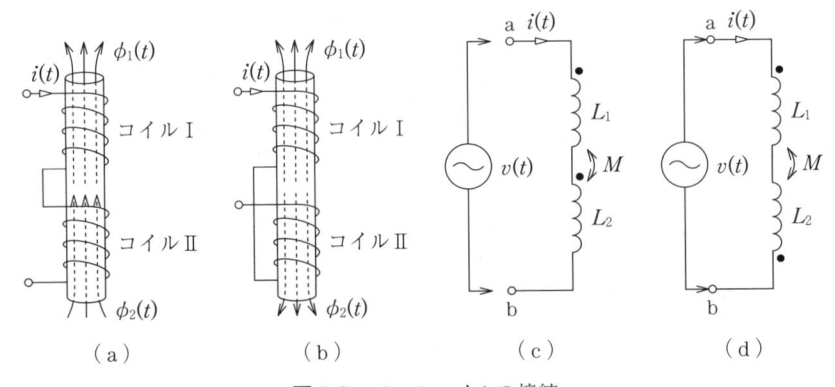

図 7.2 二つのコイルの接続

図（c）の端子 a-b 間に電源 $v(t)$ を接続し，電流 $i(t)$ が流れているとする。ただし，コイルⅠ，Ⅱの自己インダクタンスを L_1，L_2 とし，コイルⅠ，Ⅱ間の相互インダクタンスを M とする。図（c）に示すように誘導電圧が加えられる極性である（和動的）とすると，式（7.1）を用いて誘導電圧 $v(t)$ は，式

(7.2) のように表される。

$$v(t) = v_1(t) + v_2(t) = (L_1 + M)\frac{di(t)}{dt} + (L_2 + M)\frac{di(t)}{dt}$$
$$= (L_1 + L_2 + 2M)\frac{di(t)}{dt} \quad (7.2)$$

つぎに，図（d）の端子 a–b 間に電源 $v(t)$ を接続し，電流 $i(t)$ が流れるとすると誘導電圧が減ぜられる極性（差動的）であるので，式 (7.1) でのコイル II で発生する磁束の向きが反対となり，式 (7.3) のように，電流および誘導電圧がコイル I の場合の逆向きとなる。

$$v(t) = v_1(t) + v_2(t) = L_1\frac{di(t)}{dt} + M\frac{d(-i(t))}{dt} - \left(L_2\frac{d(-i(t))}{dt} + M\frac{di(t)}{dt}\right)$$
$$= (L_1 + L_2 - 2M)\frac{di(t)}{dt} \quad (7.3)$$

式 (7.2) および (7.3) より，二つのコイルを直列に接続したときの合成インダクタンス L_0 は，$L_0 = L_1 + L_2 \pm 2M$ （＋：和動的，－：差動的）となる。

7.3　相互誘導結合

7.3.1　相互誘導結合を含む回路

相互誘導結合（mutual inductive coupling）は，近接した二つのコイルが磁束を介して結合（相互インダクタンスで結合）する現象である。

図 7.3（a）に示すようにコイル I と II が共通の鉄心に巻かれており，直接に導線では接続されていないが，磁束が相互に影響し合うような回路を考え

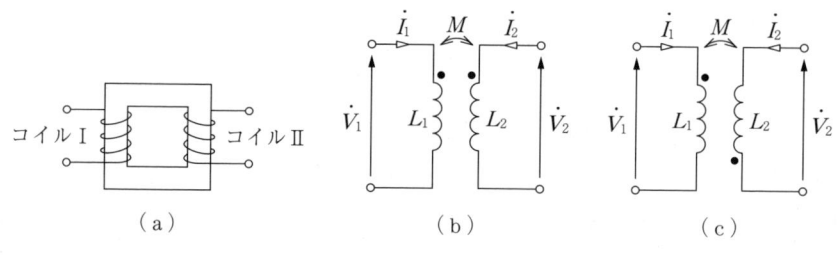

図 7.3

7.3 相互誘導結合

る。

　図（a）の回路では，コイルIに電流を流せば，コイルIで生じた磁束は鉄心を介してコイルIIを貫く。また，コイルIIに電流を流せば，コイルIIで生じた磁束もコイルIを貫くこととなり，コイルIとIIとの間に相互インダクタンスが生じる。図（b），（c）は，相互誘導結合回路の図記号と極性を示し，自己インダクタンス L_1，L_2 の二つのコイルが相互インダクタンス M で結合されていることを示している。極性は，図中の•印で示され，各コイルでの誘導電圧の向きと電流の向きを示す。また，コイルIとIIとの結合の度合いを示す**結合係数** k があり，$k = M/\sqrt{L_1 L_2}$ として示される。$k = 1$ は磁束を漏らすことなく鎖交していることを意味する。

7.3.2　相互誘導結合を含む回路の回路方程式

　図7.4（a）は，図7.3（b）の相互誘導結合を含む回路（自己インダクタンス L_1，L_2 の二つのコイルが相互インダクタンス M で結合）の二次側に負荷を接続した回路である。

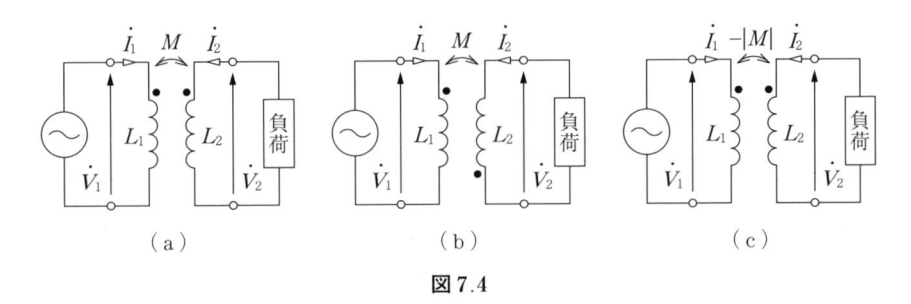

図7.4

　一次側に電源が接続されたとして，一次および二次側の電圧 $v_1(t)$，$v_2(t)$ を求めれば，式（7.1）が得られる。ここで，角周波数が ω 〔rad/s〕の正弦波交流電源の下で動作すると考えて，$v_1(t)$，$v_2(t)$ や $i_1(t)$，$i_2(t)$ を複素数表示すれば式（7.4）が導かれる。

$$\dot{V}_1 = j\omega L_1 \dot{I}_1 + j\omega M \dot{I}_2, \quad \dot{V}_2 = j\omega M \dot{I}_1 + j\omega L_2 \dot{I}_2 \qquad (7.4)$$

　また，図7.4（b）は，二次側の極性が反対である場合の相互誘導結合回路を示し，電圧と電流との関係式を求めると，式（7.5）が求められる。

$$\left.\begin{array}{l}\dot{V}_1 = j\omega L_1 \dot{I}_1 - j\omega M \dot{I}_2 = j\omega L_1 \dot{I}_1 + j\omega(-M)\dot{I}_2 \\ \dot{V}_2 = -j\omega M \dot{I}_1 + j\omega L_2 \dot{I}_2 = j\omega(-M)\dot{I}_1 + j\omega L_2 \dot{I}_2\end{array}\right\} \quad (7.5)$$

式 (7.5) の M の負の符号は，差動的結合であることを示している。もし，$M<0$ を許すならば，・の位置を図 (a) と同じにして図 (c) のように表すこともできる。すなわち図 (b) と (c) は等価である。

図 7.5 (a) は，相互誘導結合回路（自己インダクタンス L_1, L_2 の二つのコイルが相互インダクタンス M で結合されている）の一次側に電源電圧 $\dot{E}$，二次側にインピーダンス $\dot{Z}$（負荷）が接続されている。

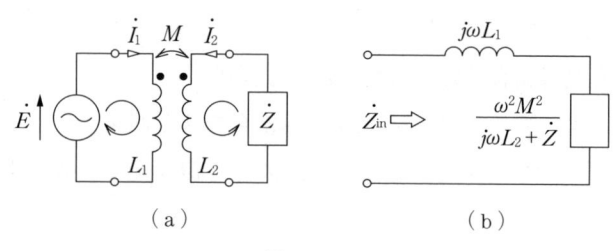

図 7.5

回路方程式は，式 (7.4) の $\dot{V}_1 = \dot{E}$，$\dot{V}_2 = -\dot{Z}\dot{I}_2$（$\dot{I}_2$ の流れる向きにより $\dot{Z}$ に生じる電圧の向きは，$\dot{V}_2$ の向きが逆になるため，負の符号になることに注意する）となる。これより，式 (7.4) に $\dot{V}_1 = \dot{E}$，$\dot{V}_2 = -\dot{Z}\dot{I}_2$ と代入すると式 (7.6) が導かれる。

$$\left.\begin{array}{l}\dot{E} = j\omega L_1 \dot{I}_1 + j\omega M \dot{I}_2 \\ 0 = j\omega M \dot{I}_1 + j\omega L_2 \dot{I}_2 + \dot{Z}\dot{I}_2\end{array}\right\} \quad (7.6)$$

式 (7.6) の第 2 式から

$$\dot{I}_2 = \frac{-j\omega M}{j\omega L_2 + \dot{Z}} \dot{I}_1$$

が求められ，$\dot{E}$ と $\dot{I}_1$ の関係式を求めると

$$\dot{E} = j\omega L_1 \dot{I}_1 + j\omega M \left(-\frac{j\omega M}{j\omega L_2 + \dot{Z}} \dot{I}_1\right) = \left(j\omega L_1 + \frac{\omega^2 M^2}{j\omega L_2 + \dot{Z}}\right) \dot{I}_1$$

が得られる。回路の電源側から見た $\dot{E}/\dot{I}(=\dot{Z}_{in})$ の値は，一次側から見たインピーダンスを示し，**入力インピーダンス**（input impedance）といわれ

$$\dot{Z}_{in} = j\omega L_1 + \frac{\omega^2 M^2}{j\omega L_2 + \dot{Z}}$$

となる。この等価回路は図（b）に示すように，電源から見ると $j\omega L_1$ と負荷 $\omega^2 M^2/(j\omega L_2 + \dot{Z})$ が直列に接続されたものとなる。また，電流比は

$$\frac{\dot{I}_2}{\dot{I}_1} = -\frac{j\omega M}{j\omega L_2 + \dot{Z}}$$

となる。

7.3.3 相互誘導結合を含む回路のT形等価回路

式（7.4）の $\dot{V}_1$ の右辺に $-j\omega M\dot{I}_1 + j\omega M\dot{I}_1$ を加え，$\dot{V}_2$ の右辺に $-j\omega M\dot{I}_2 + j\omega M\dot{I}_2$ を加えると，式（7.7）を得る。

$$\left.\begin{array}{l}\dot{V}_1 = j\omega L_1\dot{I}_1 + j\omega M\dot{I}_2 = j\omega(L_1 - M)\dot{I}_1 + j\omega M(\dot{I}_1 + \dot{I}_2) \\ \dot{V}_2 = j\omega M\dot{I}_1 + j\omega L_2\dot{I}_2 = j\omega M(\dot{I}_1 + \dot{I}_2) + j\omega(L_2 - M)\dot{I}_2\end{array}\right\} \quad (7.7)$$

式（7.7）より図7.4（a）の相互誘導結合回路の部分は，**図7.6**（a）の三つのインダクタンスをT形接続した回路と等価になる。

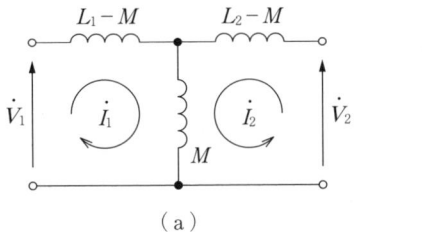

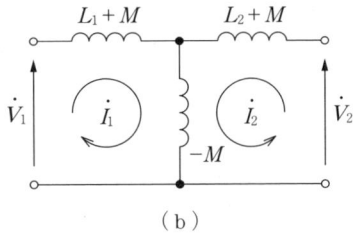

図7.6 T形接続した回路

同様に式（7.5）を変形すると式（7.8）が得られる。

$$\left.\begin{array}{l}\dot{V}_1 = j\omega L_1\dot{I}_1 - j\omega M\dot{I}_2 = j\omega(L_1 + M)\dot{I}_1 - j\omega M(\dot{I}_1 + \dot{I}_2) \\ \dot{V}_2 = -j\omega M\dot{I}_1 + j\omega L_2\dot{I}_2 = -j\omega M(\dot{I}_1 + \dot{I}_2) + j\omega(L_2 + M)\dot{I}_2\end{array}\right\} \quad (7.8)$$

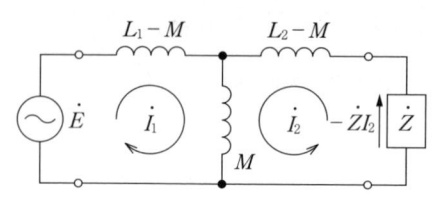

図 7.7 T形等価回路

式(7.8)より図7.4(b)の等価回路として，図7.6(b)が得られる。

ここで，7.3.2項の回路（図7.5(a)）をT形等価回路（**図 7.7**）に変換し，回路方程式を求めると式(7.9)が得られる。

$$\left. \begin{array}{l} \dot{E} = j\omega L_1 \dot{I}_1 + j\omega M \dot{I}_2 = j\omega(L_1 - M)\dot{I}_1 + j\omega M(\dot{I}_1 + \dot{I}_2) \\ 0 = j\omega M \dot{I}_1 + j\omega L_2 \dot{I}_2 + \dot{Z}\dot{I}_2 = j\omega M(\dot{I}_1 + \dot{I}_2) + j\omega(L_2 - M)\dot{I}_2 + \dot{Z}\dot{I}_2 \end{array} \right\} \quad (7.9)$$

相互インダクタンスの効果は，コイル M がインピーダンス Z と並列に入ることで置き換えられる。このように相互インダクタンスで結合した回路を等価回路で置き換えて解く方法も有効である。

例題7.1 図7.8(a)のような一次側に電圧 $\dot{V}$ が印加されている相互誘導結合回路（自己インダクタンス L_1，L_2 の二つのコイルが相互インダクタンス M で結合）がある。ただし，一次側に抵抗 r_1 が，二次側には負荷として抵抗 r_2 が接続されている。つぎの問に答えなさい。

（1）入力端子 a-a' から見たインピーダンス $\dot{Z}_{in}(=\dot{V}/\dot{I}_1)$ を求めなさい。
（2）一次側および二次側に流れる電流 $\dot{I}_1$，$\dot{I}_2$ を求めなさい。
（3）全消費電力（一次側と二次側の電力の和）を求めなさい。

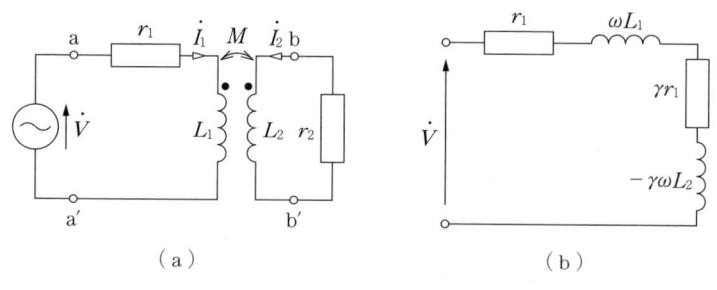

図 7.8

解 （1）キルヒホッフの電圧則を用いて一次側と二次側の回路方程式を求める。
　　一次側：$\dot{V} = r_1 \dot{I}_1 + j\omega L_1 \dot{I}_1 + j\omega M \dot{I}_2$　　二次側：$0 = r_2 \dot{I}_2 + j\omega L_2 \dot{I}_2 + j\omega M \dot{I}_1$
これから

7.3 相互誘導結合

$$\dot{I}_2 = \frac{-j\omega M}{r_2 + j\omega L_2}\dot{I}_1, \quad \dot{V} = (r_1 + j\omega L_1)\dot{I}_1 + j\omega M\left(\frac{-j\omega M}{r_2 + j\omega L_2}\dot{I}_1\right)$$

が得られ

$$\dot{Z}_1\dot{I}_1 + \dot{Z}_m\dot{I}_2 = \dot{V}$$
$$\dot{Z}_m\dot{I}_1 + \dot{Z}_2\dot{I}_2 = 0$$

$$\therefore \dot{I}_1 = \frac{\dot{Z}_2}{\dot{Z}_1\dot{Z}_2 - \dot{Z}_m^2}\dot{V}$$

入力端子 a-a′ から見たインピーダンス $\dot{Z}_{in}(=\dot{V}/\dot{I}_1)$ と,その合成抵抗 R とリアクタンス X を求めると,つぎのようになる.

$$\dot{Z}_{in} = R + jX = r_1 + j\omega L_1 - \frac{(j\omega M)^2}{r_2 + j\omega L_2} = \left(r_1 + \frac{r_2\omega^2 M^2}{r_2^2 + \omega^2 L_2^2}\right) + j\left(\omega L_1 - \frac{L_2\omega^3 M^2}{r_2^2 + \omega^2 L_2^2}\right)$$

$$R = r_1 + \frac{\omega^2 M^2}{r_2^2 + \omega^2 L_2^2}r_2 = r_1 + \gamma r_2$$

$$X = \omega L_1 - \frac{\omega^2 M^2}{r_2^2 + \omega^2 L_2^2}\omega L_2 = \omega L_1 - \gamma\omega L_2$$

$$\gamma = \frac{\omega^2 M^2}{r_2^2 + \omega^2 L_2^2}$$

二次側のインピーダンスが一次側の γ 倍で効き,その結果,抵抗分は γr_2 増加し,リアクタンス分は $\gamma\omega L_2$ 減少する.図(b)にその等価回路を示す.

(2) 問(1)よりつぎのように求められる.

$$\dot{I}_1 = \frac{r_2 + j\omega L_2}{(r_1 + j\omega L_1)(r_2 + j\omega L_2) + (\omega M)^2}\dot{V}, \quad \dot{I}_2 = \frac{j\omega M}{(r_1 + j\omega L_1)(r_2 + j\omega L_2) + (\omega M)^2}\dot{V}$$

(3) 全消費電力は,$P_a = |\dot{V}||\dot{I}_1|\cos\phi = |\dot{I}_1|^2(\dot{Z}_{in}$ の実部:$R)$ である.ただし,$\dot{Z}_{in}(=\dot{V}/\dot{I}_1)$ は,問(1)で求めた入力端子 a-a′ から見たインピーダンスである.

$$P_a = |\dot{I}_1|^2(r_1 + \gamma r_2) = |\dot{I}_1|^2 r_1 + \gamma|\dot{I}_1|^2 r_2$$

$$\dot{I}_2 = \frac{-j\omega M}{r_2 + j\omega L_2}\dot{I}_1$$

から

$$|\dot{I}_2|^2 = \frac{\omega^2 M^2}{r_2^2 + \omega^2 L_2^2}|\dot{I}_1|^2 = \gamma|\dot{I}_1|^2$$

の関係が導かれる.

よって $P_a = |\dot{I}_1|^2 r_1 + |\dot{I}_2|^2 r_2$ となる.すなわち,消費電力は一次側と二次側の電力の和に等しい.

7.3.4 変　圧　器

図7.3（a）に示すように共通の鉄心の周囲に二つのコイルを巻いて磁気的結合を高めた機器が変圧器である．特にコイルⅠ，Ⅱの発生磁束が漏れることなくすべてたがいを鎖交するものを**理想変圧器**（ideal transformer）と呼ぶ．

図7.9のように理想変圧器の一次側コイルⅠに電源$\dot{E}_1$を接続し，二次側のコイルⅡを開放とすると，コイルⅡの両端には電圧が生じる．その電圧を$\dot{E}_2$とすると$\dot{I}_{20}=0$なので，$\dot{E}_1=j\omega L_1\dot{I}_{10}$，$\dot{E}_2=j\omega M\dot{I}_{10}$となる．ここでコイルⅠとⅡの巻数比を$1:n$とする．

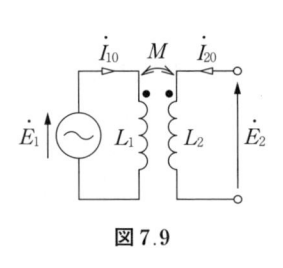

さて，電圧$\dot{E}_1$，$\dot{E}_2$の瞬時値$e_1(t)$，$e_2(t)$は，コイルⅠの発生する磁束をϕ_1，コイルⅡの発生する磁束をϕ_2とすればつぎのように表される．

図7.9

$$e_1(t)=\frac{d\phi_1}{dt}=L_1\frac{di_{10}(t)}{dt}$$

$$e_2(t)=\frac{d\phi_2}{dt}=\frac{d(n\phi_1)}{dt}=n\frac{d\phi_1}{dt}=ne_1(t)$$

ここで，コイルⅡの巻数がコイルⅠのn倍であるから，$\phi_2=n\phi_1$となる．したがって，$e_2(t)=ne_1(t)$であり，$\dot{E}_2=n\dot{E}_1$となり，$\dot{E}_2$は$\dot{E}_1$のn倍となっている．$\dot{E}_2$と$\dot{E}_1$の電圧比は，コイルの巻数比と同じとなる．変圧器と呼ばれるのはこのためである．

また，$\dot{E}_2=j\omega M\dot{I}_{10}=n\dot{E}_1=n(j\omega L_1\dot{I}_{10})$となるので$M=nL_1$であることもわかる．回路の一次側と二次側を入れ換えて同じことを行うと$M=L_2/n$となる．したがって，$L_1:M:L_2=1:n:n^2$，$M=L_1L_2$となっていることがわかる．

さらに，理想変圧器では，鉄心の透磁率が十分に大きく，一次側のコイルⅠに磁束を生じさせるために必要な電流$\dot{I}_{10}$を0と考える．つまり，L_1を∞と考える．このような理想変圧器の二次側に負荷$\dot{Z}_L$を接続すると，$j\omega L_1$，$j\omega L_2$，$j\omega M \gg \dot{Z}_L$となる．

図7.10において，$j\omega L_1$，$j\omega L_2$，$j\omega M \gg \dot{Z}_L$，$L_1L_2=M$および$L_2=nM=n^2L_1$

とすると，回路方程式はつぎのようになる。

$$\dot{E}_1 = j\omega L_1 \dot{I}_1 + j\omega M \dot{I}_2$$
$$0 = j\omega M \dot{I}_1 + j\omega L_2 \dot{I}_2 + \dot{Z}_L \dot{I}_2$$

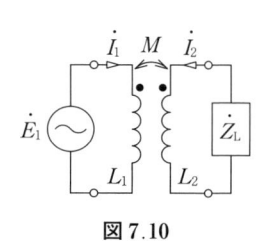

これを解くと

$$\dot{I}_2 = -\frac{j\omega M}{j\omega L_2 + \dot{Z}_L} \dot{I}_1 \fallingdotseq -\frac{1}{n} \dot{I}_1$$

図 7.10

となり，$\dot{E}_1$ の式に代入するとつぎのようになる。

$$\dot{E}_1 = j\omega L_1 \dot{I}_1 + j\omega M \left(-\frac{j\omega M}{j\omega L_2 + \dot{Z}_L} \right) \dot{I}_1 = \left(j\omega L_1 + \frac{\omega^2 M}{j\omega L_2 + \dot{Z}_L} \right) \dot{I}_1$$

$$= \frac{-\omega^2 L_1 L_2 + j\omega L_1 \dot{Z}_L + \omega^2 M}{j\omega L_2 + \dot{Z}_L} \dot{I}_1 = \frac{j\omega L_1 \dot{Z}_L}{j\omega L_2 + \dot{Z}_L} \dot{I}_1 \fallingdotseq \frac{L_1}{L_2} \dot{Z}_L \dot{I}_1 = \frac{1}{n^2} \dot{Z}_L \dot{I}_1$$

二次側の電圧 $\dot{E}_2$ は

$$\dot{E}_2 = -\dot{Z}_L \dot{I}_2 = -\dot{Z}_L \left(-\frac{1}{n} \right) \dot{I}_1 = \frac{\dot{Z}_L}{n} \dot{I}_1 = n \dot{E}_1$$

となる。つまり二次側の電圧は，一次側の電圧の n 倍となり，二次側の電流は，一次側の電流の $1/n$ 倍となっている。また，このことから

$$\dot{E}_1 \dot{I}_1 = \frac{1}{n} \dot{E}_1 \left(-n \dot{I}_2 \right) = -\dot{E}_2 \dot{I}_2$$

となり，一次側に投入したエネルギーはすべて二次側から出力されていることもわかる。さらに，一次側から見たインピーダンス $\dot{Z}_{in}$ は

$$\dot{Z}_{in} = \frac{\dot{E}_1}{\dot{I}_1} = \frac{1}{n^2} \dot{Z}_L$$

となり，負荷インピーダンス $\dot{Z}_L$ の $1/n^2$ となっている。このことは変圧器がインピーダンス変換器の機能を持つことを示している。インピーダンス変換を行う機器を**変成器**（tranformer）と呼ぶが，変圧器と変成器は同一のものである。理想変圧器の図記号を**図 7.11** に示す。図中の n_1 は一次側の巻数比，n_2 は二次側の巻数比である。

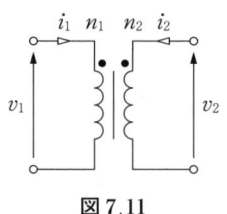

図 7.11

7. 相互インダクタンス

コーヒーブレイク

「電源コンセントの形状」

外国へ旅行するとわかるが，電源コンセントの形状が国によって異なる。また，電源電圧も 100 V～220 V と異なる。そう考えると日本の電化製品を持っていっても動かせない，動かないもしくは壊れるといった現象が生じる。外国へ日本の電化製品を持っていく場合は，事前に調査し対応したほうがよい。

話は変わるが，電源だけでなく，外国と日本では，ビデオや DVD などの録画形式などが異なることから，外国で購入したビデオや DVD が日本の機器では再生できないこともあるので注意すること。

本章のまとめ

- **7.1** コイルが二つ以上あり，コイルで生じた磁束がほかのコイルへ影響する場合，相互インダクタンスを考慮する必要がある（相互誘導結合を含む回路）。
- **7.2** 相互誘導結合を含む回路（自己インダクタンス L_1, L_2 の二つのコイルが相互インダクタンス M で結合）の一次側および二次側の電圧はつぎのように示される。

$$\dot{V}_1 = j\omega L_1 \dot{I}_1 + j\omega M \dot{I}_2, \quad \dot{V}_2 = j\omega M \dot{I}_1 + j\omega L_2 \dot{I}_2 \quad (\text{和動的})$$
$$\dot{V}_1 = j\omega L_1 \dot{I}_1 + j\omega(-M)\dot{I}_2, \quad \dot{V}_2 = j\omega(-M)\dot{I}_1 + j\omega L_2 \dot{I}_2 \quad (\text{差動的})$$

- **7.3** 相互誘導結合回路を解く場合，T 形等価回路に変換しても解ける。
- **7.4** 理想変圧器では，電力は消費も蓄積されないため，二次側では一次側の電圧の n 倍，電流は $1/n$ 倍となる。このことから，一次側に投入したエネルギーはすべて二次側から出力されている。さらに，一次側から見たインピーダンス $\dot{Z}_{in}$ は，$\dot{Z}_L/n^2$ となり，負荷インピーダンス $\dot{Z}_L$ の $1/n^2$ となる。

演 習 問 題

7.1 図 7.12 に示す回路の端子 a-b 間に端子電圧 $\dot{V}_{ab}$（角周波数 ω）が加えられたときの電流 $\dot{I}_1$ および $\dot{I}_2$ を求めなさい。ただし，変成器（自己インダクタンス L_1, L_2 の二つのコイルが相互インダクタンス M と結合）とキャパシタンス C_1, C_2 は既知とする。

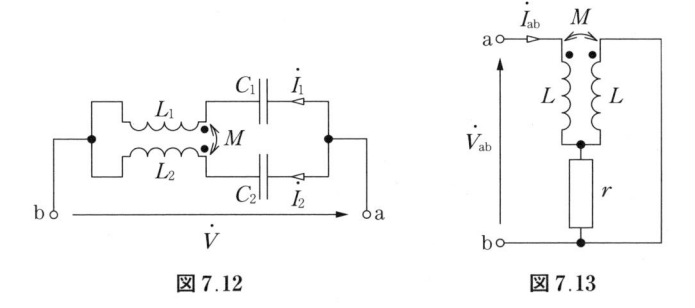

図 7.12

図 7.13

7.2 図 7.13 に示す回路がある。端子 a-b 間に端子電圧 $\dot{V}_{ab}$（角周波数 ω）を加えたときに流れる電流 $\dot{I}_{ab}$ を求めなさい。ただし，変成器（自己インダクタンス L の二つのコイルが相互インダクタンス M と結合），抵抗 r は既知とする。

7.3 図 7.14 に示す回路において電流 $\dot{I}_1$ および $\dot{I}_2$ を求めなさい。さらに，端子 a–b 側から見たインピーダンス $\dot{Z}_{ab}$ を求めなさい。ただし，$\dot{V}_{ab} = 10$ V，$r_1 = 20\ \Omega$，$r_2 = 10\ \Omega$，$\omega L_1 = 20\ \Omega$，$\omega L_2 = 10\ \Omega$，$\omega M = 10\ \Omega$，$1/\omega C = 20\ \Omega$ である。

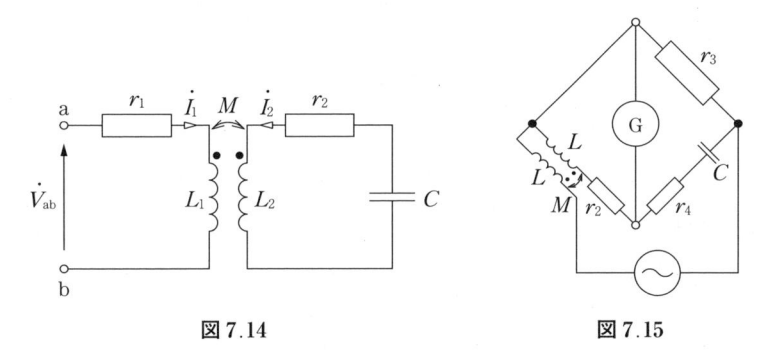

図 7.14

図 7.15

7.4 図 7.15 に示すブリッジは，**ケーリー・フォスターブリッジ**（Carey-Foster bride）と呼ばれている。このブリッジの検流計Ⓖに電流が流れない条件（ブリッジの平衡条件）を求めなさい。ただし，変成器（自己インダクタンス L の二つのコイルが相互インダクタンス M と結合），抵抗 r_2，r_3 は既知であり，抵抗 r_4 とキャパシタンス C は未知とする。

8. ひずみ波交流

　本章では，ひずみ波交流が1，2章で学んだ直流成分と複数の正弦波交流成分で構成される周期波形であることを理解する．6章で学んだ重ね合わせの理を用いて，3章の正弦波交流の記号法や4章の電力の計算法をひずみ波交流にも適用できることを学ぶ．

　つぎにひずみ波交流をフーリエ級数に展開する方法を理解する．特殊波形のフーリエ級数の簡易展開法も学び，三角波や方形波などのひずみ波交流をフーリエ級数に展開して，直流成分と複数の正弦波交流成分の集まりとして重ね合わせの理により取り扱えることを理解する．

8.1　ひずみ波交流の定義

　2章で学んだように，正弦波交流の電圧や電流の瞬時値は，正弦波関数 $\sin\omega t$ を用いて表すことができる．この正弦波交流がひずんで，単純な正弦波ではなくなった周期波形（周期は $T=2\pi/n\omega$）を**ひずみ波**（distorted wave または**非正弦波**：non-sine wave）**交流**という．後出の方形波や三角波などはすべてひずみ波交流として取り扱うことができる．ひずみ波交流は，8.4節で学ぶように，直流成分と周期 $T=2\pi/n\omega$ の正弦波成分の集まりで表される．ひずみ波交流の電圧は，直流成分と周期の n 倍の正弦波成分の和として式 (8.1) で表される．

$$v(t)=V_0+\sum_{n=1}^{\infty}v_n(t)=V_0+\sum_{n=1}^{\infty}V_n\sin(n\omega t+\theta_n) \tag{8.1}$$

ここで，V_0 は直流成分，V_1 は**基本波**（fundamental wave）の成分の振幅，V_2, $\cdots$, V_n は**高調波**（harmonics）の成分の振幅，θ_n は初期位相である．また，ひずみ波交流の電流についても，正弦波電流と同様に負荷の位相角を φ_n として式 (8.2) で表される．

8.1 ひずみ波交流の定義

$$i(t) = I_0 + \sum_{n=1}^{\infty} i_n(t) = I_0 + \sum_{n=1}^{\infty} I_n \sin(n\omega t + \theta_n - \varphi_n) \tag{8.2}$$

ここで，I_0 は直流成分，I_1 は基本波成分の振幅，I_2, …, I_n は高調波成分の振幅である。一方，ひずみ波交流の電圧の実効値 V_e は，式 (2.6) の正弦波交流の実効値と同様に，瞬時値の 2 乗平均の平方根として式 (8.3) で表される。

$$V_e = \sqrt{\frac{1}{T}\int_0^T v^2(t)\,dt} \tag{8.3}$$

この瞬時値の 2 乗は，式 (8.1) を代入して式 (8.4) で求められる。

$$\begin{aligned}
v^2(t) &= \left\{V_0 + \sum_{n=1}^{\infty} V_n \sin(n\omega t + \theta_n)\right\}^2 \\
&= V_0^2 + 2V_0 \sum_{n=1}^{\infty} V_n \sin(n\omega t + \theta_n) + \sum_{n=1}^{\infty} V_n^2 \sin^2(n\omega t + \theta_n) \\
&\quad + \sum_{m=1}^{\infty}\sum_{n=1}^{\infty} V_m V_n \sin(m\omega t + \theta_m)\sin(n\omega t + \theta_n)
\end{aligned} \tag{8.4}$$

ここで第 4 項は $m \neq n$ の掛け合わせを表し，$m = n$ のときは第 3 項となる。このあと証明するように，式 (8.4) の第 2 項と第 4 項は積分すると 0 になり，ひずみ波交流の実効値 V_e は式 (8.5) で表される。

$$V_e = \sqrt{V_0^2 + \sum_{n=1}^{\infty} \frac{V_n^2}{2}} = \sqrt{V_0^2 + \sum_{n=1}^{\infty} V_{ne}^2} = \sqrt{V_0^2 + V_{1e}^2 + V_{2e}^2 + \cdots} \tag{8.5}$$

ここで，V_0 は直流成分，V_{1e} は基本波成分の実効値，V_{2e}, …, V_{ne} は高調波成分の実効値を表す。

[式 (8.4) の積分の証明]

式 (8.4) の右辺の第 1 項の積分は

$$\frac{1}{T}\int_0^T V_0^2\,dt = \frac{V_0^2}{T}[t]_0^T = V_0^2$$

右辺の第 3 項の積分は

$$\begin{aligned}
\frac{1}{T}\int_0^T \sum_{n=1}^{\infty} V_n^2 \sin^2(n\omega t + \theta_n)\,dt &= \frac{1}{T}\sum_{n=1}^{\infty}\int_0^T V_n^2 \frac{1-\cos 2(n\omega t + \theta_n)}{2}\,dt \\
&= \sum_{n=1}^{\infty} \frac{V_n^2}{2} = \sum_{n=1}^{\infty} V_{ne}^2
\end{aligned}$$

右辺の第 2 項の積分は

$$\frac{2}{T}\int_0^T V_0 \sum_{n=1}^{\infty} V_n \sin(n\omega t + \theta_n) dt = \frac{2V_0}{T} \sum_{n=1}^{\infty} \int_0^T V_n \sin(n\omega t + \theta_n) dt = 0$$

右辺の第4項の積分は，$m \neq n$ であることに注意して

$$\frac{1}{T}\int_0^T \sum_{m=1}^{\infty} \sum_{n=1}^{\infty} V_m V_n \sin(m\omega t + \theta_m) \sin(n\omega t + \theta_n) dt$$

$$= \frac{1}{T} \sum_{m=1}^{\infty} \sum_{n=1}^{\infty} \int_0^T V_m V_n \frac{\cos\{(m-n)\omega t + \theta_m - \theta_n\} + \cos\{(m+n)\omega t + \theta_m + \theta_n\}}{2} dt = 0$$

となる．同様にひずみ波交流の電流の実効値 I_e は式 (8.6) で表される．

$$I_e = \sqrt{I_0^2 + \sum_{n=1}^{\infty} \frac{I_n^2}{2}} = \sqrt{I_0^2 + \sum_{n=1}^{\infty} I_{ne}^2} = \sqrt{I_0^2 + I_{1e}^2 + I_{2e}^2 + \cdots} \qquad (8.6)$$

ここで，I_0 は直流成分，I_{1e} は基本波成分の実効値，I_{2e}，$\cdots$，I_{ne} は高調波成分の実効値を表す．

例題 8.1 抵抗 R とキャパシタンス C の直列回路において基本波の角周波数が ω のとき，**第 n 高調波**（n th-harmonic）の電圧 $v_n(t)$ に対するインピーダンス $\dot{Z}_n$ とその絶対値 $|\dot{Z}_n|$ を求めなさい．また，負荷の位相角 φ_n を求めなさい．

解 第 n 高調波の電圧の実効値を V_{ne} とする．角周波数 ω_n は $n\omega$ と表されるので，第 n 高調波の電圧の瞬時値 $v_n(t)$ は次式で表される．

$$v_n(t) = \sqrt{2}\, V_{ne} \sin n\omega t \quad (n \geq 2)$$

これより，第 n 高調波に対する回路のインピーダンスは次式で表される．

$$\dot{Z}_n = R + \frac{1}{jn\omega C}$$

一方，インピーダンスの絶対値は次式となる．

$$|\dot{Z}_n| = \sqrt{R^2 + \frac{1}{(n\omega C)^2}}$$

また，負荷の位相角は次式で与えられる．

$$\varphi_n = \tan^{-1} \frac{X_n}{R} = \tan^{-1} \left(\frac{-1}{n\omega CR} \right)$$

8.2 ひずみ波交流の電力

ひずみ波交流の瞬時電力は式 (4.1) の正弦波交流の瞬時電力と同様に，式 (8.1) のひずみ波交流の瞬時電圧と式 (8.2) の瞬時電流を用いて式 (8.7) で与えられる．

$$p(t) = v(t) i(t)$$

$$= \left\{ V_0 + \sum_{n=1}^{\infty} \sqrt{2}\, V_{ne} \sin(n\omega t + \theta_n) \right\} \left\{ I_0 + \sum_{n=1}^{\infty} \sqrt{2}\, I_{ne} \sin(n\omega t + \theta_n - \varphi_n) \right\}$$

$$= V_0 I_0 + \sum_{n=1}^{\infty} 2 V_{ne} I_{ne} \sin(n\omega t + \theta_n) \sin(n\omega t + \theta_n - \varphi_n)$$

$$+ V_0 \sum_{n=1}^{\infty} \sqrt{2}\, I_{ne} \sin(n\omega t + \theta_n - \varphi_n) + I_0 \sum_{n=1}^{\infty} \sqrt{2}\, V_{ne} \sin(n\omega t + \theta_n)$$

$$+ \sum_{m=1}^{\infty} \sum_{n=1}^{\infty} 2 V_{me} I_{ne} \sin(m\omega t + \theta_m) \sin(n\omega t + \theta_n - \varphi_n) \tag{8.7}$$

ここで第5項は $m \neq n$ の掛け合わせを表し，$m=n$ のときは第2項となる。ひずみ波交流の瞬時電力の平均値である有効電力は，式 (4.2) の正弦波交流と同様に瞬時電力を1周期にわたって積分することで求められる。式 (8.7) の第3～5項の積分は，正弦波交流と同様に0となり，ひずみ波交流の有効電力は

$$P_a = \frac{1}{T} \int p(t) dt$$

$$= \frac{1}{T} \int_0^T V_0 I_0 dt + \frac{1}{T} \sum_{n=1}^{\infty} \int_0^T 2 V_{ne} I_{ne} \sin(n\omega t + \theta_n) \sin(n\omega t + \theta_n - \varphi_n) dt$$

$$= V_0 I_0 + \frac{1}{T} \sum_{n=1}^{\infty} V_{ne} I_{ne} \int_0^T \left\{ \cos\varphi_n - \cos(2n\omega t + 2\theta_n - \varphi_n) \right\} dt$$

$$= V_0 I_0 + \sum_{n=1}^{\infty} V_{ne} I_{ne} \cos\varphi_n \tag{8.8}$$

で与えられる。これは正弦波交流と同様に実際に抵抗で消費される電力に相当し，ひずみ波交流の有効電力 P_a となる。一方，ひずみ波交流の皮相電力 P は式 (4.11) の正弦波交流の皮相電力と同様に式 (8.9) で求められる。

$$P = V_e I_e = \sqrt{\left(V_0^2 + \sum_{n=1}^{\infty} V_{ne}^2\right)\left(I_0^2 + \sum_{n=1}^{\infty} I_{ne}^2\right)} \tag{8.9}$$

また，式 (4.12) の正弦波と同様に，ひずみ波交流の有効電力は $P_a = P \times \cos\varphi$ と表されるので，ひずみ波交流の力率 $\cos\varphi$ は式 (8.10) となる。

$$\cos\varphi = \frac{P_a}{P} = \frac{V_0 I_0 + \sum_{n=1}^{\infty} V_{ne} I_{ne} \cos\varphi_n}{\sqrt{\left(V_0^2 + \sum_{n=1}^{\infty} V_{ne}^2\right)\left(I_0^2 + \sum_{n=1}^{\infty} I_{ne}^2\right)}} \tag{8.10}$$

例題 8.2
図 8.1 の抵抗 50 Ω，インダクタンス 150 mH の直列回路に，50 Hz のひずみ波交流電圧 $v = 750\sin\omega t - 500\sin3\omega t$ 〔V〕を印加した。つぎの問に答えなさい。

（1）基本波と高調波に対する負荷のインピーダンス $\dot{Z}$，絶対値 $|\dot{Z}|$ と位相角 φ をそれぞれ求めなさい。

（2）基本波と高調波の瞬時値電流 i をそれぞれ求めなさい。

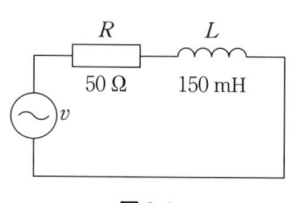

図 8.1

（3）基本波電流と高調波電流の実効値 $|I_e|$ をそれぞれ求めなさい。

（4）基本波と高調波に対する負荷の力率 $\cos\varphi$，皮相電力 P および有効電力 P_a をそれぞれ求めなさい。

解 （1）基本波に対しては

$$\dot{Z}_1 = R + j\omega L = 50 + j47.1 \ 〔\Omega〕, \quad |\dot{Z}_1| = \sqrt{R^2 + X_1^2} = 68.7 \ \Omega$$

$$\varphi_1 = \tan^{-1}\frac{X_1}{R} = 0.756 \ \text{rad}$$

一方，高調波に対しては

$$\dot{Z}_3 = R + j3\omega L = 50 + j141 \ 〔\Omega〕, \quad |\dot{Z}_3| = 150 \ \Omega, \quad \varphi_3 = 1.23 \ \text{rad}$$

（2）正弦波交流電流の瞬時値は，3 章の記号法で学んだように複素数表示の虚部で与えられる。

$$\dot{I}_n = \frac{\dot{V}_n}{\dot{Z}_n} = \frac{V_{ne}e^{j\theta_n}}{|\dot{Z}_n|e^{j\varphi_n}}, \quad i_n = \frac{\sqrt{2}\ V_{ne}}{|\dot{Z}_n|}\sin(n\omega t + \theta_n - \varphi_n)$$

基本波の瞬時値電流は

$$i_1 = \frac{750}{68.7}\sin(\omega t - \varphi_1) = 10.9\sin(314t - 0.756) \ 〔\text{A}〕$$

高調波の瞬時値電流は

$$i_3 = \frac{-500}{150}\sin(3\omega t - \varphi_3) = -3.33\sin(942t - 1.23) \ 〔\text{A}〕$$

（3）基本波電流の実効値は

$$I_{1e} = \frac{I_1}{\sqrt{2}} = \frac{10.9}{\sqrt{2}} = 7.73 \ \text{A}$$

高調波電流の実効値は

$$I_{3e} = \frac{3.33}{\sqrt{2}} = 2.36 \ \text{A}$$

（4）力率は，（有効電力）÷（皮相電力）で求められる。

基本波の力率は

$$\cos\varphi_1 = \frac{R}{|\dot{Z}_1|} = \frac{50}{68.7} = 0.728$$

高調波の力率は

$$\cos\varphi_3 = \frac{R}{|\dot{Z}_3|} = 0.333$$

皮相電力は，$P = V_e I_e$ で求められる。

基本波の皮相電力は

$$P_1 = \frac{750}{\sqrt{2}} \times 7.73 = 4.11 \text{ kV·A}$$

高調波の皮相電力は

$$P_3 = \frac{500}{\sqrt{2}} \times 2.36 = 0.835 \text{ kV·A}$$

有効電力は，（皮相電力）×（力率）で求められる。

基本波の有効電力は

$$P_{1a} = P_1 \cos\varphi_1 = 4.11 \times 0.728 = 2.99 \text{ kW}$$

高調波の有効電力は

$$P_{3a} = 0.835 \times 0.333 = 0.278 \text{ kW}$$

8.3　ひずみ波交流の波形率，波高率，ひずみ率

ひずみ波交流は直流成分と正弦波成分の集まりで表されるので，これまで正弦波と同様に実効値や有効電力などを考えてきた。ここでは，さらにひずみ波交流の性質を表す事項として，波形率や波高率，ひずみ率を学ぶ。

ひずみ波交流電圧の**波形率**（form factor）V_f は，平均値 V_a に対する実効値 V_e の比として，式 (8.11) で定義される。

$$V_f = \frac{V_e}{V_a} \tag{8.11}$$

ここで，平均値 V_a は，式 (2.5) で定義される正弦波の平均値と同じである。ひずみ波交流の場合は，直流成分を除いた交流成分が正の期間で平均をとった値となる。式 (2.5) より，正弦波の平均値 V_a は最大値を V_0 として，$V_a = 2V_0/\pi$ となる。

一方，正弦波の実効値は $V_e = V_0/\sqrt{2}$ なので，正弦波の波形率 V_f は式 (8.11) を用いてつぎのように求められる。

$$V_f = \frac{V_e}{V_a} = \frac{\left(\dfrac{V_0}{\sqrt{2}}\right)}{\left(\dfrac{2V_0}{\pi}\right)} = \frac{\pi}{2\sqrt{2}}$$

これに対して，ひずみ波交流電圧の**波高率**（crest factor）V_{cf} は，（最大値）÷（実効値）として式 (8.12) で定義される。

$$V_{cf} = \frac{V_m}{V_e} \tag{8.12}$$

同様に正弦波の最大値を V_0 とすると，正弦波の波高率は次式で計算される。

$$\frac{V_0}{\left(\dfrac{V_0}{\sqrt{2}}\right)} = \sqrt{2}$$

また，ひずみ率は，（全高調波の実効値）÷（基本波の実効値）で定義される。基本波の実効値を V_{1e}，各高調波の実効値を V_{2e}，V_{3e}，…とすれば，ひずみ波交流電圧の**ひずみ率**（distortion factor）D_v は式 (8.13) で表される。

$$D_v = \frac{\sqrt{V_{2e}^2 + V_{3e}^2 + V_{4e}^2 + \cdots}}{V_{1e}} \tag{8.13}$$

正弦波では，ひずみ率は 0 である。

8.4 ひずみ波交流のフーリエ級数展開

ここまでは式 (8.1) で定義したように，ひずみ波交流を電圧記号 $v(t)$ で表してきたが，本節からは一般記号として $f(t)$ を用いて式 (8.14) で表す。

$$f(t) = V_0 + \sum_{n=1}^{\infty} V_n \sin(n\omega t + \theta_n) \tag{8.14}$$

フーリエ級数（Fourier series）の展開では，ひずみ波交流 $f(t)$ を性質のよくわかっている正弦波関数 $\cos n\omega t$ と $\sin n\omega t$ の項で展開し，その係数 a_0，a_n，b_n でひずみ波交流を取り扱うことができる。式 (8.14) から式 (8.15) のフーリエ級数が得られる。

8.4 ひずみ波交流のフーリエ級数展開

$$f(t) = V_0 + \sum_{n=1}^{\infty} V_n \sin\theta_n \cos n\omega t + \sum_{n=1}^{\infty} V_n \cos\theta_n \sin n\omega t$$

$$= a_0 + \sum_{n=1}^{\infty} a_n \cos n\omega t + \sum_{n=1}^{\infty} b_n \sin n\omega t \tag{8.15}$$

ここで，$V_0 = a_0$，$V_n \sin\theta_n = a_n$，$V_n \cos\theta_n = b_n$ としている。

式 (8.15) のフーリエ級数の展開式から，ひずみ波交流は，直流成分 a_0 と振幅が a_n および b_n で表される周期 T/n の正弦波の集まり（$n = 1, 2, \cdots$）で表されることがわかる。

つぎに，フーリエ係数 a_0，a_n，b_n を求めてみよう。$f(t)$ を $0 \sim T$ まで積分を行うと，周期 T/n の正弦波の積分は次式で示すようにすべて 0 になる。

$$\int_0^T \cos n\omega t \, dt = \left[\frac{\sin n\omega t}{n\omega} \right]_0^T = \frac{1}{n\omega}(\sin 2n\pi - 0) = 0$$

$$\int_0^T \sin n\omega t \, dt = -\left[\frac{\cos n\omega t}{n\omega} \right]_0^T = \frac{-1}{n\omega}(\cos 2n\pi - 1) = 0$$

また，直流成分の積分は次式となる。

$$\int_0^T a_0 dt = a_0 \int_0^T dt = a_0 T$$

したがって，$f(t)$ を $0 \sim T$ まで積分を行った結果は次式となる。

$$\int_0^T f(t) dt = \int_0^T a_0 dt + \sum_{n=1}^{\infty} \int_0^T a_n \cos n\omega t \, dt + \sum_{n=1}^{\infty} \int_0^T b_n \sin n\omega t \, dt = a_0 T$$

これより，フーリエ係数 a_0 が求まる。

$$a_0 = \frac{1}{T} \int_0^T f(t) dt \tag{8.16}$$

同様に $f(t)$ に $\cos m\omega t$ をかけて，$0 \sim T$ まで 1 周期の積分を行うと

$$\int_0^T f(t) \cos m\omega t \, dt = \int_0^T a_0 \cos m\omega t \, dt + \sum_{n=1}^{\infty} \int_0^T a_n \cos n\omega t \cos m\omega t \, dt$$

$$+ \sum_{n=1}^{\infty} \int_0^T b_n \sin n\omega t \cos m\omega t \, dt \tag{8.17}$$

ここで，第 2 項の積分は $n \ne m$ のとき，式 (8.18) のように 0 となる。

$$\int_0^T \cos n\omega t \cos m\omega t \, dt = \frac{1}{2} \int_0^T \cos(n-m)\omega t \, dt + \frac{1}{2} \int_0^T \cos(n+m)\omega t \, dt$$

$$= \frac{T}{2}\frac{\sin 2(n-m)\pi}{2(n-m)\pi} + \frac{T}{2}\frac{\sin 2(n+m)\pi}{2(n+m)\pi} = \frac{T}{2}\frac{\sin 2(n-m)\pi}{2(n-m)\pi} = 0 \tag{8.18}$$

これに対して $n=m$ のときは $\lim_{x \to 0}(\sin\pi x/\pi x)=1$ となり，積分は

$$\int_0^T \cos n\omega t \, \cos m\omega t \, dt = \frac{T}{2}\frac{\sin 2(n-m)\pi}{2(n-m)\pi} = \frac{T}{2} \qquad (n=m) \tag{8.19}$$

で表される。ここで $\sin\pi x/\pi x$ は **sinc 関数**と呼ばれる。

一方，第3項の $\sin n\omega t$ と $\cos m\omega t$ の掛け算の積分は

$$\int_0^T \sin n\omega t \, \cos m\omega t \, dt = \frac{1}{2}\int_0^T \sin(n-m)\omega t \, dt + \frac{1}{2}\int_0^T \sin(n+m)\omega t \, dt = 0$$

また，第1項の積分は

$$\int_0^T \cos m\omega t \, dt = 0$$

これらの結果を式 (8.17) に代入すると，フーリエ係数 a_n が式 (8.20) で求められる。

$$a_n = \frac{2}{T}\int_0^T f(t)\cos n\omega t \, dt \tag{8.20}$$

同様に，$f(t)$ に $\sin m\omega t$ を掛けて $0 \sim T$ まで積分を行うと

$$\int_0^T f(t)\sin m\omega t \, dt = \int_0^T a_0 \sin m\omega t \, dt + \sum_{n=1}^{\infty}\int_0^T a_n \cos n\omega t \, \sin m\omega t \, dt$$

$$+ \sum_{n=1}^{\infty}\int_0^T b_n \sin n\omega t \, \sin m\omega t \, dt \tag{8.21}$$

第3項の積分は，式 (8.18)，(8.19) と同様に $n=m$ のときに sinc 関数を用いて次式で表される。

$$\int_0^T \sin n\omega t \, \sin m\omega t \, dt = \frac{1}{2}\int_0^T \cos(n-m)\omega t \, dt - \frac{1}{2}\int_0^T \cos(n+m)\omega t \, dt$$

$$= \frac{T}{2}\frac{\sin 2(n-m)\pi}{2(n-m)\pi}$$

$$= 0 \qquad (n \neq m)$$

$$= \frac{T}{2} \qquad (n = m)$$

一方，第2項の積分は

$$\int_0^T \cos n\omega t \sin m\omega t \, dt = \frac{1}{2}\int_0^T \sin(m-n)\omega t \, dt + \frac{1}{2}\int_0^T \sin(m+n)\omega t \, dt = 0$$

また，第1項の積分は

$$\int_0^T \sin m\omega t \, dt = 0$$

となる。

これらの結果を式 (8.21) に代入すると，フーリエ係数 b_n が式 (8.22) で求められる。

$$b_n = \frac{2}{T}\int_0^T f(t) \sin n\omega t \, dt \tag{8.22}$$

例題 8.3 図 8.2 の方形波 $f(t)$ をフーリエ級数に展開しなさい。

解 フーリエ係数 a_0, a_n, b_n をそれぞれ求めればよい。まず，直流成分の係数 a_0 は式 (8.16) を用いて求められる。

$$a_0 = \frac{1}{T}\left(0 + \int_{T/2}^T E \, dt\right) = \frac{E}{2}$$

つぎに，$\cos n\omega t$ 係数 a_n は式 (8.20) を用いて求められる。

$$a_n = \frac{2}{T}\left(0 + \int_{T/2}^T E\cos n\omega t \, dt\right) = 0$$

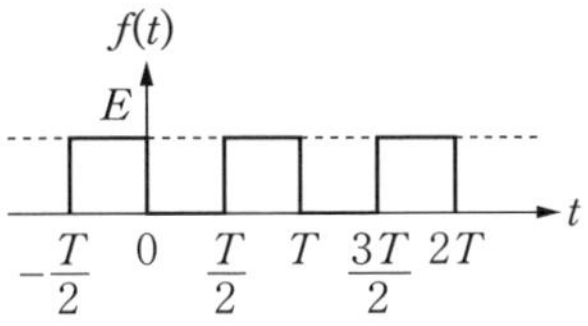

最後に，$\sin n\omega t$ の係数 b_n は式 (8.22) を用いて求められる。

$$b_n = \frac{2}{T}\left(0 + \int_{T/2}^T E\sin n\omega t \, dt\right) = 0 \quad (n が偶数のとき)$$

$$= -\frac{2E}{n\pi} \quad (n が奇数のとき)$$

図 8.2 方 形 波

n を $2m-1(m=1, 2, \cdots)$ に置き換えた b_{2m-1} と a_0 を式 (8.15) の $f(t)$ に代入して，方形波 $f(t)$ は

$$f(t) = \frac{E}{2} + \sum_{m=1}^{\infty}\left\{-\frac{2E}{(2m-1)\pi}\right\}\sin(2m-1)\omega t$$

$$= \frac{E}{2} - \frac{2E}{\pi}\left(\sin\omega t + \frac{1}{3}\sin 3\omega t + \frac{1}{5}\sin 5\omega t + \cdots\right)$$

のようにフーリエ級数に展開される。

8.5 特殊波形のフーリエ級数の簡易展開

8.5.1 偶関数と奇関数のフーリエ級数の簡易展開

特殊な波形ではフーリエ級数展開を簡易化できる。最初の例として，**図 8.3**（a）の波形例のように $f(t)=f(-t)$ となる**偶関数**（even function）と，図（b）の波形例のように $f(t)=-f(-t)$ となる**奇関数**（odd function）を取り扱う。

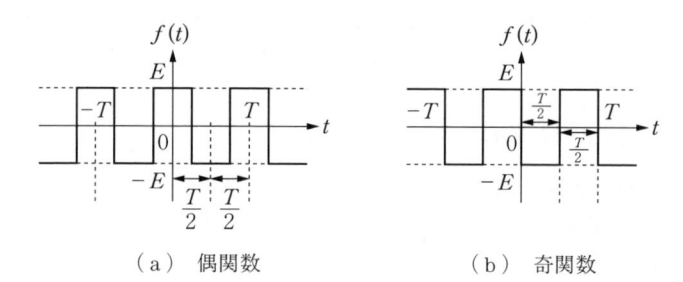

（a）偶関数　　　　　　　（b）奇関数

図 8.3　偶関数と奇関数

それでは，偶関数と奇関数でフーリエ級数にどのような違いがあるか調べてみよう。偶関数である $\cos n\omega t$ の係数 a_n は $f(t)$ の偶関数成分，奇関数である $\sin n\omega t$ の係数 b_n は $f(t)$ の奇関数成分を表している。したがって，$f(t)$ が偶関数のときは奇関数成分を表すフーリエ係数 b_n は 0 となる。実際に b_n を計算してみるとつぎに示すように確かに $b_n=0$ となる。$T/2$ から T までの波形は $-T/2$ から 0 までの波形と同じことに注意して，さらに偶関数の条件 $f(t)=f(-t)$ を用いると

$$b_n = \frac{2}{T}\int_0^{T/2} f(t)\sin n\omega t\, dt + \frac{2}{T}\int_{-T/2}^0 f(t)\sin n\omega t\, dt$$

$$= \frac{2}{T}\int_0^{T/2} f(t)\sin n\omega t\, dt + \frac{2}{T}\int_0^{T/2} f(-t)\sin(-n\omega t)dt = 0$$

したがって，偶関数 $f(t)$ のフーリエ級数は式（8.23）のように簡易展開できる。

$$f(t) = a_0 + \sum_{n=1}^{\infty} a_n \cos n\omega t \tag{8.23}$$

このとき偶関数 $f(t)$ の直流成分を表すフーリエ係数 a_0 は式 (8.24) で与えられる。

$$a_0 = \frac{1}{T}\int_0^{T/2} f(t)dt + \frac{1}{T}\int_{-T/2}^0 f(t)dt$$
$$= \frac{1}{T}\int_0^{T/2} f(t)dt + \frac{1}{T}\int_0^{T/2} f(-t)dt = \frac{2}{T}\int_0^{T/2} f(t)dt \tag{8.24}$$

同様に，偶関数 $f(t)$ の偶関数成分を表すフーリエ係数 a_n は式 (8.25) で与えられる。

$$a_n = \frac{2}{T}\int_0^{T/2} f(t)\cos n\omega t\, dt + \frac{2}{T}\int_{-T/2}^0 f(t)\cos n\omega t\, dt$$
$$= \frac{2}{T}\int_0^{T/2} f(t)\cos n\omega t\, dt + \frac{2}{T}\int_0^{T/2} f(-t)\cos(-n\omega t)\, dt$$
$$= \frac{4}{T}\int_0^{T/2} f(t)\cos n\omega t\, dt \tag{8.25}$$

これより偶関数 $f(t)$ のフーリエ級数を求める簡易計算では，a_0，a_n を求める積分は式 (8.16)，(8.20) の積分範囲を 0 から $T/2$ とし，その積分係数を 2 倍すればよいことがわかる。a_0 の積分係数は $2/T$，a_n の積分係数は $4/T$ となる。

一方，図8.3（b）の波形例のように $f(t)$ が奇関数のときは証明は省略するが，偶関数と同様の計算によって，直流成分を表すフーリエ係数 $a_0 = 0$，偶関数成分を表すフーリエ係数 $a_n = 0$ となる。したがって，奇関数 $f(t)$ のフーリエ級数は式 (8.26) で簡易展開できる。

$$f(t) = \sum_{n=1}^{\infty} b_n \sin n\omega t \tag{8.26}$$

この奇関数 $f(t)$ の直流成分を表すフーリエ係数 b_n は，式 (8.27) で与えられる。

$$b_n = \frac{2}{T}\int_0^{T/2} f(t)\sin n\omega t\, dt + \frac{2}{T}\int_{-T/2}^0 f(t)\sin n\omega t\, dt$$
$$= \frac{2}{T}\int_0^{T/2} f(t)\sin n\omega t\, dt + \frac{2}{T}\int_0^{T/2} f(-t)\sin(-n\omega t)\, dt$$

$$= \frac{4}{T}\int_0^{T/2} f(t)\sin n\omega t \, dt \tag{8.27}$$

この結果から奇関数 $f(t)$ のフーリエ級数を求める簡易計算では，b_n を求める積分は式 (8.22) の積分範囲を 0 から $T/2$ と半分にし，積分係数は 2 倍の $4/T$ となる。

例題 8.4 図 8.4 の三角波をフーリエ級数に展開しなさい。

解 図の三角波は偶関数なので $b_n=0$ となり，フーリエ級数は式 (8.23) より次式で展開される。

$$f(t)=a_0+\sum_{n=1}^{\infty} a_n\cos n\omega t$$

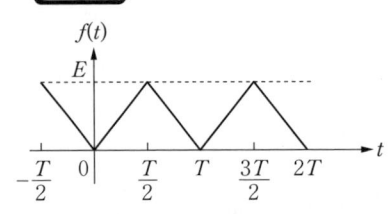

図 8.4 三 角 波

係数 a_0 は式 (8.24) より積分係数が $2/T$ になることに注意して計算する。

$$a_0=\frac{2}{T}\int_0^{T/2}\frac{2E}{T}t\,dt=\frac{E}{2}$$

一方，係数 a_n は式 (8.25) より積分係数が $4/T$ になることに注意して

$$a_n=\frac{4}{T}\int_0^{T/2}\frac{2E}{T}t\cos n\omega t \, dt=\frac{8E}{T^2}\int_0^{T/2} t\cos n\omega t \, dt$$

ここで部分積分法を用いて

$$a_n=\frac{8E}{T^2}\left[t\frac{\sin n\omega t}{n\omega}\right]_0^{T/2}-\frac{8E}{T^2}\int_0^{T/2}\frac{\sin n\omega t}{n\omega}dt=\frac{2E}{n^2\pi^2}(\cos n\pi-1)$$

$$=-\frac{4E}{n^2\pi^2} \quad (n\text{が奇数のとき})$$

$$=0 \quad (n\text{が偶数のとき})$$

得られた係数 a_0 と，n を $2m-1(m=1,\ 2,\ \cdots)$ に置き換えた a_{2m-1} を $f(t)$ に代入して，三角波のフーリエ級数は次式で展開される。

$$f(t)=\frac{E}{2}+\sum_{m=1}^{\infty}\left\{-\frac{4E}{(2m-1)^2\pi^2}\right\}\cos(2m-1)\omega t$$

$$=\frac{E}{2}-\frac{4E}{\pi^2}\cos\omega t-\frac{4E}{9\pi^2}\cos 3\omega t-\frac{4E}{25\pi^2}\cos 5\omega t-\cdots$$

8.5.2 対称波（正負対称波）のフーリエ級数の簡易展開

図 8.5 の波形例のように $f(t+T/2)=-f(t)$ となる関数 $f(t)$ を**対称波（正負対称波）**という。

$f(t)$ が対称波のときのフーリエ係数 a_0，a_n，b_n を計算してみよう。

8.5 特殊波形のフーリエ級数の簡易展開

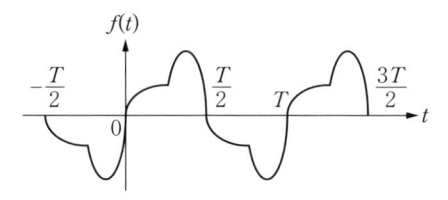

図 8.5 対称波（正負対称波）

$$a_0 = \frac{1}{T}\left\{\int_0^{T/2} f(t)dt + \int_0^{T/2} f\left(t+\frac{T}{2}\right)dt\right\}$$

$$= \frac{1}{T}\left\{\int_0^{T/2} f(t)dt - \int_0^{T/2} f(t)dt\right\} = 0$$

$a_0 = 0$ なので，対称波 $f(t+T/2)$ はフーリエ級数の式 (8.15) を用いて

$$f\left(t+\frac{T}{2}\right) = \sum_{n=1}^{\infty} a_n \cos n\omega\left(t+\frac{T}{2}\right) + \sum_{n=1}^{\infty} b_n \sin n\omega\left(t+\frac{T}{2}\right)$$

$$= \sum_{n=1}^{\infty} a_n(-1)^n \cos n\omega t + \sum_{n=1}^{\infty} b_n(-1)^n \sin n\omega t$$

で表される。対称波の条件 $f(t+T/2) = -f(t)$ が成り立つには，$(-1)^n = -1$ より，n は奇数となる。n を $2m-1$ ($m=1, 2, \cdots$) に置き換えると

$$f(t) = -f\left(t+\frac{T}{2}\right) = \sum_{m=1}^{\infty} a_{2m-1} \cos\{(2m-1)\omega t + (2m-1)\pi\}$$

$$+ \sum_{m=1}^{\infty} b_{2m-1} \sin\{(2m-1)\omega t + (2m-1)\pi\}$$

これより，係数 a_{2m-1} と b_{2m-1} の導出に必要な乗算は次式で与えられる。

$$f\left(t+\frac{T}{2}\right)\cos\{(2m-1)\omega t + (2m-1)\pi\}$$

$$= \{-f(t)\}\{-\cos(2m-1)\omega t\} = f(t)\cos(2m-1)\omega t$$

$$f\left(t+\frac{T}{2}\right)\sin\{(2m-1)\omega t + (2m-1)\pi\}$$

$$= \{-f(t)\}\{-\sin(2m-1)\omega t\} = f(t)\sin(2m-1)\omega t$$

両式を 0 から T まで積分を行って，係数 a_{2m-1} と b_{2m-1} を求めると

$$a_{2m-1} = \frac{2}{T}\int_0^T f(t)\cos(2m-1)\omega t\, dt = \frac{4}{T}\int_0^{T/2} f(t)\cos(2m-1)\omega t\, dt$$
$$b_{2m-1} = \frac{2}{T}\int_0^T f(t)\sin(2m-1)\omega t\, dt = \frac{4}{T}\int_0^{T/2} f(t)\sin(2m-1)\omega t\, dt$$

(8.28)

となる。けっきょく，a_{2m-1}，b_{2m-1} を求める積分は，式 (8.20)，(8.22) の積分範囲を 0 から $T/2$ と半分にし，その積分係数は 2 倍の $4/T$ となる。まとめると，対称波のフーリエ級数の展開は，直流成分 $a_0 = 0$，正弦波成分の係数は $a_{2m} = 0$，$b_{2m} = 0$ と表される。

一方，係数 a_{2m-1} と b_{2m-1} は式 (8.28) で表される。両式を $f(t)$ に代入し対称波のフーリエ級数は式 (8.29) で展開される。

$$f(t) = \sum_{m=1}^{\infty} a_{2m-1}\cos(2m-1)\omega t + \sum_{m=1}^{\infty} b_{2m-1}\sin(2m-1)\omega t \qquad (8.29)$$

8.5.3 対称波で偶関数または奇関数のフーリエ級数の簡易展開

対称波は別の条件も合わせて有することが多い。図 8.6（a）の波形例のように，対称波で偶関数の場合には，フーリエ係数は偶関数なので $b_n = 0$，また対称波なので $a_0 = 0$，a_n の n も奇数項のみとなる。

さらに，$t = T/4$ に関して正負が反転して対称となるので，係数 a_{2m-1} は

$$a_{2m-1} = \frac{4}{T}\int_0^{T/2} f(t)\cos(2m-1)\omega t\, dt = \frac{8}{T}\int_0^{T/4} f(t)\cos(2m-1)\omega t\, dt$$

(8.30)

となる。a_{2m-1} を求める積分は，式 (8.28) の積分範囲を 0 から $T/4$ と半分に

（a）対称波で偶関数　　　　　　（b）対称波で奇関数

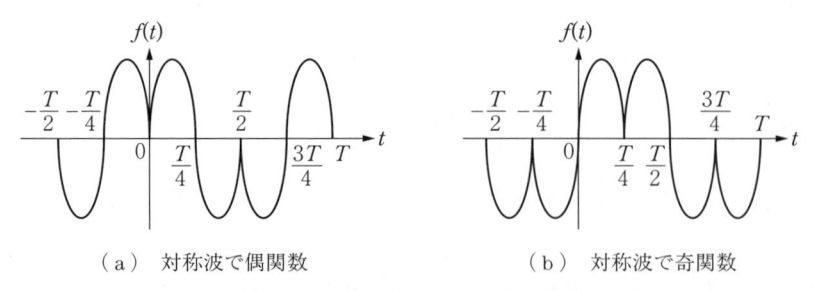

図 8.6　対称波で偶関数または奇関数

8.5 特殊波形のフーリエ級数の簡易展開

し，積分係数は2倍の $8/T$ となる．対称波で偶関数のフーリエ級数は，係数 a_{2m-1} を用いて式 (8.31) で展開される．

$$f(t) = \sum_{m=1}^{\infty} a_{2m-1}\cos(2m-1)\omega t \tag{8.31}$$

一方，図（b）の波形例のように，対称波で奇関数の場合には，フーリエ係数は奇関数なので直流成分 $a_0 = 0$，偶関数成分 $a_n = 0$，また対称波なので b_n の n も奇数項のみとなる．さらに，$t = T/4$ に関し対称となるので係数 b_{2m-1} は

$$\begin{aligned} b_{2m-1} &= \frac{4}{T}\int_0^{T/2} f(t)\sin(2m-1)\omega t\, dt \\ &= \frac{8}{T}\int_0^{T/4} f(t)\sin(2m-1)\omega t\, dt \end{aligned} \tag{8.32}$$

となる．b_{2m-1} を求める積分は，式 (8.28) の積分範囲を 0 から $T/4$ と半分にし，積分係数は2倍の $8/T$ となる．対称波で奇関数のフーリエ級数は，係数 b_{2m-1} を用いて式 (8.33) で展開される．

$$f(t) = \sum_{m=1}^{\infty} b_{2m-1}\sin(2m-1)\omega t \tag{8.33}$$

例題 8.5 図 8.3（a）の方形波をフーリエ級数に展開しなさい．

解 図の方形波は対称波で偶関数なので式 (8.31) より

$$f(t) = \sum_{m=1}^{\infty} a_{2m-1}\cos(2m-1)\omega t$$

係数 a_{2m-1} は式 (8.30) で求められる．

$$a_{2m-1} = \frac{8E}{T}\int_0^{T/4} \cos(2m-1)\omega t\, dt = \frac{4E}{\pi}\frac{\sin\left\{(2m-1)\frac{\pi}{2}\right\}}{2m-1}$$

これを $f(t)$ に代入して，フーリエ級数展開は次式となる．

$$\begin{aligned} f(t) &= \frac{4E}{\pi}\sum_{m=1}^{\infty} \frac{\sin\left\{(2m-1)\frac{\pi}{2}\right\}}{2m-1}\cos(2m-1)\omega t \\ &= \frac{4E}{\pi}\left\{\cos\omega t - \frac{1}{3}\cos3\omega t + \frac{1}{5}\cos5\omega t - \cdots\right\} \end{aligned}$$

8. ひずみ波交流

本章のまとめ

☞ **8.1** ひずみ波交流電圧
$$v(t) = V_0 + \sum_{n=1}^{\infty} \sqrt{2}\, V_{ne} \sin(n\omega t + \theta_n)$$

☞ **8.2** 第 n 高調波に対する回路のインピーダンスと位相角
$$\dot{Z}_n = R + jX_n, \quad \varphi_n = \tan^{-1}\frac{X_n}{R}$$

☞ **8.3** 第 n 高調波電流の瞬時値
$$i_n = \frac{\sqrt{2}\, V_{ne}}{|\dot{Z}_n|} \sin(n\omega t + \theta_n - \varphi_n)$$

☞ **8.4** ひずみ波交流の実効値
$$V_e = \sqrt{V_0^2 + V_{1e}^2 + V_{2e}^2 + \cdots}, \quad I_e = \sqrt{I_0^2 + I_{1e}^2 + I_{2e}^2 + \cdots}$$

☞ **8.5** ひずみ波交流の皮相電力,有効電力,力率
$$P = V_e I_e, \quad P_a = P\cos\varphi, \quad \cos\varphi = \frac{P_a}{P}$$

☞ **8.6** 波形率　　（実効値）÷（平均値）
$$V_f = \frac{V_e}{V_a}$$

☞ **8.7** 波高率　　（最大値）÷（実効値）
$$V_{cf} = \frac{V_m}{V_e}$$

☞ **8.8** ひずみ率　　（全高調波の実効値）÷（基本波の実効値）
$$D_v = \frac{\sqrt{V_{2e}^2 + V_{3e}^2 + V_{4e}^2 + \cdots}}{V_{1e}}$$

☞ **8.9** ひずみ波交流のフーリエ級数展開
$$f(t) = a_0 + \sum_{n=1}^{\infty} a_n \cos n\omega t + \sum_{n=1}^{\infty} b_n \sin n\omega t$$
$$a_0 = \frac{1}{T}\int_0^T f(t)dt, \quad a_n = \frac{2}{T}\int_0^T f(t)\cos n\omega t\, dt, \quad b_n = \frac{2}{T}\int_0^T f(t)\sin n\omega t\, dt$$

☞ **8.10** 偶関数のフーリエ級数展開
$$f(t) = a_0 + \sum_{n=1}^{\infty} a_n \cos n\omega t, \quad a_0 = \frac{2}{T}\int_0^{T/2} f(t)dt,$$
$$a_n = \frac{4}{T}\int_0^{T/2} f(t)\cos n\omega t\, dt$$

☞ 8.11 奇関数のフーリエ級数展開

$$f(t)=\sum_{n=1}^{\infty} b_n \sin n\omega t, \quad b_n=\frac{4}{T}\int_0^{T/2} f(t)\sin n\omega t\, dt$$

☞ 8.12 対称波（正負対称波）のフーリエ級数展開

$$f(t)=\sum_{m=1}^{\infty} a_{2m-1}\cos(2m-1)\omega t + \sum_{m=1}^{\infty} b_{2m-1}\sin(2m-1)\omega t$$

$$a_{2m-1}=\frac{4}{T}\int_0^{T/2} f(t)\cos(2m-1)\omega t\, dt$$

$$b_{2m-1}=\frac{4}{T}\int_0^{T/2} f(t)\sin(2m-1)\omega t\, dt$$

☞ 8.13 対称波で偶関数のフーリエ級数展開

$$f(t)=\sum_{m=1}^{\infty} a_{2m-1}\cos(2m-1)\omega t, \quad a_{2m-1}=\frac{8}{T}\int_0^{T/4} f(t)\cos(2m-1)\omega t\, dt$$

☞ 8.14 対称波で奇関数のフーリエ級数展開

$$f(t)=\sum_{m=1}^{\infty} b_{2m-1}\sin(2m-1)\omega t, \quad b_{2m-1}=\frac{8}{T}\int_0^{T/4} f(t)\sin(2m-1)\omega t\, dt$$

演習問題

8.1 図 8.7 の RLC 回路にひずみ波電圧 $v = 2250\sin\omega t - 750\sin 3\omega t + 800\sin 5\omega t$ 〔V〕を印加した。つぎの問に答えなさい。ただし，基本周波数は 50 Hz とする。

8.1.1 基本波 $\sin\omega t$ に対し
(1) 回路のインピーダンス $\dot{Z}_1$，絶対値 $|\dot{Z}_1|$，位相角 φ_1 を求めなさい。
(2) 電流の瞬時値 i_1 を求めなさい。
(3) 電流の実効値 I_{1e} を求めなさい。
(4) 負荷の力率 $\cos\varphi_1$ および有効電力 P_{1a} を求めなさい。

8.1.2 第 3 高調波 $\sin 3\omega t$ に対し
(1) 回路のインピーダンス $\dot{Z}_3$，絶対値 $|\dot{Z}_3|$，位相角 φ_3 を求めなさい。
(2) 電流の瞬時値 i_3 を求めなさい。
(3) 電流の実効値 I_{3e} を求めなさい。
(4) 負荷の力率 $\cos\varphi_3$ および有効電力 P_{3a} を求めなさい。

8.1.3 第 5 高調波 $\sin 5\omega t$ に対し
(1) 回路のインピーダンス $\dot{Z}_5$，絶対値 $|\dot{Z}_5|$，位相角 φ_5 を求めなさい。

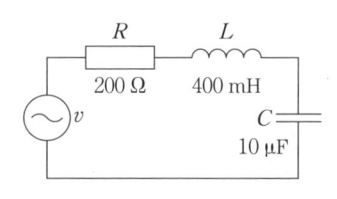

図 8.7

（2）電流の瞬時値 i_5 を求めなさい。
（3）電流の実効値 I_{5e} を求めなさい。
（4）負荷の力率 $\cos\varphi_5$ および有効電力 P_{5a} を求めなさい。

8.1.4 ひずみ波全体に対し
（1）電流の瞬時値 i を求めなさい。
（2）電圧の実効値 V_e を求めなさい。
（3）電流の実効値 I_e を求めなさい。
（4）電圧のひずみ率 D_v を求めなさい。
（5）電流のひずみ率 D_i を求めなさい。
（6）皮相電力 P を求めなさい。
（7）有効電力 P_a を求めなさい。
（8）力率 $\cos\varphi$ を求めなさい。
（9）電圧の波高率 V_{cf} を求めなさい。

8.2 図 8.8 に示すのこぎり波をフーリエ級数に展開しなさい。

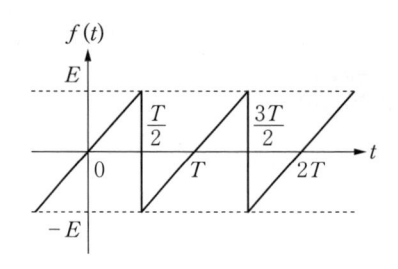

図 8.8　のこぎり波　　　図 8.9　三　角　波

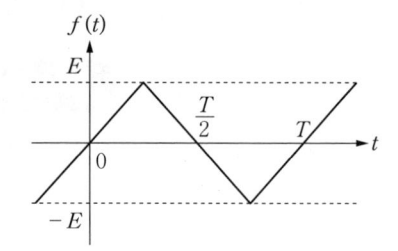

8.3 図 8.9 に示す三角波をフーリエ級数に展開しなさい。

8.4 図 8.10 に示すのこぎり波をフーリエ級数に展開しなさい。

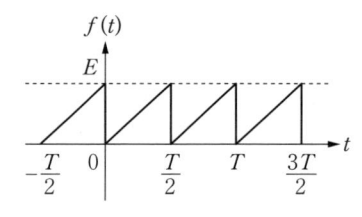

図 8.10　のこぎり波

9. 過渡現象

いままで回路に電源を接続してから十分時間が経過した状態（定常状態）での，回路素子に流れる電圧や電流を求める解析方法について学んできた。しかしながら，回路に電源を接続した直後は，瞬間的に大きな電流が流れるなどの現象が起き，いままで学んできた手法では解析できない。このように電源を入れたり切ったりした場合などにおいては，定常状態とは異なる電圧が素子に印加されたり，電流が流れたりする。電圧や電流の時間的な変化を解析する方法は，ディジタル回路や信号処理回路を理解する場合にも重要となる。本章では，基本となる RL，RC，LC，RLC などの直列接続の直流回路や交流回路の過渡現象の解析方法について学習する。

9.1 定常状態と過渡状態

直流電源や交流電源を回路に接続または切り離してから十分時間が経過したあとの状態を**定常状態**（steady state）と呼び，直流回路では理想的にはつねに一定の電流が流れ，交流回路では，交流電源と同じ周期で変動する電流が繰り返し流れると考えてきた。しかしながら，電源と回路の間にスイッチを入れて開閉動作を行った場合，定常状態と異なる電圧や電流が素子に過渡的に現れる。このように，回路に電源を接続または切り離してから定常な状態に移るまでを**過渡状態**（transient state）と呼ぶ。また，過渡状態で生じる電圧や電流などが変化する現象を**過渡現象**（transient phenomena）と呼ぶ。

抵抗だけで構成された回路では過渡現象は生じない。抵抗 R に直流電源 E をスイッチで接続した場合，抵抗 R の両端にかかる電圧を v_R とすると，スイッチ接続直後に $v_R = Ri_R = E$ の関係を満たす電流 i_R が抵抗に流れる。また，十分時間が経過したあとも $v_R = Ri_R = E$ の関係を満たしており，過渡的な電圧や電流の変化は生じない。

しかし，回路にキャパシタンスやインダクタンスが含まれると過渡現象が生じるようになる。例えば，キャパシタンス C のコンデンサに，直流電源 E を接続した場合を考える。コンデンサの初期電荷量 q_0 が $q_0=0\,\mathrm{C}$ の状態で電源を接続した場合，接続直後はコンデンサにはまだ電荷が蓄積されておらず，その両端にかかる電圧 v_C は $v_C=q_0/C$ である。十分時間が経ったのち，コンデンサには電荷が蓄積され，v_C は電源電圧と同じ電圧 E となる。したがって，コンデンサにかかる電圧や流入する電流には過渡現象が生じる。

9.2 RL 直列直流回路

9.2.1 回路の一般解

図 9.1 に示す RL を直列接続した回路に直流電源を接続する RL 直流回路を考える。電源と抵抗の間にスイッチ S を設け，時間 $t=0$ でスイッチを閉じる。この場合，図 9.2 に示すような理想的なステップ電圧 E が回路に印加されるとする。

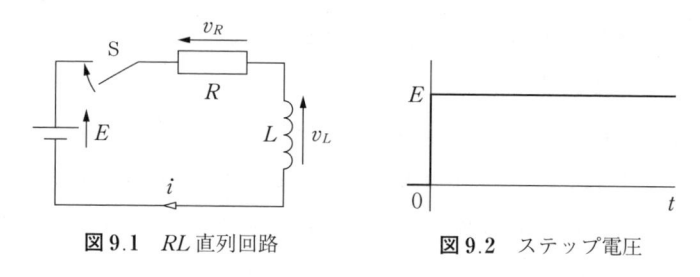

図 9.1　RL 直列回路　　　　図 9.2　ステップ電圧

スイッチを閉じたあとは，回路方程式 (9.1) が 1.3 節のキルヒホッフの電圧則から得られる。

$$E = v_L + v_R \tag{9.1}$$

ここで，コイルと抵抗での電圧，電流特性を表す式 (2.9)，(2.10) より

$$v_L = L\frac{di}{dt}, \quad v_R = Ri$$

ただし，v_L, v_R は端子電圧，L はコイルの自己インダクタンス，R は抵抗，i は各素子を流れる電流を表す。

また，本章では過渡的な電圧や電流などを扱い，時間 t の関数であることは自明であるため，$v(t)$, $i(t)$ などは略して v, i などと表記する。

これら電圧電流特性を表す式を式 (9.1) に代入すると，式 (9.2) が得られる。

$$L\frac{di}{dt} + Ri = E \tag{9.2}$$

式 (9.2) は，非同次（非斉次）の線形 1 階微分方程式である。式 (9.2) の一般解 i は式 (9.3) のように定常解 i_s と過渡解 i_t との和として得られる。

$$i = i_s + i_t \tag{9.3}$$

過渡解とは，同次（斉次）方程式の一般解のことであり，外部電源が接続されていないときの電圧，電流の変化を表す。定常解とは非同次方程式の特解のことで，外部電源による定常的な電圧，電流に対応する。

9.2.2 回路の定常解

図 9.1 に示す回路のスイッチ S を閉じて，十分時間が経過したときの電流（式 (9.2) の定常解 i_s）を求める。定常解 i_s は式 (9.4) を満たす。

$$L\frac{di_s}{dt} + Ri_s = E \tag{9.4}$$

直流電源接続時の定常状態では，$di_s/dt = 0$ より式 (9.5) が得られる。

$$i_s = \frac{E}{R} \tag{9.5}$$

9.2.3 回路の過渡解

回路方程式 (9.2) の過渡解 i_t は式 (9.2) の右辺を 0 とした同次方程式 (9.6) の一般解である。

$$L\frac{di_t}{dt} + Ri_t = 0 \tag{9.6}$$

例題 9.1 式 (9.6) の定数係数の同次 1 階微分方程式を解きなさい。

解 式 (9.6) の変数分離を行うと

$$\frac{di_t}{i_t} = -\frac{R}{L}dt$$

両辺を積分すると

$$\int \frac{di_\mathrm{t}}{i_\mathrm{t}} = \int -\frac{R}{L} dt$$

より

$$\ln i_\mathrm{t} = \log_e i_\mathrm{t} = -\frac{R}{L} t + k$$

ここで，k は定数である（ln は e を底とする対数で自然対数）。
これを i_t について解くと

$$i_\mathrm{t} = e^{-Rt/L+k} = K e^{-Rt/L} \tag{9.7}$$

となる。ここで，$K = e^k$ は積分定数を表す。

9.2.4 初期条件の代入

回路方程式 (9.2) の一般解 i は式 (9.3)，式 (9.5) および式 (9.7) より

$$i = i_\mathrm{s} + i_\mathrm{t} = \frac{E}{R} + K e^{-Rt/L} \tag{9.8}$$

スイッチSを閉じる前に電流は流れていないので，スイッチを閉じた瞬間を $t=0$ とすると，このとき

$$i = 0 \tag{9.9}$$

これが，この回路の初期条件となる。
この初期条件を式 (9.8) に代入すると

$$0 = \frac{E}{R} + K e^0 = \frac{E}{R} + K, \quad \because e^0 = 1 \text{ より}$$

$$K = -\frac{E}{R} \tag{9.10}$$

よって，式 (9.10) を式 (9.8) に代入すると

$$i = \frac{E}{R} + K e^{-Rt/L} = \frac{E}{R} - \frac{E}{R} e^{-Rt/L} = \frac{E}{R}\left(1 - e^{-Rt/L}\right) \tag{9.11}$$

これが図 9.1 で示した回路のスイッチSを閉じた瞬間を $t=0$ とした電流の時間的変化（過渡電流）を表す式である。式 (9.11) の波形を**図 9.3** に示す。電流 i は 0 から立ち上がり，十分時間が経過すると E/R となることがわかる。

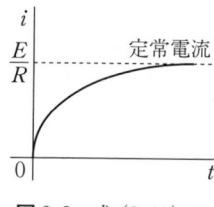

図 9.3 式 (9.11) の波形

9.2.5 抵抗とコイルの端子電圧

式 (9.11) から各端子電圧を求める。抵抗 R の端子電圧は

$$v_R = Ri = E(1 - e^{-Rt/L}) \tag{9.12}$$

コイル L の端子電圧は

$$v_L = L\frac{di}{dt} = Ee^{-Rt/L} \tag{9.13}$$

式 (9.12), (9.13) の波形を**図 9.4** に示す。これらから，抵抗 R で発生する端子電圧 v_R は電流 i と同じような変化をし，0 から電源電圧 E まで変化する。一方，コイルの端子電圧 v_L はちょうど $v = E/2$ の線に関して v_R と対称となり，電圧 E から 0 に減衰する。回路方程式 (9.1) から明らかであるが，図 9.4 からも $v_L + v_R = E$ を満たしていることがわかる。

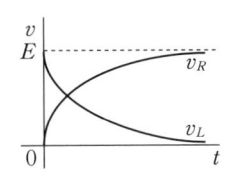

図 9.4　$v_R + v_L = E$

9.2.6 回路の時定数

式 (9.11) を時間 t で微分すると

$$\frac{di}{dt} = \frac{d}{dt}\left\{\frac{E}{R}(1 - e^{-Rt/L})\right\} = \frac{E}{R}\left(\frac{R}{L}e^{-Rt/L}\right) = \frac{E}{L}e^{-Rt/L}$$

より，$t = 0$ での $i(t)$ の接線の傾きは E/L となり，電流 i の接線を示す式は

$$f(t) = \frac{E}{L}t$$

と表される。**図 9.5** に示すように，この接線と定常電流を示す $I(=i_s) = E/R$ の直線とが交差する時間を $t = \tau$ とすると

$$\frac{E}{L}\tau = \frac{E}{R}$$

より

$$\tau = \frac{L}{R} \tag{9.14}$$

となる。τ は回路定数のみで決まる回路固有の値で，R をオーム〔Ω〕，L をヘンリー〔H=Ω・s〕で表すと，秒〔s〕の単位となるため，回路の**時定数**（time constant）という。

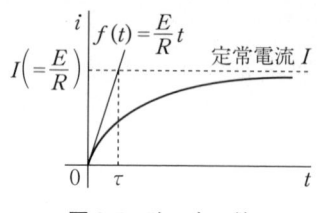

図9.5 時定数

表9.1

t	i
τ	$1-e^{-1} \fallingdotseq 0.632$
2τ	$1-e^{-2} \fallingdotseq 0.865$
3τ	$1-e^{-3} \fallingdotseq 0.950$
4τ	$1-e^{-4} \fallingdotseq 0.982$
5τ	$1-e^{-5} \fallingdotseq 0.993$

この τ を用いて，式 (9.11) を表すと

$$i = \frac{E}{R}\left(1-e^{-Rt/L}\right) = \frac{E}{R}\left(1-e^{-t/\tau}\right) \tag{9.15}$$

となる。また，$t=\tau, 2\tau, 3\tau, \cdots$ のときの $t=\infty$ における定常電流 E/R を1とした i の値をまとめたものを**表9.1**に示す。これから $t=\tau$ で定常電流の63％（$\fallingdotseq 1-e^{-1}$），5τ で99％（$\fallingdotseq 1-e^{-5}$）以上の値になっていることがわかる。

自然界には，指数関数的に値が減衰する現象も多く，初期値から初期値の e^{-1} となるまで変化する時間を時定数 τ と定義する場合も多い。したがって，時定数 τ は，初期値から定常値までの変化量を1とした場合，変化量の残りが e^{-1} となるまでの時間と考えることができる。

以上のように，時定数は過渡現象の速さの度合いを知る目安となる。

9.2.7　回路を短絡した場合

図9.6のスイッチ S_1 を閉じて（S_2 は開放）十分時間がたってから，スイッチ S_1 を開けると同時にスイッチ S_2 を閉じた場合を考える（この場合，理想的にスイッチが切り替わるものとし，電流に不連続は生じず，アーク放電などの現象は生じないものとする）。

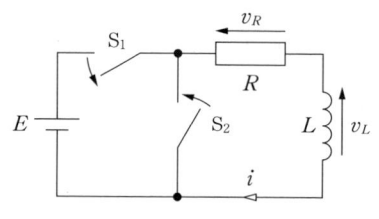

図9.6 RL 直列直流回路（短絡）

　図のスイッチ S_1 を閉じて，十分時間が経過したあとの回路は，図9.1のスイッチ S を閉じて十分時間が経過した回路と同じである。そのため，スイッチ S_1 を開けると同時にスイッチ S_2 を閉じた瞬間を $t=0$ とすると，電流 i の初期条件は，式 (9.15) の $t=\infty$ のときとみなせるため

9.2 RL 直列直流回路

$$i_{(t=0)} = \frac{E}{R} \tag{9.16}$$

スイッチ S_1 を開けると同時にスイッチ S_2 を閉じた直後の回路方程式は

$$v_L + v_R = L\frac{di}{dt} + Ri = 0 \tag{9.17}$$

となる。

定常状態では，$di/dt = 0$ より，電流 i の定常解は $i_s = 0$ となる。

過渡解 i_t は，式 (9.17) を満たすため

$$L\frac{di_t}{dt} + Ri_t = 0 \tag{9.18}$$

式 (9.18) は式 (9.6) と同じであることから，式 (9.7) と同じ過渡解が得られる。

$$i_t = Ke^{-Rt/L} \tag{9.19}$$

過渡電流 i は，定常解と過渡解の和で表されるため

$$i = i_s + i_t = 0 + Ke^{-Rt/L} = Ke^{-Rt/L} \tag{9.20}$$

式 (9.20) に初期条件式 (9.16) を代入すると

$$i_{(t=0)} = Ke^{(-R/L) \times 0} = K = \frac{E}{R}$$

より

$$i = \frac{E}{R}e^{-Rt/L} = \frac{E}{R}e^{-t/\tau} \tag{9.21}$$

抵抗 R とコイル L に生じる電圧 v_R，v_L はそれぞれ以下のようになる。

$$v_R = Ri = Ee^{-t/\tau} \tag{9.22}$$

$$v_L = L\frac{di}{dt} = L\left\{\frac{E}{R}\left(-\frac{1}{\tau}\right)e^{-t/\tau}\right\} = L\left\{\frac{E}{R}\left(-\frac{R}{L}\right)e^{-t/\tau}\right\} = -Ee^{-t/\tau} \tag{9.23}$$

式 (9.21) の波形を**図 9.7** に示す。また，式 (9.22) と式 (9.23) の波形を**図 9.8** に示す。

これから，電流 i は初期電流 E/R から時定数 τ（$= L/R$）で指数関数的に e^{-1}（$\fallingdotseq 0.368$）倍にまで減衰して，十分時間が経過したときは 0 になることがわかる。また，抵抗に生じる電圧 v_R は初期電圧 E から時定数 τ で指数関数的

図9.7 i の波形

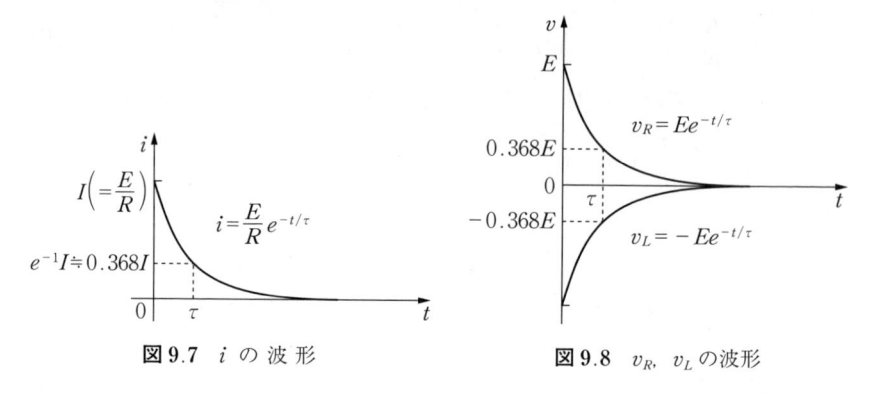

図9.8 v_R, v_L の波形

に減衰し，十分時間が経過したあとは0となることがわかる．また，コイルに生じる電圧 v_L は初期電圧が $-E$ から時定数 τ で0に向かうことがわかる．これはちょうど v_R と絶対値が同じで符号が±と異なることから，式 (9.17) の $v_R + v_L = 0$ を満たすことが確認できる．

9.2.8 回路を短絡した場合に抵抗 R で消費されるエネルギー

図9.6のスイッチ S_1 を開けると同時にスイッチ S_2 を閉じたときから電流が流れなくなるときまでに，抵抗 R で消費するエネルギーを W_R とすると，式 (9.21)，(9.22) より

$$W_R = \int_0^\infty v_R i dt = \int_0^\infty \left(Ee^{-t/\tau}\right)\left(\frac{E}{R}e^{-t/\tau}\right)dt = \int_0^\infty \frac{E^2}{R}e^{-2t/\tau}dt$$

$$= \frac{E^2}{R}\left[-\frac{\tau}{2}e^{-2t/\tau}\right]_0^\infty = \frac{E^2}{R}\left\{-\frac{\tau}{2}(0-1)\right\} = \frac{E^2}{R}\frac{\tau}{2} = \frac{E^2}{R}\frac{\left(\frac{L}{R}\right)}{2} = \frac{1}{2}L\left(\frac{E}{R}\right)^2$$

$$= \frac{1}{2}LI^2 \qquad (9.24)$$

となる．これからコイル L に蓄えられていたエネルギー $(1/2)LI^2$ はすべて抵抗で消費されることがわかる．ただし，ここでの I は $t=0$ のときの電流値である．

9.3 *RC* 直列直流回路（充電）

図 9.9 に示すように，*RC* 直列回路に直流電源 E をスイッチ S を介して印加した場合を考える。

回路方程式は

$$v_R + v_C = Ri + \frac{1}{C}\int i\, dt = E \qquad (9.25)$$

ここで

$$\int i\, dt = q, \quad i = \frac{dq}{dt}$$

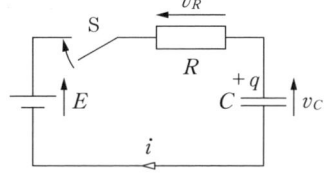

図 9.9 *RC* 直列直流回路（充電）

と置くと，式 (9.25) は式 (9.26) のように非同次 1 階微分方程式となる。

$$R\frac{dq}{dt} + \frac{q}{C} = E \qquad (9.26)$$

なお，電流およびコンデンサに蓄えられる電荷の極性は図 9.9 に示したほうを + とした。

直流電源を接続した場合の定常状態では，$dq/dt = 0$ より，定常状態での電荷（定常解）q_s は，式 (9.26) より

$$q_s = CE \qquad (9.27)$$

となる。

過渡解 q_t は，式 (9.26) の右辺 = 0 としたときの解となるので

$$R\frac{dq_t}{dt} + \frac{q_t}{C} = 0 \qquad (9.28)$$

を満たす。

式 (9.28) を変数分離法で解くと

$$q_t = Ke^{-t/CR} \qquad (K は積分定数) \qquad (9.29)$$

回路方程式 (9.26) の一般解は，定常解と過渡解の和となるので

$$q = q_s + q_t = CE + Ke^{-t/CR} \qquad (9.30)$$

最初にコンデンサには電荷が充電されていないとすると，初期条件は

$$q_{(t=0)} = 0 \qquad (9.31)$$

となる。式 (9.31) を式 (9.30) に代入すると

$$q_{(t=0)} = CE + Ke^{-0/CR} = CE + K = 0 \quad \text{より} \quad K = -CE$$

$$\therefore \quad q = CE - CEe^{-t/CR} = CE(1 - e^{-t/\tau}) \tag{9.32}$$

ここで，$\tau = CR$ で RC 直列回路の時定数である。

したがって

$$i = \frac{dq}{dt} = CE\left(\frac{1}{CR}\right)e^{-t/CR} = \frac{E}{R}e^{-t/CR} \tag{9.33}$$

$$v_R = Ri = Ee^{-t/CR} \tag{9.34}$$

$$v_C = \frac{q}{C} = E(1 - e^{-t/CR}) \tag{9.35}$$

電荷 q の過渡現象を図 9.10，電流 i の過渡現象を図 9.11，抵抗とコンデンサに発生する端子電圧 v_R と v_C を図 9.12 に示す。電荷 q は時定数 τ ($=CR$) で指数関数的に 0 から増加し，t が ∞ で電荷量 CE まで上昇する。また，電流 i は時定数 τ で E/R から 0 まで指数関数的に減衰する。同様に v_R は時定数 τ で E から 0 まで減衰し，v_C は 0 から E まで上昇し，どの時間でも，回路方程式 (9.25) の $v_R + v_C = E$ が成り立っていることがわかる。

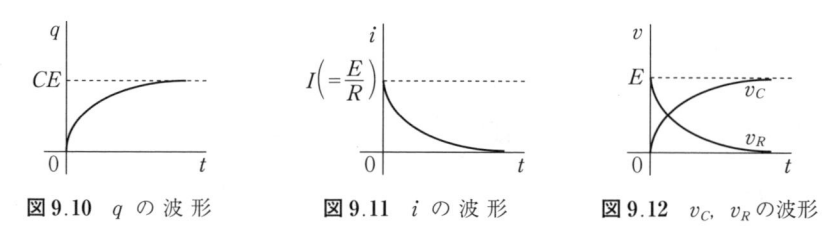

図9.10　q の波形

図9.11　i の波形

図9.12　v_C, v_R の波形

■ **RC 直列回路のエネルギー**　図 9.9 に示す回路のコンデンサに蓄えられるエネルギーを W_C とすると，式 (9.33)，(9.35) より

$$W_C = \int_0^\infty v_C i\, dt = \int_0^\infty E(1 - e^{-t/CR})\left(\frac{E}{R}e^{-t/CR}\right)dt = \int_0^\infty \frac{E^2}{R}\left(e^{-t/CR} - e^{-2t/CR}\right)dt$$

$$= \frac{E^2}{R}\left[-CRe^{-t/CR} + \frac{CR}{2}e^{-2t/CR}\right]_0^\infty = \frac{1}{2}CE^2 \tag{9.36}$$

抵抗 R で消費されるエネルギーを W_R とすると，式 (9.33)，(9.34) より

$$W_R = \int_0^\infty v_R i\, dt = \int_0^\infty Ee^{-t/CR}\left(\frac{E}{R}e^{-t/CR}\right)dt = \int_0^\infty \frac{E^2}{R}e^{-2t/CR}dt$$

$$= \frac{E^2}{R}\left[-\frac{CR}{2}e^{-2t/CR}\right]_0^\infty = \frac{1}{2}CE^2 \tag{9.37}$$

一方，電源から回路に供給されるエネルギーを W とすると

$$W = \int_0^\infty Ei\, dt = \int_0^\infty E\left(\frac{E}{R}e^{-t/CR}\right)dt = \int_0^\infty \frac{E^2}{R}e^{-t/CR}dt$$

$$= \frac{E^2}{R}\left[-CRe^{-t/CR}\right]_0^\infty = CE^2 \left(= Eq_{(t=\infty)}\right) \tag{9.38}$$

式 (9.36) ～ (9.38) から

$$W = W_R + W_C = CE^2 \tag{9.39}$$

$$W_R = W_C = \frac{1}{2}CE^2 \tag{9.40}$$

の関係があり，抵抗で消費されるエネルギーとコンデンサに蓄えられるエネルギーは電源から回路に供給されるエネルギーのそれぞれ半分である．すなわち RC 直列回路にステップ電圧を印加した場合には，電源から供給される半分のエネルギーしかコンデンサには蓄えることができない．

9.4 RC 直列直流回路（放電）

図 9.13 に示すようにスイッチ S を端子 1 に接続した状態で十分時間がたったのち，端子 2 に切り替えたあとの過渡現象を考える．

スイッチ S を端子 1 に接続して十分時間がたった状態では，図 9.10 からコンデンサには $q = CE$ の電荷が充電されている．$t = 0$ でスイッチ S を端子 1 から端子 2 に切り替えると，得られる回路方程式は

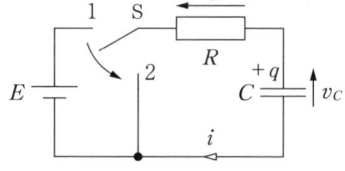

図 9.13 RC 直列直流回路（放電）

$$v_R + v_C = R\frac{dq}{dt} + \frac{q}{C} = 0 \tag{9.41}$$

を満たす．

時間とともにコンデンサの電荷 q は抵抗 R を通って放電され，定常状態の電荷 q_s は，$q_s=0$ となる。

一方，式 (9.41) は式 (9.28) と同じであるので，過渡解は式 (9.29) と同じで

$$q_t = Ke^{-t/CR}$$

となる。したがって，式 (9.41) の一般解 q は

$$q = q_s + q_t = 0 + Ke^{-t/CR} = Ke^{-t/CR} \tag{9.42}$$

となる。ここで，初期条件 $t=0$ で，$q=CE$ を式 (9.42) に代入すると

$$q_{(t=0)} = Ke^{-0/CR} = K = CE$$

よって，式 (9.42) は

$$q = CEe^{-t/CR} \tag{9.43}$$

となる。これより

$$v_C = \frac{q}{C} = Ee^{-t/CR} \tag{9.44}$$

$$i = \frac{dq}{dt} = -\frac{CE}{CR}e^{-t/CR} = -\frac{E}{R}e^{-t/CR} \tag{9.45}$$

$$v_R = Ri = -Ee^{-t/CR} \tag{9.46}$$

式 (9.43)，(9.44) を図示すると**図 9.14**，式 (9.45)，(9.46) は**図 9.15** のようになる。q と v_C は時定数 CR で，それぞれ CE, E から指数関数的に減衰して 0 となる。また，i と v_R も時定数 CR で，それぞれ $-E/R$, $-E$ から 0 に漸近する。v_C と v_R は絶対値が同じで ± が異なり，回路方程式 (9.41) を満たすことが確認できる。

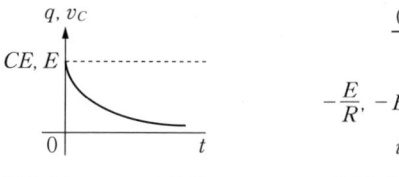

図 9.14　q, v_C の波形

図 9.15　i, v_R の波形

9.5 *RC*直列方形波パルス回路

図9.16に示すように方形波パルス電源

$$e = \begin{cases} E(0 \leq t \leq T) \\ 0(t < 0,\ T < t) \end{cases}$$

を*RC*直列回路に接続した場合を考える。

これは図9.13のスイッチSの端子1と2を方形波パルスの周期で切り替えていることと等価と考えることができる。

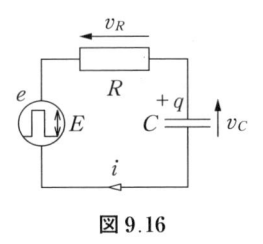

図9.16

最初は，コンデンサには電荷が充電されていないものとして，時刻$t=0$でスイッチSを端子1に接続して充電すると考えると，9.3節で説明した回路と同じとなり，抵抗RとコンデンサCに発生する電圧変化は，式(9.34)と(9.35)のように表すことができる。電圧波形は図9.12のようになる。コンデンサに電荷が蓄えられ十分時間がたったあと，スイッチSを端子2に切り替えて回路の印加電圧を0とした場合，コンデンサから電荷が放電され，9.4節で説明した回路と等価になる。スイッチを端子1から2に切り替えた瞬間の時刻を$t=T(T \gg \tau\ (=CR))$とすると，$t>T$では，式(9.44)，(9.46)より

$$v_C = Ee^{-(t-T)/CR} \quad (9.47)$$

$$v_R = Ri = -Ee^{-(t-T)/CR} \quad (9.48)$$

となり，**図9.17**に示すような波形が得られる。

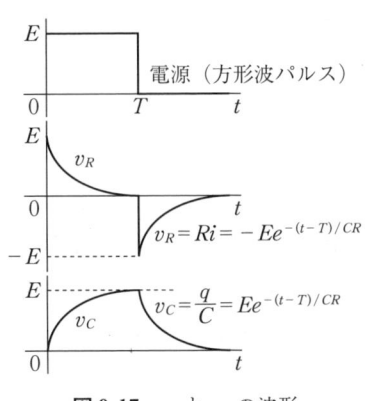

図9.17 v_Rとv_Cの波形

9.5.1 *RC*積分回路

パルス幅Tに比べ時定数$\tau=CR$が十分大きい（$\tau=CR \gg T$）とき$t=0$付近で$(1-e^{-t/CR})$をテイラー展開すると

$$\left(1-e^{-t/CR}\right) = \left\{1-\left(1-\frac{t}{CR}+\frac{1}{2}\left(\frac{t}{CR}\right)^2-\cdots\right)\right\} \fallingdotseq \frac{t}{CR}$$

となる。これを使うと，$0 \leq t \leq T$ では式 (9.35) より

$$v_C = E\left(1-e^{-t/CR}\right) \fallingdotseq E\frac{t}{CR} \tag{9.49}$$

となる。また，$t = T$ で

$$v_C = E\left(1-e^{-T/CR}\right) \fallingdotseq E\frac{T}{CR} \tag{9.50}$$

$T \leq t$ では式 (9.44) より

$$v_C = E\left(1-e^{-T/CR}\right)e^{-(t-T)/CR} \fallingdotseq E\frac{T}{CR}\left(1-\frac{t-T}{CR}\right) \tag{9.51}$$

と表される。この波形は図 9.18（b）のようになる。

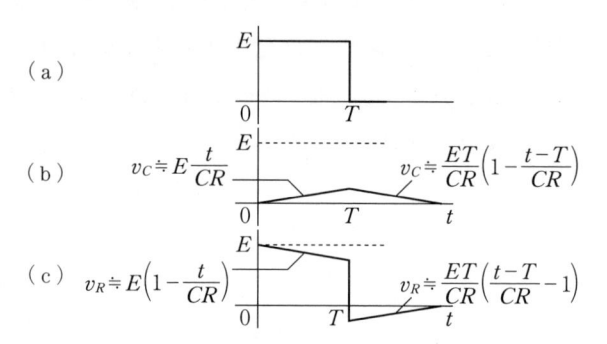

図 9.18　v_C と v_R の波形（$\tau \gg T$ のとき）

図 9.16 の回路方程式は $v_R + v_C = e$ より，$v_R = e - v_C$ となり，v_R の波形は図 9.18（c）のようになる。図（b）と図（c）からわかるように，v_C は v_R に比べて無視できるため，$0 < t < T$ では，$e \fallingdotseq E \fallingdotseq v_R$ と考えられる。これから

$$i = \frac{v_R}{R} \fallingdotseq \frac{E}{R} \tag{9.52}$$

と置けることから v_C は式 (9.53) となる。

$$v_C = \frac{1}{C}\int i\,dt \fallingdotseq \frac{1}{CR}\int E\,dt = \frac{E}{CR}t \tag{9.53}$$

このことから図 9.16 の回路では，$\tau = CR \gg T$ のとき入力電圧 e の積分波形

が v_C に出力される。これより図 9.16 の回路は**積分回路**（integrating circuit）と呼ばれる。しかしながら，$t=T$ で

$$v_C = E(1-e^{-T/CR}) \fallingdotseq E\frac{T}{CR} \ll E \qquad (\because CR \gg T) \tag{9.54}$$

と出力電圧が小さくなることから，このまま積分回路として用いられることはなく，演算増幅器（オペアンプ）などと組み合わせた能動形積分回路が用いられる。この回路は，パルス電圧の低周波成分が v_C に出力されることから**低域通過 RC 回路**と呼ばれることもある。同様な積分回路はコイル L と抵抗 R からなる直列回路で $L/R \gg T$ のとき，抵抗の端子電圧 v_R を出力とすることでも実現できる。

9.5.2　RC 微分回路

図 9.16 の R と C の位置を入れ替えて**図 9.19** のように抵抗 R の端子電圧 v_R を出力とする回路を考える。

パルス幅 T に比べ時定数 $\tau = CR$ が十分小さい（$\tau = CR \ll T$）とき，$t=0$ で電源電圧が E となるとコンデンサの充電は，T より十分短い時間で完了し，$v_C = E$ となる。また，電源電圧が 0 になると v_C も T に対して十分短い時間で 0 となる。このことから $v_C \fallingdotseq e$ と考えることができる。このことから

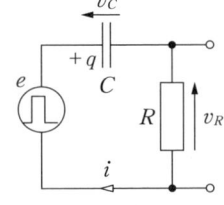

図 9.19　RC 微分回路

$$i = \frac{dq}{dt} = \frac{dCv_C}{dt} = C\frac{dv_C}{dt} \fallingdotseq C\frac{de}{dt} \tag{9.55}$$

と近似することができる。出力電圧は

$$v_R = Ri \fallingdotseq RC\frac{de}{dt} \tag{9.56}$$

となる。これより入力電圧 e の時間微分に比例した波形が抵抗の端子電圧 v_R に出力されていることがわかる。これより図 9.19 の回路は $\tau = CR \ll T$ のとき，**微分回路**（differentiating circuit）と呼ばれる。この回路は $t<T$ のとき，9.3 節で考えた回路と同じとみなすことができるため，抵抗の端子電圧 v_R は式 (9.34) と同じになる。入力（電源）電圧 e と $\tau = CR \ll T$ のときの出力電圧

144　9. 過渡現象

（抵抗の端子電圧）v_R を図 9.20 に示す。この図からも v_R は電源電圧 e の微分波形になっていることがわかる。また，コイル L と抵抗 R を用いて $L/R \ll T$ としても，コイルの端子電圧 v_L を出力とすることで，微分回路を構成することができる。

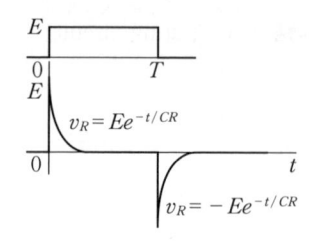

図 9.20　RC 微分回路の波形

9.6　RC 直列交流回路

図 9.21 に示すような抵抗 R とコンデンサ C から成る RC 直列回路に交流電源 $e(t) = E_m \sin(\omega t + \theta)$ をスイッチ S により，$t = 0$ で接続した場合を考える。

抵抗の端子電圧を v_R，コンデンサの端子電圧を v_C，コンデンサに充電される電荷を q，回路に流れる電流を i とすると，回路方程式は

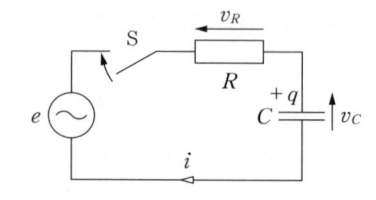

図 9.21　RC 直列交流回路

$$v_R + v_C = Ri + \frac{q}{C} = R\frac{dq}{dt} + \frac{q}{C} = e(t) = E_m \sin(\omega t + \theta) \tag{9.57}$$

定常解を q_s とすると，式 (9.57) より，q_s は

$$R\frac{dq_s}{dt} + \frac{q_s}{C} = e(t) = E_m \sin(\omega t + \theta) \tag{9.58}$$

を満たす。

ベクトル記号法により，定常解を求める。

$$e(t) \Rightarrow \dot{E} = E_e e^{j\theta} = (E_m/\sqrt{2})e^{j\theta}, \quad q_s \Rightarrow \dot{Q}_s = Q_{se} e^{j(\theta - \varphi)} \tag{9.59}$$

とし，3.2.3 項から $d/dt \Rightarrow j\omega$ として式 (9.58) を書き換えると

$$j\omega R \dot{Q}_s + \frac{\dot{Q}_s}{C} = \left\{ j\omega R + \frac{1}{C} \right\} \dot{Q}_s = \frac{j\omega RC + 1}{C} \dot{Q}_s = \dot{E} \tag{9.60}$$

となる。これを $\dot{Q}_s$ について解くと

9.6 RC 直列交流回路

$$\dot{Q}_s = \frac{C\dot{E}}{j\omega CR + 1}, \quad Q_{se} = \left|\dot{Q}_s\right| = \frac{C\left|\dot{E}\right|}{|j\omega CR + 1|} = \frac{CE_e}{\sqrt{1+\omega^2 C^2 R^2}} = \frac{CE_m/\sqrt{2}}{\sqrt{1+\omega^2 C^2 R^2}} \tag{9.61}$$

$$\angle \dot{Q}_s = \angle \frac{C\dot{E}}{j\omega CR + 1} = \angle C\dot{E} - \angle(j\omega CR + 1) = \angle \dot{E} - \angle(1 + j\omega CR)$$

$$= \theta - \tan^{-1}\frac{\omega CR}{1} = \theta - \tan^{-1}\omega CR \tag{9.62}$$

$$= \theta - \varphi \quad \because \text{式 (9.59)} \quad \dot{Q}_s = Q_{se}e^{j(\theta-\varphi)} \tag{9.63}$$

よって

$$q_s = \sqrt{2}\,Q_{se}\sin\left(\omega t + \angle \dot{Q}_s\right) = \frac{CE_m}{\sqrt{1+\omega^2 C^2 R^2}}\sin(\omega t + \theta - \varphi) \tag{9.64}$$

ただし，式 (9.62)，(9.63) より

$$\varphi = \tan^{-1}\omega CR \tag{9.65}$$

過渡解を q_t とすると，q_t は，式 (9.57) の右辺 = 0 とした式を満たす。この式は，9.3 節の式 (9.28) と同じとなる。したがって，過渡解は，式 (9.29) と等しくなる。よって

$$q_t = Ke^{-t/CR} \tag{9.66}$$

一般解 q は，式 (9.64) と (9.66) より

$$q = q_s + q_t = \frac{CE_m}{\sqrt{1+\omega^2 C^2 R^2}}\sin(\omega t + \theta - \varphi) + Ke^{-t/CR} \tag{9.67}$$

$t = 0$ でコンデンサには電荷が蓄えられていないとすると，初期条件は

$$t = 0 \quad \text{で} \quad q = 0 \tag{9.68}$$

となり，式 (9.68) を式 (9.67) に代入して

$$0 = \frac{CE_m}{\sqrt{1+\omega^2 C^2 R^2}}\sin(\theta - \varphi) + Ke^{-0/CR} = \frac{CE_m}{\sqrt{1+\omega^2 C^2 R^2}}\sin(\theta - \varphi) + K$$

より

$$K = -\frac{CE_m}{\sqrt{1+\omega^2 C^2 R^2}}\sin(\theta - \varphi) \tag{9.69}$$

式 (9.69) を式 (9.67) に代入して q を求めると

$$q = \frac{CE_m}{\sqrt{1+\omega^2 C^2 R^2}} \sin(\omega t + \theta - \varphi) - \frac{CE_m}{\sqrt{1+\omega^2 C^2 R^2}} \sin(\theta - \varphi) e^{-t/CR}$$

$$= \frac{CE_m}{\sqrt{1+\omega^2 C^2 R^2}} \{\sin(\omega t + \theta - \varphi) - \sin(\theta - \varphi) e^{-t/CR}\} \quad (9.70)$$

式 (9.70) より，コンデンサの端子電圧 v_C は

$$v_C = \frac{q}{C} = \frac{E_m}{\sqrt{1+\omega^2 C^2 R^2}} \{\sin(\omega t + \theta - \varphi) - \sin(\theta - \varphi) e^{-t/CR}\}$$

$\theta = \varphi$ のとき $V_m = \dfrac{E_m}{\sqrt{1+\omega^2 C^2 R^2}}$ とすると

$$v_C = V_m \sin\omega t \quad (9.71)$$

となる。このときの交流電源電圧波形とコンデンサの端子電圧の関係を**図 9.22** に示す。この図から，電源電圧の位相 θ が負荷の偏角 φ と同じ位相のときにスイッチを閉じると，コンデンサの過渡電圧は v_C は，定常解 $v_s = V_m \sin\omega t$ と過渡解 $v_t = 0$ の和と考えられ，過渡的な現象は現れず，電源電圧波形より位相が φ だけ遅れる正弦波となることがわかる。

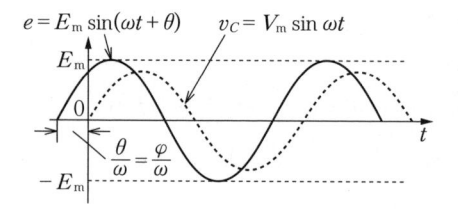

図 9.22 $\theta = \varphi$ のときの e と v_C の波形

また，$\theta = \varphi + \pi/2$ のとき（電源電圧の位相が負荷の偏角 φ より $\pi/2$ 遅れた位相のときにスイッチを閉じたとき）

$$v_C = V_m \left\{\sin\left(\omega t + \frac{\pi}{2}\right) - \sin\left(\frac{\pi}{2}\right) e^{-t/CR}\right\} = V_m \cos\omega t - V_m e^{-t/CR} \quad (9.72)$$

となる。この電圧波形と交流電源電圧の関係は**図 9.23** のようになる。この場合，コンデンサ端子電圧の過渡電圧 v_C は

　　　　定常解 $v_s = V_m \cos\omega t$ と過渡解 $v_t = -V_m e^{-t/CR}$ の和

と考えることができ，スイッチSを閉じたときは，v_C は0であり，定常解の電圧より V_m だけ低くなっており，CR の時定数で定常解 v_s に漸近することがわかる。

$e = E_m \sin(\omega t + \theta)$

V_m

$v_s = V_m \cos \omega t$

0

$-V_m$

$\dfrac{\varphi}{\omega}$

$\dfrac{\theta - \varphi}{\omega} = \dfrac{\pi/2}{\omega}$

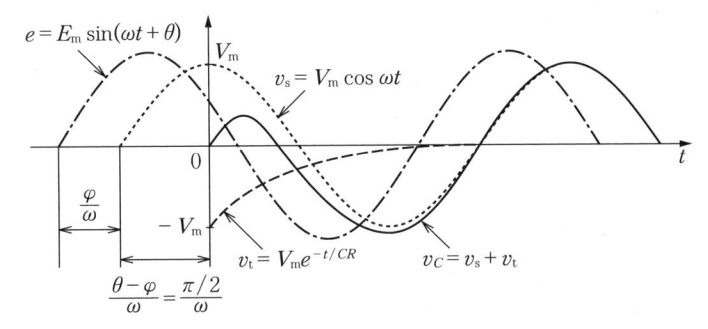

$v_t = V_m e^{-t/CR}$

$v_C = v_s + v_t$

図 9.23 $\theta = \varphi + \pi/2$ のときの e と v_C の波形

9.7 *LC* 直列直流回路

図 9.24 に示すコイル L とコンデンサ C とを直列接続した回路にスイッチ S を介して直流電源 E に接続した場合を考える。

例題 9.2 図 9.24 の回路において，$t=0$ でスイッチ S を閉じたあとの電流 i，コンデンサとコイルの端子電圧 v_L，v_C を求めなさい。ただし，スイッチ S を閉じる前にはコンデンサ C には電荷が充電されておらず（$q=0$），回路には電流が流れていないもの（$i=0$）とする。

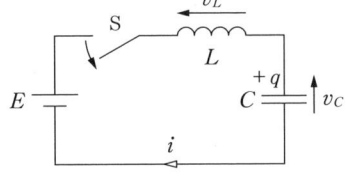

図 9.24 *LC* 直列直流回路

解 スイッチ S を閉じた瞬間を $t=0$ とし，そのあとの回路方程式

$$v_L + v_C = L\dfrac{di}{dt} + \dfrac{1}{C}\int i\,dt = E, \quad \int i\,dt = q, \quad i = \dfrac{dq}{dt} \tag{9.73}$$

より

$$L\dfrac{d^2q}{dt^2} + \dfrac{q}{C} = E \tag{9.74}$$

を得る。直流回路の定常状態では $d^2q/dt^2=0$ となり，これを式 (9.74) に代入すると，電荷 q の定常解 q_s が得られる。

$$q_s = CE \tag{9.75}$$

過渡解 q_t は，式 (9.74) の右辺を 0 とした式 (9.76) の解となる。

$$L\dfrac{d^2q_t}{dt^2} + \dfrac{q_t}{C} = 0 \tag{9.76}$$

148　9. 過渡現象

式 (9.76) は，定数係数の同次2階微分方程式となる．この解は

$$q_t = Ke^{mt} \tag{9.77}$$

となることから，式 (9.77) を式 (9.76) に代入すると

$$L\frac{d^2 q_t}{dt^2} + \frac{q_t}{C} = Lm^2 Ke^{mt} + \frac{Ke^{mt}}{C} = \left(Lm^2 + \frac{1}{C}\right)Ke^{mt} = 0 \tag{9.78}$$

$Ke^{mt} \neq 0$ であるから，式 (9.78) より，式 (9.79) の特性方程式を得る．

$$Lm^2 + \frac{1}{C} = 0 \tag{9.79}$$

特性方程式 (9.79) の解 m は，$\omega_0 = 1/\sqrt{LC}$ とすると

$$m = \pm j\frac{1}{\sqrt{LC}} = \pm j\omega_0 \tag{9.80}$$

式 (9.80) と式 (9.77) より，過渡解は $K_1 e^{j\omega_0 t}$ と $K_2 e^{-j\omega_0 t}$ の和となる．

$$q_t = K_1 e^{j\omega_0 t} + K_2 e^{-j\omega_0 t} \tag{9.81}$$

したがって，回路方程式 (9.74) の一般解は，式 (9.75) と式 (9.81) の和となる．

$$q = q_s + q_t = CE + K_1 e^{j\omega_0 t} + K_2 e^{-j\omega_0 t} \tag{9.82}$$

これから，電流 i は

$$i = \frac{dq}{dt} = j\omega_0 K_1 e^{j\omega_0 t} - j\omega_0 K_2 e^{-j\omega_0 t} \tag{9.83}$$

初期条件 $t=0$ で，$q=0$ を式 (9.82) に代入して

$$0 = CE + K_1 e^{j\omega_0 \times 0} + K_2 e^{-j\omega_0 \times 0} = CE + K_1 + K_2 \tag{9.84}$$

また，もう一つの初期条件 $t=0$ で，$i=0$ を式 (9.83) に代入して

$$0 = j\omega_0 K_1 e^{j\omega_0 \times 0} - j\omega_0 K_2 e^{-j\omega_0 \times 0} = j\omega_0 K_1 - j\omega_0 K_2 \tag{9.85}$$

式 (9.84) と式 (9.85) より

$$K_1 = K_2 = -\frac{CE}{2} \tag{9.86}$$

となるので，式 (9.82) より

$$\begin{aligned} q &= CE - \frac{CEe^{j\omega_0 t} + CEe^{-j\omega_0 t}}{2} = CE - CE\frac{e^{j\omega_0 t} + e^{-j\omega_0 t}}{2} \\ &= CE(1 - \cos\omega_0 t) \end{aligned} \tag{9.87}$$

また，式 (9.83) より

$$i = j\omega_0 K_1 e^{j\omega_0 t} - j\omega_0 K_2 e^{-j\omega_0 t} = -\frac{j\omega_0 CE(e^{j\omega_0 t} - e^{-j\omega_0 t})}{2} = E\sqrt{\frac{C}{L}}\sin\omega_0 t \tag{9.88}$$

または，式 (9.87) を時間微分して直接，式 (9.88) を求めてもよい．コンデンサの端子電圧 v_C は，式 (9.87) より

$$v_C = \frac{q}{C} = \frac{CE - CE\cos\omega_0 t}{C} = E(1 - \cos\omega_0 t) \tag{9.89}$$

コイルの端子電圧 v_L は，回路方程式 $v_L + v_C = E$ より

$$v_L = E - v_C = E - E(1 - \cos\omega_0 t) = E\cos\omega_0 t \tag{9.90}$$

式 (9.87) ～ (9.90) から明らかなように，スイッチを閉じたあとは電源が直流電源であるにもかかわらず，角周波数 $\omega_0 = 1/\sqrt{LC}$ の交流の電圧や電流が回路には生じることがわかる。これは抵抗がない理想的な場合を考えているため過渡現象が収まらず，交流電流が永遠に続くことを示している。なお，角周波数 ω_0 は回路の L と C により決まる固有の角周波数であることから**固有角周波数**（eigen angular frequency, natural angular frequency）と呼ばれる。

9.8 *RLC* 直列直流回路

9.7 節では，LC の直列回路を考えたが，実際の回路では，抵抗 R 成分が必ず入ってくる。そこで，ここでは**図 9.25** に示す LC に R が直列接続された RLC 直列回路にスイッチ S を介して，直流電源 E が接続される場合を考える。

スイッチ S を閉じたあとの図 9.25 の回路方程式は

$$v_L + v_R + v_C = L\frac{di}{dt} + Ri + \frac{1}{C}\int i\, dt = E \tag{9.91}$$

$$\int i\, dt = q, \quad i = \frac{dq}{dt}$$

より

$$L\frac{d^2q}{dt^2} + R\frac{dq}{dt} + \frac{q}{C} = E \tag{9.92}$$

定常状態では

$$i = \frac{dq}{dt} = 0, \quad \frac{d^2q}{dt^2} = 0$$

より，これらを式 (9.92) に代入すると，電荷 q の定常解 q_s が得られる。

$$q_s = CE \tag{9.93}$$

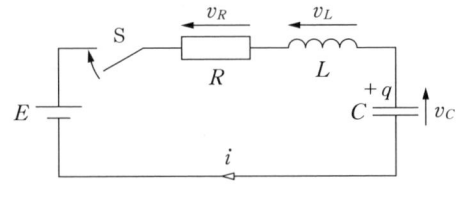

図 9.25　*RLC* 直列直流回路

9. 過渡現象

過渡解 q_t は,式 (9.92) の右辺=0 としたときの解で, $q_t = Ke^{mt}$ となることから

$$L\frac{d^2q_t}{dt^2} + R\frac{dq_t}{dt} + \frac{q_t}{C} = \left(Lm^2 + Rm + \frac{1}{C}\right)Ke^{mt} = 0 \tag{9.94}$$

より,特性方程式は

$$Lm^2 + Rm + \frac{1}{C} = 0 \tag{9.95}$$

となる。特性方程式の解 m は,二次方程式の解の公式から

$$m = -\frac{R \pm \sqrt{R^2 - 4(L/C)}}{2L} = -\frac{R}{2L} \pm \sqrt{\left(\frac{R}{2L}\right)^2 - \frac{1}{LC}}$$

$$= -\alpha \pm \sqrt{\alpha^2 - \omega_0^2} \tag{9.96}$$

ここで, $\alpha = R/2L$ は**減衰定数**(decay constant)と呼ばれ, $\omega_0 = 1/\sqrt{LC}$ は LC 直列回路と同じく,**固有角周波数**と呼ばれる。また,これらの比 $\eta = \alpha/\omega_0 = R\sqrt{C/L}/2$ を**制動比**(damping ratio)と呼ぶことがある。

〔1〕 $\alpha > \omega_0$ の場合　　$\alpha^2 - \omega_0^2 > 0$ より,式 (9.96) 内の $\sqrt{\alpha^2 - \omega_0^2} = \beta$ とすると, β は実数となる。したがって,式 (9.96) に示す m も実数となり

$$m = -\alpha \pm \sqrt{\alpha^2 - \omega_0^2} = -\alpha \pm \beta \tag{9.97}$$

と置ける。これから式 (9.94) を満たす過渡解 q_t は

$$q_t = K_1 e^{(-\alpha + \beta)t} + K_2 e^{(-\alpha - \beta)t} \tag{9.98}$$

となり,回路方程式 (9.92) の一般解は

$$q = q_s + q_t = CE + K_1 e^{(-\alpha + \beta)t} + K_2 e^{(-\alpha - \beta)t} \tag{9.99}$$

となる。また,電流 i は

$$i = \frac{dq}{dt} = (-\alpha + \beta)K_1 e^{(-\alpha + \beta)t} + (-\alpha - \beta)K_2 e^{(-\alpha - \beta)t} \tag{9.100}$$

となる。これらに初期値を入れて, K_1, K_2 を求めて, q と i を導くと

$$q = CE\left\{1 - e^{-\alpha t}\frac{\omega_0}{\beta}\sinh(\beta t + \phi)\right\} \quad \left(\beta = \sqrt{\alpha^2 - \omega_0^2},\ \beta/\alpha = \tanh\phi\right) \tag{9.101}$$

$$i = \frac{E}{\beta L} e^{-\alpha t} \sinh \beta t \tag{9.102}$$

となる。

〔2〕 $\alpha = \omega_0$ の場合　　式(9.96)は重解となり

$$m = -\alpha \pm \sqrt{\alpha^2 - \omega_0^2} = -\alpha = -\frac{R}{2L} \tag{9.103}$$

となる。この場合, 式(9.94)を満たす過渡解 q_t は

$$q_t = K_1 e^{-\alpha t} + K_2 t e^{-\alpha t} \tag{9.104}$$

となる。

回路方程式(9.92)の一般解 q と電流 i は

$$q = q_s + q_t = CE + K_1 e^{-\alpha t} + K_2 t e^{-\alpha t} \tag{9.105}$$

$$i = \frac{dq}{dt} = -\alpha K_1 e^{-\alpha t} + K_2 e^{-\alpha t} - \alpha t K_2 e^{-\alpha t} \tag{9.106}$$

となる。これらに初期値を入れて, K_1, K_2 を求めて, q と i を導く。

$$q = CE\{1 - (1 + \alpha t)e^{-\alpha t}\} \tag{9.107}$$

$$i = \frac{E}{L} t e^{-\alpha t} \tag{9.108}$$

〔3〕 $\alpha < \omega_0$ の場合　　この場合は

$$q = CE\left\{1 - e^{-\alpha t} \frac{\omega_0}{\sin\phi} \sin(\omega t + \phi)\right\} \quad \left(\omega = \sqrt{\omega_0^2 - \alpha^2}, \quad \omega/\alpha = \tan\phi\right)$$

これから, $\sin\phi = \omega/\sqrt{\alpha^2 + \omega^2} = \omega/\omega_0$ より

$$q = CE\left\{1 - e^{-\alpha t} \frac{\omega_0}{\omega} \sin(\omega t + \phi)\right\} \tag{9.109}$$

同様に電流 i を求めると

$$i = \frac{E}{\omega L} e^{-\alpha t} \sin\omega t \tag{9.110}$$

となる。

式(9.101)と式(9.102), 式(9.107)と式(9.108), 式(9.109)と式(9.110)の波形を**図9.26**(a), (b), (c)にそれぞれ示す。

$\alpha < \omega_0$ の場合は, 図からもわかるように, 電荷 q は定常値 CE より一度大き

(a) 過制動 ($\alpha > \omega_0$)

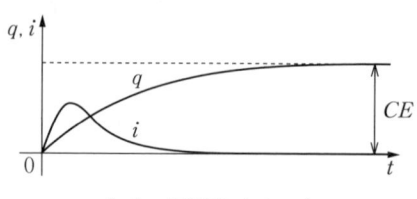

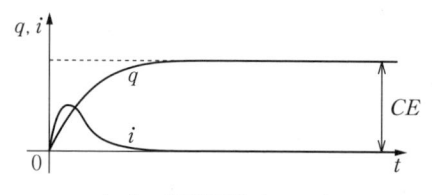

(b) 臨界制動 ($\alpha = \omega_0$)

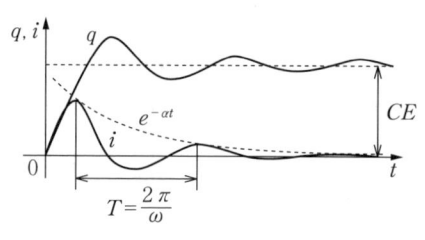

(c) 減衰制動 ($\alpha < \omega_0$)

$T = \dfrac{2\pi}{\omega}$

図 9.26 q と i の波形

くなり，振動しながら時間とともに振動振幅が小さくなり，定常値に近づいていく。同様に電流 i も一度大きな値となり，$i=0$ を中心とする振動をしながら，定常値 $i=0$ に近づいていく。式 (9.110) からもわかるが，振動の振幅は $e^{-\alpha t}$ に沿って小さくなり，隣り合う振動ピークは周期 T の間隔となるので，振動振幅も $e^{-\alpha T}$ の比で減衰する。このときの αT を**対数減衰率**と呼び，このような振動を**減衰振動**（damped oscillation）と呼ぶ。

一方，$\alpha > \omega_0$ の場合は，q は振動せずに指数関数的に定常値近づいていく。電流 i も一度大きくなり，振動せずに定常値 $i=0$ に近づいていく。このような定常値への漸近の仕方を**過制動**（over damping）と呼ぶ。このちょうど境目の状態が $\alpha = \omega_0$ の場合で，振動せずに最も速く定常状態に漸近し，**臨界制動**（critical damping）と呼ぶ。

本章のまとめ

☞ **9.1**　過渡状態：回路に電源を接続（または切り離し）してから定常な状態に移るまでの状態

過渡現象：過渡状態で電圧や電流などが変化する現象

☞ **9.2**　過渡現象を表す非同次線形微分方程式の導出法

（1）キルヒホッフの電圧則から得られる回路方程式を立てる。

（2）（1）で立てた回路方程式に素子の電圧・電流特性を表す式を代入する。

☞ **9.3** 非同次線形微分方程式の一般解＝定常解＋過渡解

定常解：外部電源による定常電流，電圧に対応する。直流回路では微分項を0としたときの解，非同次線形微分方程式の特解

過渡解：外部電源を除いた回路による電流，電圧に対応する。同次線形微分方程式の一般解

求めた非同次線形微分方程式の一般解に初期条件（$t=0$）の電圧，電流，電荷などの値を代入して，最終的に解を求める。

☞ **9.4** 回路の時定数：回路定数のみで求まる回路固有の値で，初期値から定常値までの変化量を1とした場合，変化量が指数的に変化し，その残りが e^{-1} となるまでの時間。過渡現象の速さの度合いを知る目安。RL 直列回路では L/R，RC 直列回路では RC

☞ **9.5** RL 直列直流回路を短絡した場合，コイルに蓄えられていたエネルギーは，すべて抵抗で消費される。

RC 直列回路（初期電荷0）に直流電源を接続した場合，電源から供給されるエネルギーの1/2はコンデンサに蓄えられ，1/2は抵抗で消費される。

☞ **9.6** LC 直列回路の過渡現象

電源が直流であっても，固有角周波数 $\omega_0 = 1/\sqrt{LC}$ の交流が生じる。

☞ **9.7** RLC 直列直流回路の過渡現象

（1） $\alpha = R/2L$（減衰定数）$> \omega_0 = 1/\sqrt{LC}$（固有角周波数）の場合は，過制動

（2） $\alpha = \omega_0$ の場合は，臨界制動

（3） $\alpha < \omega_0$ の場合は，減衰振動

演習問題

9.1 RC 直列回路に直流電圧 E を加えた。つぎの問に答なさい。ただし，$t \leq 0$ のとき，C には電荷がないものとする。

（1）流れる電流 i を求めなさい。

（2）時定数 τ を求めなさい。また，$t = \tau$ のときの電流の値を求めなさい。

（3）流れる電流が初期電流 $I = E/R$ の60％および90％に達するには時定数の何倍の時間を要するか求めなさい。

（4）時定数の6倍の時間のとき，流れる電流は，初期電流の何％か求めさない。

9. 過渡現象

9.2 RL直列回路に直流電圧 E を加えた。つぎの問に答えなさい。ただし，$t \leq 0$ のとき，L には電流が流れていないものとする。
（1）流れる電流 i を求めなさい。
（2）時定数 τ を求めなさい。また，$t = \tau$ のときの電流の値を求めなさい。
（3）抵抗の端子電圧 v_R とコイルの端子電圧 v_L が等しくなる時間 T を求めなさい。

9.3 図9.27の回路で，$R = 10\,\Omega$，$C = 2\,\mathrm{F}$，$E_1 = 5\,\mathrm{V}$，$E_2 = 10\,\mathrm{V}$ である。つぎの問に答えなさい。ただし，$t \leq 0\,\mathrm{s}$ のときの，C の電荷は 0 C とする。

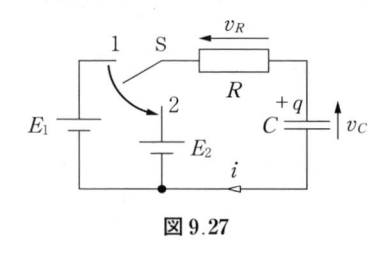

図9.27

（1）$t = 0\,\mathrm{s}$ でスイッチ S を 1 側に閉じ，十分に時間が経過したとき，抵抗 R で消費されるエネルギー損失 W_1 を求めなさい。
（2）その後スイッチ S を 2 側に閉じて十分に時間が経過したとき，抵抗 R で消費されるエネルギー損失 W_2 を求めなさい。
（3）$t = 0\,\mathrm{s}$ でスイッチ S を 2 側に閉じ，十分に時間が経過したとき，抵抗 R で消費されるエネルギー損失 W_3 を求めなさい。
（4）（1）～（3）の結果を考察し，コンデンサを充電するとき，エネルギー損失を低減する方法について説明しなさい。

9.4 図9.21の回路で $t = 0$ で，スイッチ S を閉じた。つぎの問に答えなさい。ただし，$t \leq 0$ のときに，C の電荷 $q(t=0)$ は 0 とする。
（1）コンデンサ C の端子電圧 v_C に対する回路方程式を求めなさい。
（2）上記回路方程式の定常解 v_s を求めなさい。
（3）上記回路方程式の過渡解 v_t を求めなさい。
（4）上記回路方程式の一般解 v_C を求めなさい。
（5）$\theta = -\tan^{-1}\omega CR + \pi/2$ の関係があるとき，$v_C = V_\mathrm{m}\cos\omega t - V_\mathrm{m} e^{-t/CR}$ となることを示しなさい。ただし

$$V_\mathrm{m} = \frac{E_\mathrm{m}}{\sqrt{1+\omega^2 C^2 R^2}}$$

である。

9.5 図9.25の回路において，つぎの問に答えなさい。
（1）$\alpha = R/2L = \omega_0 = 1/\sqrt{LC}$ のとき，電荷 q と電流 i が式 (9.107)，(9.108) となることを示しなさい。
（2）$\alpha = R/2L < \omega_0 = 1/\sqrt{LC}$ のとき，電荷 q と電流 i が式 (9.109)，(9.110) となることを示しなさい。

10. 三 相 交 流

　三相交流回路は，3個の起電力で構成された電源から，負荷に電力を送る回路である。これを n 個の起電力へ拡張すると，n 相の**多相交流**（polyphase alternating current）回路を構成することができる。本章では，多相交流の中でも最も身近に利用される**三相交流**（three-phase alternating current）について述べる。三相交流回路の基礎として対称三相回路の仕組み，計算方法をはじめに述べる。つぎに，非対称三相回路の計算方法，三相回路における電力の計算方法を述べる。さらに，回転磁界についても触れる。

10.1 対称三相交流

10.1.1 三相交流回路の基本構成

　図 10.1（a）の回路は，三つの単相交流電源を用いて，各電源に接続された負荷に電流を流している。

　単相交流電源の瞬時値 $e_a(t)$，$e_b(t)$ および $e_c(t)$ が式（10.1）〜（10.3）で表されたとする。

$$e_a(t) = \sqrt{2}\, E_e \sin\omega t \tag{10.1}$$

$$e_b(t) = \sqrt{2}\, E_e \sin\left(\omega t - \frac{2}{3}\pi\right) \tag{10.2}$$

$$e_c(t) = \sqrt{2}\, E_e \sin\left(\omega t - \frac{4}{3}\pi\right) \tag{10.3}$$

ここで，E_e は電圧実効値である。電圧瞬時値 $e_a(t)$，$e_b(t)$，$e_c(t)$ の位相は $2\pi/3$ ずつ異なっている。これらの電圧瞬時値を複素数表示すると，式（10.4）〜（10.6）が得られる。

$$\dot{E}_a = E_e \angle 0 = E_e \tag{10.4}$$

10. 三相交流

(a)

(b)

(c)

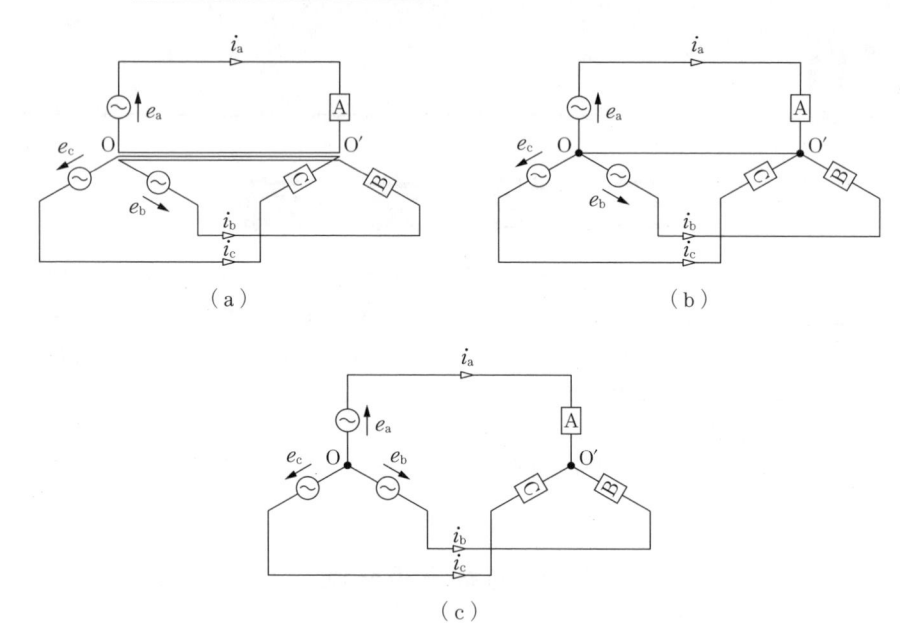

図 10.1 三相交流回路の基本構成

$$\dot{E}_b = E_e \angle \left(-\frac{2}{3}\pi\right) = E_e e^{-j2\pi/3} \tag{10.5}$$

$$\dot{E}_c = E_e \angle \left(-\frac{4}{3}\pi\right) = E_e e^{-j4\pi/3} \tag{10.6}$$

図 10.2 に瞬時値 $e_a(t)$, $e_b(t)$, $e_c(t)$ の波形および複素数表示された電圧 $\dot{E}_a$,

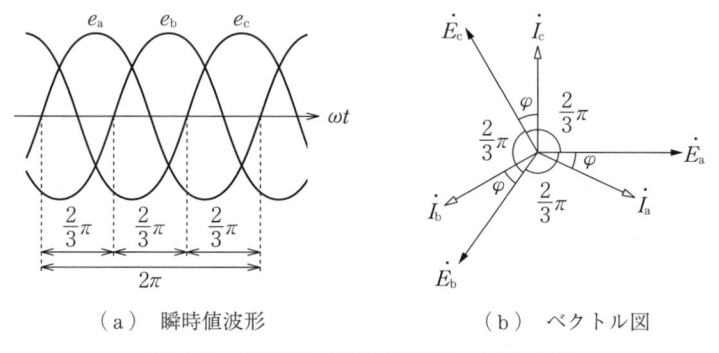

(a) 瞬時値波形　　　　(b) ベクトル図

図 10.2 三相交流の瞬時値波形とベクトル図

$\dot{E}_\mathrm{b}$, $\dot{E}_\mathrm{c}$ のベクトル図を示す。

三つの負荷 A, B, C のインピーダンスをそれぞれ $\dot{Z} = Z\angle\varphi = Ze^{j\varphi}$ とすると，各電源から流れる電流の複素数表示は式 (10.7) ～ (10.9) で表される。

$$\dot{I}_\mathrm{a} = \frac{\dot{E}_\mathrm{a}}{\dot{Z}} = \frac{E_\mathrm{e}}{Ze^{j\varphi}} = I_\mathrm{e}e^{-j\varphi} \tag{10.7}$$

$$\dot{I}_\mathrm{b} = \frac{\dot{E}_\mathrm{b}}{\dot{Z}} = \frac{E_\mathrm{e}e^{-j2\pi/3}}{Ze^{j\varphi}} = I_\mathrm{e}e^{-j(2\pi/3+\varphi)} \tag{10.8}$$

$$\dot{I}_\mathrm{c} = \frac{\dot{E}_\mathrm{c}}{\dot{Z}} = \frac{E_\mathrm{e}e^{-j4\pi/3}}{Ze^{j\varphi}} = I_\mathrm{e}e^{-j(4\pi/3+\varphi)} \tag{10.9}$$

ここで，I_e は電流実効値，φ はインピーダンスの位相角である。電流 $\dot{I}_\mathrm{a}$, $\dot{I}_\mathrm{b}$, $\dot{I}_\mathrm{c}$ の位相も，電圧の場合と同様に $2\pi/3$ ずつ異なっている。式 (10.7) ～ (10.9) から，電流について式 (10.10) が成り立つ。

$$\dot{I}_\mathrm{a} + \dot{I}_\mathrm{b} + \dot{I}_\mathrm{c} = 0 \tag{10.10}$$

また，複素数表示された電流から電流瞬時値を求めると，式 (10.11) ～ (10.13) が得られる。

$$i_\mathrm{a}(t) = \sqrt{2}\, I_\mathrm{e}\sin(\omega t - \varphi) \tag{10.11}$$

$$i_\mathrm{b}(t) = \sqrt{2}\, I_\mathrm{e}\sin\left(\omega t - \frac{2}{3}\pi - \varphi\right) \tag{10.12}$$

$$i_\mathrm{c}(t) = \sqrt{2}\, I_\mathrm{e}\sin\left(\omega t - \frac{4}{3}\pi - \varphi\right) \tag{10.13}$$

電流瞬時値の式から，式 (10.14) が得られる。

$$i_\mathrm{a}(t) + i_\mathrm{b}(t) + i_\mathrm{c}(t) = 0 \tag{10.14}$$

図 10.1 (a) の O-O′ 区間には電流の流れる通路が 3 本あるが，これを 1 本の共通線に置き換えると，図 (b) が得られる。ここで，式 (10.10) や式 (10.14) に示した関係から，この区間に流れる電流は 0 である。すなわち，この区間の電線を取り除いても，他の部分に流れる電流は変わらない。つまり，図 (a) の回路は図 (c) の回路に描き換えることができる。図 (a) の回路では，電源と負荷をつなぐ導線の本数が 6 本であるのに対して，図 (c) の回路

では半分の3本で間に合っており，電力を供給する効率が上がる。

このように，三相交流回路では，位相がたがいに$2\pi/3$ずつ異なる3個の単相交流電源を用いて，3本の電線で負荷に電力を供給する回路である。本項で示した内容は，「3個の電圧源の大きさが同じ」，「3個の負荷インピーダンスが同じ」という特殊な条件を前提としている。このような三相交流回路を**対称三相交流回路**と呼ぶ。一方，電圧源や負荷インピーダンスの大きさがすべて同じではない三相交流回路のことを**非対称三相交流回路**と呼んでいる。しかし，「電源が3個ある」，「電線が3本ある」，「各電線を流れる電流の総和は0」という点は，三相交流回路の基本的な要素として共通である。

また，三相交流では，位相の進んだものから順にa相，b相，c相と呼ぶ場合が多い。図10.2（b）を見ると，a相の電流位相はb相よりも進んでいる。また，b相の電流位相はc相よりも進んでおり，c相電流の位相はa相よりも進んでいる。

対称三相交流電源の瞬時値と複素数表示について，式（10.15），（10.16）が成り立っている。

$$e_a(t) + e_b(t) + e_c(t) = 0 \tag{10.15}$$

$$\dot{E}_a + \dot{E}_b + \dot{E}_c = 0 \tag{10.16}$$

10.1.2　電源の接続方法

図10.3に三相交流電源を示す。図（a）は，3個の電源が一つの端子を中心に接続されている。中心の点を**中性点**Oと呼ぶ。中性点Oと端子a, b, cの

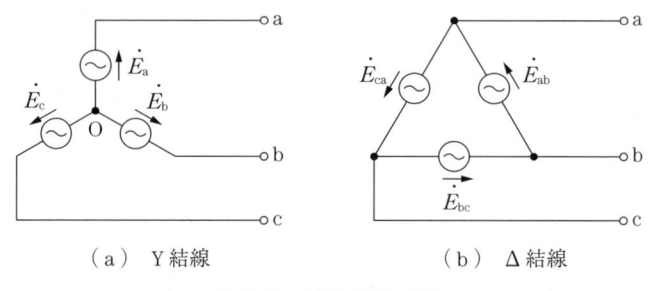

（a）Y結線　　　　　　　　　（b）Δ結線

図10.3　電源の接続方法

10.1 対称三相交流

間に電圧源が接続されている．このような電源の接続方法を **Y 結線**（Y-connection）（**星形結線**）と呼ぶ．また，中性点 O に対する端子 a，b，c の電圧 $\dot{E}_a$，$\dot{E}_b$，$\dot{E}_c$ を **相電圧**（phase voltage）と呼ぶ．式 (10.4)〜(10.6) に示したとおり，各電圧の位相は $2\pi/3$ ずつ異なる．

一方，図 (b) の接続方法では，電源は端子 a-b 間，b-c 間，c-a 間に接続されている．このような電源の接続方法を **Δ 結線**（Δ-connection）（**三角結線**）と呼ぶ．また，端子 a-b 間，b-c 間，c-a 間の電圧 $\dot{E}_{ab}$，$\dot{E}_{bc}$，$\dot{E}_{ca}$ を **線間電圧**（line-to-line voltage）と呼ぶ．

10.1.3 負荷の接続方法

〔1〕**Y 結 線**　図 10.4 に三相交流回路における負荷の接続図を示す．図 (a) は，3 個の負荷が一つの端子に接続されている．電源の場合と同様に，このような負荷の接続方法を Y 結線，Y 結線された負荷を **Y 負荷** と呼ぶ．

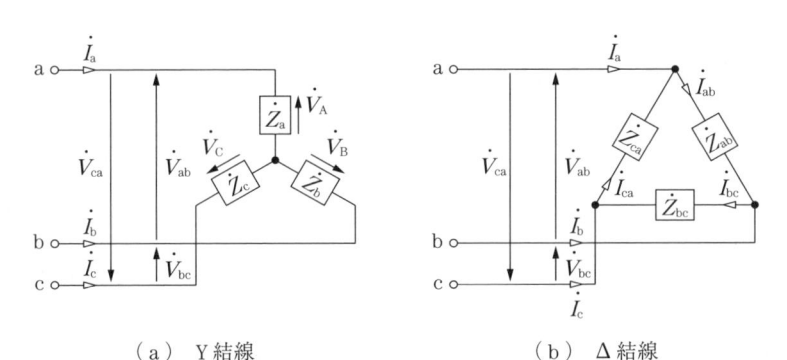

（a）Y 結線　　　　　　　　（b）Δ 結線

図 10.4　負荷の接続方法

負荷 A，B，C の端子に中性点に対して電圧 $\dot{V}_a$，$\dot{V}_b$，$\dot{V}_c$ を加えると，端子 a-b 間，b-c 間，c-a 間の電圧 $\dot{V}_{ab}$，$\dot{V}_{bc}$，$\dot{V}_{ca}$ は，式 (10.17)〜(10.19) で表すことができる．

$$\dot{V}_{ab} = \dot{V}_a - \dot{V}_b \tag{10.17}$$

$$\dot{V}_{bc} = \dot{V}_b - \dot{V}_c \tag{10.18}$$

$$\dot{V}_{ca} = \dot{V}_c - \dot{V}_a \tag{10.19}$$

端子 a，b，c に流れる電流を **線電流**（line current）と呼び，$\dot{I}_a$，$\dot{I}_b$，$\dot{I}_c$ と表

す。負荷のインピーダンスが $\dot{Z}_a = \dot{Z}_b = \dot{Z}_c$ である場合，**平衡負荷**（balanced load）あるいは**対称負荷**であると呼ぶ。

〔2〕 **Δ結線**　　図10.4（b）における負荷の接続方法は図（a）とは異なり，端子a-b間，b-c間，c-a間に負荷が接続されている。このような負荷の接続方法を，電源の場合と同様に**Δ結線**，Δ結線された負荷を**Δ負荷**と呼ぶ。

端子a-b間，b-c間，c-a間に電圧 $\dot{V}_{ab}$, $\dot{V}_{bc}$, $\dot{V}_{ca}$ を加えると，端子a-b間，b-c間，c-a間の負荷に電流 $\dot{I}_{ab}$, $\dot{I}_{bc}$, $\dot{I}_{ca}$ が流れる。また，線電流 $\dot{I}_a$, $\dot{I}_b$, $\dot{I}_c$ と負荷電流 $\dot{I}_{ab}$, $\dot{I}_{bc}$, $\dot{I}_{ca}$ の間には式（10.20）〜（10.22）の関係式が成り立つ。

$$\dot{I}_a = \dot{I}_{ab} - \dot{I}_{ca} \tag{10.20}$$

$$\dot{I}_b = \dot{I}_{bc} - \dot{I}_{ab} \tag{10.21}$$

$$\dot{I}_c = \dot{I}_{ca} - \dot{I}_{bc} \tag{10.22}$$

端子a-b間，b-c間，c-a間に接続される負荷のインピーダンスが $\dot{Z}_{ab} = \dot{Z}_{bc} = \dot{Z}_{ca}$ である場合，Y負荷の場合と同様に，平衡負荷であると呼ぶ。

10.1.4　Y負荷とΔ負荷との関係

図10.4（a）のY負荷と図（b）のΔ負荷に，同じ対称三相交流電圧を加えたところ，同じ線電流が流れたとする。これは，インピーダンスの接続方法は異なるが，端子から見えるインピーダンスが等しいことを意味する。すなわち，Y負荷をΔ負荷に変換することができる。また，その逆も可能である。計算の詳細については，6.9節に述べられている。

例題10.1　図10.4（a）に示した平衡Y負荷のインピーダンスはそれぞれ $\dot{Z}_a = \dot{Z}_b = \dot{Z}_c = 5+j3$ 〔Ω〕であった。この回路を図（b）に示すΔ負荷に変換した。Δ負荷を構成するインピーダンス $\dot{Z}_{ab}$, $\dot{Z}_{bc}$, $\dot{Z}_{ca}$ をそれぞれ求めなさい。

解　6.9節に示す式から，つぎのようになる。

$$\dot{Z}_{ab} = \dot{Z}_{bc} = \dot{Z}_{ca} = 3(5+j3) = 15+j9 \text{〔Ω〕}$$

10.1.5　電圧・電流の計算

〔1〕　**電源と負荷がともにY結線の場合**　　図10.5（a）の対称三相交流回路は，Y結線された電源と負荷で構成されている。

電源電圧の実効値 E_e を，負荷インピーダンスを $\dot{Z}$ とする。10.1.1項で述べ

(a) 回路図 (b) ベクトル図

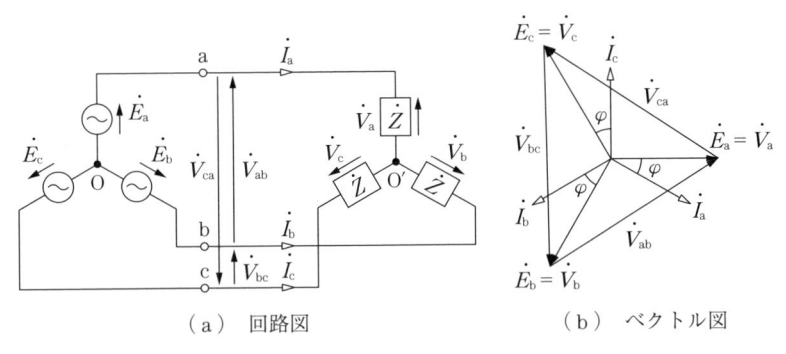

図 10.5 電源と負荷が Y 結線の対称三相交流回路

たように，対称三相交流回路の場合，電源の中性点 O と負荷の中性点 O' を導線で接続しても，そこを流れる電流は 0 である．そのため，各相の電源電圧 $\dot{E}_a$, $\dot{E}_b$, $\dot{E}_c$ と端子電圧 $\dot{V}_a$, $\dot{V}_b$, $\dot{V}_c$ はそれぞれ等しくなり，式 (10.23)〜(10.25) が成り立つ．

$$\dot{E}_a = \dot{V}_a = \dot{Z}\dot{I}_a \tag{10.23}$$

$$\dot{E}_b = \dot{V}_b = \dot{Z}\dot{I}_b \tag{10.24}$$

$$\dot{E}_c = \dot{V}_c = \dot{Z}\dot{I}_c \tag{10.25}$$

負荷インピーダンスの位相角を φ とし，a 相電源電圧 $\dot{E}_a$ の位相を基準として，各相の線電流 $\dot{I}_a$, $\dot{I}_b$, $\dot{I}_c$ を求めると

$$\dot{I}_a = \frac{\dot{E}_a}{\dot{Z}} = \frac{E_e \angle 0}{Z \angle \varphi} = \frac{E_e}{Z} e^{-j\varphi} \tag{10.26}$$

$$\dot{I}_b = \frac{\dot{E}_b}{\dot{Z}} = \frac{E_e \angle \left(-\frac{2}{3}\pi\right)}{Z \angle \varphi} = \frac{E_e}{Z} e^{-j(2\pi/3 + \varphi)} \tag{10.27}$$

$$\dot{I}_c = \frac{\dot{E}_c}{\dot{Z}} = \frac{E_e \angle (-4\pi/3)}{Z \angle \varphi} = \frac{E_e}{Z} e^{-j(4\pi/3 + \varphi)} \tag{10.28}$$

である．図 (b) に，電源電圧 $\dot{E}_a$, $\dot{E}_b$, $\dot{E}_c$ と線電流 $\dot{I}_a$, $\dot{I}_b$, $\dot{I}_c$ のベクトル図を示す．このベクトル図は，a 相電源電圧 $\dot{E}_a$ の位相を基準として描いている．

三相交流回路では $\dot{I}_a + \dot{I}_b + \dot{I}_c = 0$ が成り立つので，負荷 A, B, C のインピーダンスがすべて同じ $\dot{Z}$ で表される場合，端子電圧 $\dot{V}_a$, $\dot{V}_b$, $\dot{V}_c$ の関係は

$$\dot{V}_a + \dot{V}_b + \dot{V}_c = 0 \tag{10.29}$$

である。図 (b) のベクトル図には，線間電圧ベクトル $\dot{V}_{ab}$, $\dot{V}_{bc}$, $\dot{V}_{ca}$ を併記している。この図から，負荷電圧と線間電圧との関係には，式 (10.30) が成り立つことがわかる。

$$|\dot{V}_a| = |\dot{V}_b| = |\dot{V}_c| = \frac{|\dot{V}_{ab}|}{\sqrt{3}} = \frac{|\dot{V}_{bc}|}{\sqrt{3}} = \frac{|\dot{V}_{ca}|}{\sqrt{3}} \tag{10.30}$$

ベクトル図からも明らかなように，式 (10.30) において，負荷電圧の大きさは，線間電圧の大きさを $\sqrt{3}$ で割ったものに等しい。

また，平衡負荷でない場合を**不平衡負荷** (unbalanced load) と呼ぶ。このときの端子電圧 $\dot{V}_a$, $\dot{V}_b$, $\dot{V}_c$ の関係は

$$\dot{V}_a + \dot{V}_b + \dot{V}_c \neq 0 \tag{10.31}$$

である。これについては次項において詳細に述べる。

負荷の平衡・不平衡によらず，線間電圧 $\dot{V}_{ab}$, $\dot{V}_{bc}$, $\dot{V}_{ca}$ の関係は

$$\dot{V}_{ab} + \dot{V}_{bc} + \dot{V}_{ca} = 0 \tag{10.32}$$

である。

例題 10.2 図 10.5 (a) の回路において，電源は対称三相交流であり，相電圧は $|\dot{E}_a| = |\dot{E}_b| = |\dot{E}_c| = 100\,\mathrm{V}$ である。また，負荷は平衡負荷であり，$\dot{Z} = 6 + j2\,[\Omega]$ である。電圧 $\dot{E}_a$ の位相を基準として，各相電流の複素数表示を求めなさい。

解 式 (10.26)〜(10.28) を用いると

$$\dot{I}_a = \frac{\dot{E}_a}{\dot{Z}} = \frac{100\angle 0}{6+j2} = \frac{100}{6+j2} = 15 - j5\,[\mathrm{A}]$$

$$\dot{I}_b = \frac{\dot{E}_b}{\dot{Z}} = \frac{100\angle\left(-\frac{2}{3}\pi\right)}{6+j2} = \frac{100\left(-\frac{1}{2} - j\frac{\sqrt{3}}{2}\right)}{6+j2} = -11.8 - j10.5\,[\mathrm{A}]$$

$$\dot{I}_c = \frac{\dot{E}_c}{\dot{Z}} = \frac{100\angle\left(-\frac{4}{3}\pi\right)}{6+j2} = \frac{100\left(-\frac{1}{2} + j\frac{\sqrt{3}}{2}\right)}{6+j2} = -3.2 + j15.5\,[\mathrm{A}]$$

と計算できる。

〔2〕 **電源と負荷がともに Δ 結線の場合** 図 10.6 (a) の対称三相交流回路は，Δ 結線された電源と負荷で構成されている。

10.1 対称三相交流

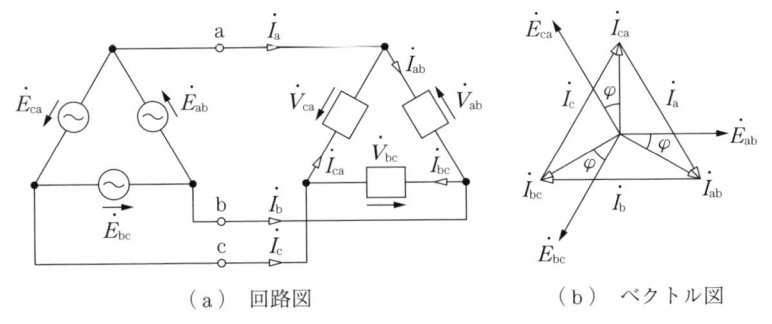

図10.6 電源と負荷がΔ結線の対称三相交流回路

(a) 回路図　　(b) ベクトル図

電源電圧の実効値を E_e,負荷インピーダンスを $\dot{Z}$ とする。各電源の電圧と各負荷の端子電圧がそれぞれ等しくなるので,式 (10.33)～(10.35) が成り立つ。

$$\dot{E}_{ab} = \dot{V}_{ab} = \dot{Z}\dot{I}_{ab} \tag{10.33}$$

$$\dot{E}_{bc} = \dot{V}_{bc} = \dot{Z}\dot{I}_{bc} \tag{10.34}$$

$$\dot{E}_{ca} = \dot{V}_{ca} = \dot{Z}\dot{I}_{ca} \tag{10.35}$$

負荷インピーダンスの位相角を φ とし,a-b 相間における電源電圧 $\dot{E}_{ab}$ の位相を基準として,各負荷の電流を求めると

$$\dot{I}_{ab} = \frac{\dot{E}_{ab}}{\dot{Z}} = \frac{E_e \angle 0}{Z \angle \varphi} = \frac{E_e}{Z} e^{-j\varphi} \tag{10.36}$$

$$\dot{I}_{bc} = \frac{\dot{E}_{bc}}{\dot{Z}} = \frac{E_e \angle (-2\pi/3)}{Z \angle \varphi} = \frac{E_e}{Z} e^{-j(2\pi/3+\varphi)} \tag{10.37}$$

$$\dot{I}_{ca} = \frac{\dot{E}_{ca}}{\dot{Z}} = \frac{E_e \angle (-4\pi/3)}{Z \angle \varphi} = \frac{E_e}{Z} e^{-j(4\pi/3+\varphi)} \tag{10.38}$$

である。また,式 (10.20)～(10.22) から,線電流 $\dot{I}_a$, $\dot{I}_b$, $\dot{I}_c$ を求めると

$$\dot{I}_a = \dot{I}_{ab} - \dot{I}_{ca} = \frac{E_e}{Z}\left(e^{-j\varphi} - e^{-j(4\pi/3+\varphi)}\right) \tag{10.39}$$

$$\dot{I}_b = \dot{I}_{bc} - \dot{I}_{ab} = \frac{E_e}{Z}\left(e^{-j(2\pi/3+\varphi)} - e^{-j\varphi}\right) \tag{10.40}$$

$$\dot{I}_c = \dot{I}_{ca} - \dot{I}_{bc} = \frac{E_e}{Z}\left(e^{-j(4\pi/3+\varphi)} - e^{-j(2\pi/3+\varphi)}\right) \tag{10.41}$$

である。図10.6（b）に，各相の電源電圧 $\dot{E}_{ab}$, $\dot{E}_{bc}$, $\dot{E}_{ca}$, 負荷電流 $\dot{I}_{ab}$, $\dot{I}_{bc}$, $\dot{I}_{ca}$, 線電流 $\dot{I}_a$, $\dot{I}_b$, $\dot{I}_c$ のベクトル図を示す。このベクトル図は，a–b 相間の電源電圧 $\dot{E}_{ab}$ の位相を基準として描いている。電源電圧について $\dot{E}_{ab} + \dot{E}_{bc} + \dot{E}_{ca} = 0$ であるので

$$\dot{I}_{ab} + \dot{I}_{bc} + \dot{I}_{ca} = 0 \tag{10.42}$$

である。線電流と負荷電流との間には

$$|\dot{I}_a| = |\dot{I}_b| = |\dot{I}_c| = \sqrt{3}|\dot{I}_{ab}| = \sqrt{3}|\dot{I}_{bc}| = \sqrt{3}|\dot{I}_{ca}| \tag{10.43}$$

の関係が成り立つことがわかる。

また，不平衡負荷の場合，負荷電流 $\dot{I}_{ab}$, $\dot{I}_{bc}$, $\dot{I}_{ca}$ の関係は

$$\dot{I}_{ab} + \dot{I}_{bc} + \dot{I}_{ca} \neq 0 \tag{10.44}$$

である。

負荷の平衡・不平衡によらず，線電流 $\dot{I}_a$, $\dot{I}_b$, $\dot{I}_c$ の関係は

$$\dot{I}_a + \dot{I}_b + \dot{I}_c = 0 \tag{10.45}$$

である。

例題10.3 図10.6（a）の回路で，$|\dot{E}_{ab}| = |\dot{E}_{bc}| = |\dot{E}_{ca}| = 220\,\text{V}$，$\dot{Z} = 5 + j3\,[\Omega]$ である。電圧 $\dot{E}_{ab}$ の位相を基準として，各負荷電流と各線電流の複素数表示をそれぞれ求めなさい。

解 負荷電流は，式（10.36）〜（10.38）を用いると

$$\dot{I}_{ab} = \frac{\dot{E}_{ab}}{\dot{Z}} = \frac{220\angle 0}{5+j3} = \frac{220}{5+j3} = 32.4 - j19.4\ [\text{A}]$$

$$\dot{I}_{bc} = \frac{\dot{E}_{bc}}{\dot{Z}} = \frac{220\angle\left(-\frac{2}{3}\pi\right)}{5+j3} = \frac{220\left(-\frac{1}{2} - j\frac{\sqrt{3}}{2}\right)}{5+j3} = -33.0 - j18.3\ [\text{A}]$$

$$\dot{I}_{ca} = \frac{\dot{E}_{ca}}{\dot{Z}} = \frac{220\angle\left(-\frac{4}{3}\pi\right)}{5+j3} = \frac{220\left(-\frac{1}{2} + j\frac{\sqrt{3}}{2}\right)}{5+j3} = 0.634 + j37.7\ [\text{A}]$$

である。また，各線電流については，各負荷電流の計算結果を式（10.39）〜（10.41）に代入することにより，つぎのように求められる。

$$\dot{I}_a = \dot{I}_{ab} - \dot{I}_{ca} = 31.7 - j57.1\ [\text{A}]$$
$$\dot{I}_b = \dot{I}_{bc} - \dot{I}_{ab} = -65.3 + j1.10\ [\text{A}]$$
$$\dot{I}_c = \dot{I}_{ca} - \dot{I}_{bc} = 33.6 + j56.0\ [\text{A}]$$

〔3〕 **電源が Y 結線, 負荷が Δ 結線の場合**　図 10.7 (a) は, Y 結線の電源と Δ 結線の負荷を接続した対称三相交流回路を示す.

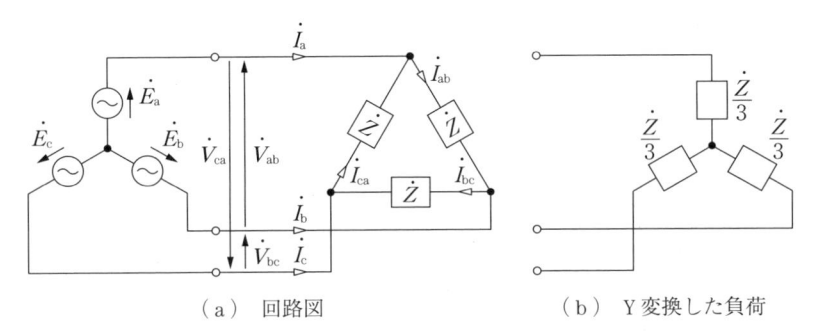

（a） 回路図　　　　　（b） Y 変換した負荷

図 10.7 電源が Y 結線, 負荷が Δ 結線である対称三相交流回路

電源電圧の実効値を $\dot{E}_e$, 負荷インピーダンスを $\dot{Z}$ とする. 各電源の電圧 $\dot{E}_a$, $\dot{E}_b$, $\dot{E}_c$ を用いて線間電圧 $\dot{V}_{ab}$, $\dot{V}_{bc}$, $\dot{V}_{ca}$ を求めると, 式 (10.46) 〜 (10.48) が成り立つ.

$$\dot{V}_{ab} = \dot{E}_a - \dot{E}_b \tag{10.46}$$

$$\dot{V}_{bc} = \dot{E}_b - \dot{E}_c \tag{10.47}$$

$$\dot{V}_{ca} = \dot{E}_c - \dot{E}_a \tag{10.48}$$

線間電圧 $\dot{V}_{ab}$, $\dot{V}_{bc}$, $\dot{V}_{ca}$ と負荷の端子電圧が等しくなるので, 式 (10.49) 〜 (10.51) が成り立つ.

$$\dot{E}_a - \dot{E}_b = \dot{Z}\dot{I}_{ab} \tag{10.49}$$

$$\dot{E}_b - \dot{E}_c = \dot{Z}\dot{I}_{bc} \tag{10.50}$$

$$\dot{E}_c - \dot{E}_a = \dot{Z}\dot{I}_{ca} \tag{10.51}$$

線電流 $\dot{I}_a$, $\dot{I}_b$, $\dot{I}_c$ と負荷電流 $\dot{I}_{ab}$, $\dot{I}_{bc}$, $\dot{I}_{ca}$ の関係を用いると, 線電流を式 (10.52) 〜 (10.54) のように表すことができる.

$$\dot{I}_a = \dot{I}_{ab} - \dot{I}_{ca} = \frac{2\dot{E}_a - \dot{E}_b - \dot{E}_c}{\dot{Z}} = \frac{3\dot{E}_a}{\dot{Z}} \tag{10.52}$$

$$\dot{I}_b = \dot{I}_{bc} - \dot{I}_{ab} = \frac{2\dot{E}_b - \dot{E}_c - \dot{E}_a}{\dot{Z}} = \frac{3\dot{E}_b}{\dot{Z}} \tag{10.53}$$

$$\dot{I}_c = \dot{I}_{ca} - \dot{I}_{bc} = \frac{2\dot{E}_c - \dot{E}_a - \dot{E}_b}{\dot{Z}} = \frac{3\dot{E}_c}{\dot{Z}} \tag{10.54}$$

ここで，電源電圧が対称であるので，$\dot{E}_a + \dot{E}_b + \dot{E}_c = 0$ であることを利用した。

10.1.4項に示したY-Δ変換を利用することもできる。図10.7（a）に示したΔ負荷をY負荷に変換すると，図（b）が得られる。この図と〔1〕の計算方法から，線電流を同様に計算することができる。

〔4〕 **電源が Δ 結線，負荷が Y 結線の場合**　図10.8（a）は，Δ結線の電源とY結線の負荷を接続した対称三相交流回路を示す。

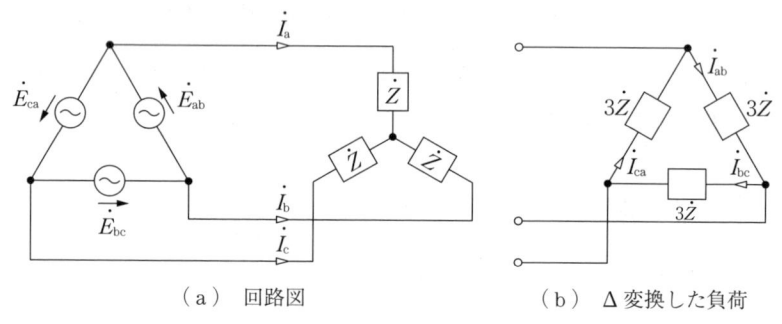

　　　　（a）回路図　　　　　　　　（b）Δ変換した負荷

図 10.8　電源が Δ 結線，負荷が Y 結線である対称三相交流回路

10.1.4項に示した方法から，図10.8（a）のY負荷をΔ負荷に変換すると，図（b）が得られる。線電流などは，〔2〕に示した計算方法と同様に求めることができる。

$$\dot{I}_{ab} = \frac{\dot{E}_{ab}}{3\dot{Z}} = \frac{E_e \angle 0}{3Z \angle \varphi} = \frac{E_e}{3Z} e^{-j\varphi} \tag{10.55}$$

$$\dot{I}_{bc} = \frac{\dot{E}_{bc}}{3\dot{Z}} = \frac{E_e \angle (-2\pi/3)}{3Z \angle \varphi} = \frac{E_e}{3Z} e^{-j(2\pi/3+\varphi)} \tag{10.56}$$

$$\dot{I}_{ca} = \frac{\dot{E}_{ca}}{3\dot{Z}} = \frac{E_e \angle (-4\pi/3)}{3Z \angle \varphi} = \frac{E_e}{3Z} e^{-j(4\pi/3+\varphi)} \tag{10.57}$$

$$\dot{I}_\mathrm{a}=\dot{I}_\mathrm{ab}-\dot{I}_\mathrm{ca}=\frac{E_\mathrm{e}}{3Z}\left(e^{-j\varphi}-e^{-j(4\pi/3+\varphi)}\right) \tag{10.58}$$

$$\dot{I}_\mathrm{b}=\dot{I}_\mathrm{bc}-\dot{I}_\mathrm{ab}=\frac{E_\mathrm{e}}{3Z}\left(e^{-j(2\pi/3+\varphi)}-e^{-j\varphi}\right) \tag{10.59}$$

$$\dot{I}_\mathrm{c}=\dot{I}_\mathrm{ca}-\dot{I}_\mathrm{bc}=\frac{E_\mathrm{e}}{3Z}\left(e^{-j(4\pi/3+\varphi)}-e^{-j(2\pi/3+\varphi)}\right) \tag{10.60}$$

10.1.6 電力の計算

図 10.4 (a) に示した Y 負荷の電力を計算したい。まず，a 相のみに着目する。a 相負荷の端子電圧を $\dot{V}_\mathrm{a}$，線電流を $\dot{I}_\mathrm{a}$，力率を $\cos\varphi_\mathrm{a}$ とした場合，a 相負荷の有効電力 $P_\mathrm{a,a}$ は

$$P_\mathrm{a,a}=|\dot{V}_\mathrm{a}||\dot{I}_\mathrm{a}|\cos\varphi_\mathrm{a} \tag{10.61}$$

で表される。

同様に，b 相負荷，c 相負荷の端子電圧を $\dot{V}_\mathrm{b}$, $\dot{V}_\mathrm{c}$，線電流を $\dot{I}_\mathrm{b}$, $\dot{I}_\mathrm{c}$，力率を $\cos\varphi_\mathrm{b}$, $\cos\varphi_\mathrm{c}$ とすると，b 相，c 相負荷の有効電力 $P_\mathrm{a,b}$ および $P_\mathrm{a,c}$ はそれぞれ

$$P_\mathrm{a,b}=|\dot{V}_\mathrm{b}||\dot{I}_\mathrm{b}|\cos\varphi_\mathrm{b} \tag{10.62}$$

$$P_\mathrm{a,c}=|\dot{V}_\mathrm{c}||\dot{I}_\mathrm{c}|\cos\varphi_\mathrm{c} \tag{10.63}$$

で表される。

平衡負荷の場合，$V_\mathrm{P}=|\dot{V}_\mathrm{a}|=|\dot{V}_\mathrm{b}|=|\dot{V}_\mathrm{c}|$，$I=|\dot{I}_\mathrm{a}|=|\dot{I}_\mathrm{b}|=|\dot{I}_\mathrm{c}|$，$\varphi=\varphi_\mathrm{a}=\varphi_\mathrm{b}=\varphi_\mathrm{c}$ であるので，三相負荷全体の有効電力 P_a を求めると

$$P_\mathrm{a}=P_\mathrm{a,a}+P_\mathrm{a,b}+P_\mathrm{a,c}=3V_\mathrm{P}I\cos\varphi \tag{10.64}$$

となる。ここで，V_P は相電圧であるので，これを線間電圧 V_LL に変換すると，式 (10.30) の関係から

$$V_\mathrm{P}=\frac{1}{\sqrt{3}}V_\mathrm{LL} \tag{10.65}$$

であるから

$$P_\mathrm{a}=\sqrt{3}\,V_\mathrm{LL}I\cos\varphi \tag{10.66}$$

である。

図10.4（b）に示すΔ負荷についても有効電力を計算したい。まず，a-b相間のみに着目する。a-b相間負荷の端子電圧を$\dot{V}_{ab}$，負荷電流を$\dot{I}_{ab}$，力率を$\cos\varphi_{ab}$とした場合，a-b相間負荷の有効電力$P_{a,ab}$は式（10.67）で表される。

$$P_{a,ab} = |\dot{V}_{ab}||\dot{I}_{ab}|\cos\varphi_{ab} \tag{10.67}$$

同様に，b-c相間負荷，c-a相間負荷の端子電圧を$\dot{V}_{bc}$，$\dot{V}_{ca}$，負荷電流を$\dot{I}_{bc}$，$\dot{I}_{ca}$，力率を$\cos\varphi_{bc}$，$\cos\varphi_{ca}$とすると，b-c相間，c-a相間負荷の有効電力$P_{a,bc}$および$P_{a,ca}$はそれぞれ

$$P_{a,bc} = |\dot{V}_{bc}||\dot{I}_{bc}|\cos\varphi_{bc} \tag{10.68}$$

$$P_{a,ca} = |\dot{V}_{ca}||\dot{I}_{ca}|\cos\varphi_{ca} \tag{10.69}$$

で表される。

平衡負荷の場合，$V_{LL} = |\dot{V}_{ab}| = |\dot{V}_{bc}| = |\dot{V}_{ca}|$，$I_L = |\dot{I}_{ab}| = |\dot{I}_{bc}| = |\dot{I}_{ca}|$，$\varphi = \varphi_{ab} = \varphi_{bc} = \varphi_{ca}$であるので，三相負荷全体の有効電力を求めると

$$P_a = P_{a,ab} + P_{a,bc} + P_{a,ca} = 3V_{LL}I_L\cos\varphi \tag{10.70}$$

となる。負荷電流I_Lを線電流Iに変換すると，式（10.43）の関係から

$$I_L = \frac{1}{\sqrt{3}}I \tag{10.71}$$

であるから

$$P_a = \sqrt{3}\,V_{LL}I\cos\varphi \tag{10.72}$$

である。

式（10.66）と式（10.72）から，負荷の接続方式によらず，平衡負荷であれば，負荷の有効電力は線間電圧と線電流で表されることがわかる。

例題 10.4 例題10.2に示した三相Y負荷全体の有効電力を求めなさい。

解 三相平衡負荷であるので，式（10.66）を使って求めることを考えてみる。三相負荷に印加される線間電圧V_{LL}を求めると

$$V_{LL} = 100\sqrt{3} \quad [V]$$

である。また，三相平衡負荷であるので，各相における線電流の大きさはたがいに等しい。例題10.2の結果から，負荷電流$\dot{I}_a$の大きさを求めると

$$\left|\dot{I}_\mathrm{a}\right|=\sqrt{(15)^2+(5)^2}=15.8\ \mathrm{A}$$

である.さらに,負荷インピーダンスの位相角 φ を求めると

$$\varphi=\tan^{-1}\left(\frac{2}{6}\right)=0.322\ \mathrm{rad}$$

である.以上の計算結果を式 (10.66) に代入すると

$$P_\mathrm{a}=\sqrt{3}\times100\sqrt{3}\times15.8\times\cos(0.322)=4.5\ \mathrm{kW}$$

と計算される.

例題 10.5 例題 10.3 に示した三相 Δ 負荷全体の有効電力を求めなさい.

解 三相平衡負荷であるので,各相における線電流の大きさはたがいに等しい.例題 3 の結果から,$\left|\dot{I}_\mathrm{a}\right|$ を求めると

$$\left|\dot{I}_\mathrm{a}\right|=\sqrt{(31.7)^2+(57.1)^2}=65.3\ \mathrm{A}$$

である.式 (10.69) に各パラメータを代入すると

$$P_\mathrm{a}=\sqrt{3}\times220\times65.3\times\cos(0.540)=21.3\ \mathrm{kW}$$

と計算される.

10.2 非対称三相交流

10.2.1 Y-Δ 変換

10.1.4 項では,平衡負荷に対して 6.9 節に示した Y-Δ 変換を適用することについて述べた.図 10.9 (a),(b) のように,各相および各線間のインピーダンスがすべて同じではない不平衡負荷についても,6.9 節に示した Y-Δ 変換を適用することができる.

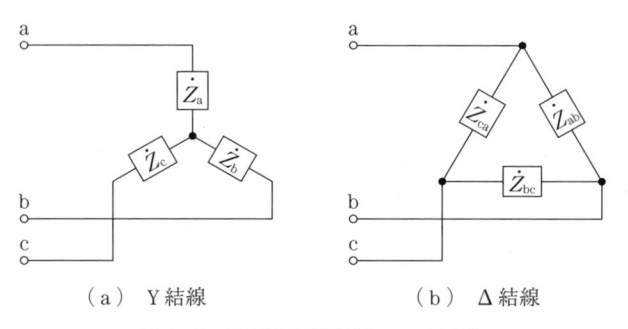

（a）Y 結線　　　　　（b）Δ 結線

図 10.9 不平衡三相負荷の Y-Δ 変換

例題10.6 図10.9（a）に示した不平衡三相Y負荷のインピーダンスが，それぞれ $\dot{Z}_a=5+j3$ 〔Ω〕, $\dot{Z}_b=5$ 〔Ω〕, $\dot{Z}_c=5+j2$ 〔Ω〕であった。このY負荷と等価なΔ負荷を求めたい。Δ負荷を構成するインピーダンス $\dot{Z}_{ab}$, $\dot{Z}_{bc}$, $\dot{Z}_{ca}$ をそれぞれ求めなさい。

解 6.9節に示した式から，つぎのように計算できる。

$$\dot{Z}_{ab}=\frac{\dot{Z}_a\dot{Z}_b}{\dot{Z}_c}+\dot{Z}_a+\dot{Z}_b=15.3+j3.86 \quad 〔\Omega〕$$

$$\dot{Z}_{bc}=\frac{\dot{Z}_b\dot{Z}_c}{\dot{Z}_a}+\dot{Z}_b+\dot{Z}_c=14.6+j1.26 \quad 〔\Omega〕$$

$$\dot{Z}_{ca}=\frac{\dot{Z}_c\dot{Z}_a}{\dot{Z}_b}+\dot{Z}_c+\dot{Z}_a=13.8+j10.0 \quad 〔\Omega〕$$

10.2.2 電圧・電流の計算

〔1〕**Δ結線の負荷** 図10.10には，非対称三相交流負荷を示す。

端子a, b, cに対称三相交流電圧 $\dot{E}_{ab}$, $\dot{E}_{bc}$, $\dot{E}_{ca}$ を印加した。電圧 $\dot{E}_{ab}$, $\dot{E}_{bc}$, $\dot{E}_{ca}$ と各負荷のインピーダンス $\dot{Z}_{ab}$, $\dot{Z}_{bc}$, $\dot{Z}_{ca}$ の両端の電圧がそれぞれ等しくなるので

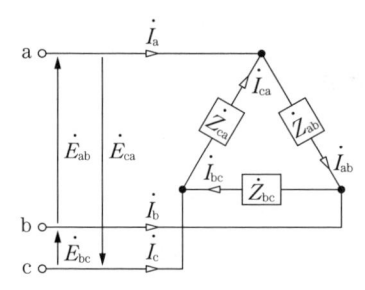

$$\dot{E}_{ab}=\dot{Z}_{ab}\dot{I}_{ab} \quad (10.73)$$

$$\dot{E}_{bc}=\dot{Z}_{bc}\dot{I}_{bc} \quad (10.74)$$

$$\dot{E}_{ca}=\dot{Z}_{ca}\dot{I}_{ca} \quad (10.75)$$

図10.10 不平衡三相負荷（Δ結線）

が成り立つ。

各負荷インピーダンスの位相角をそれぞれ φ_{ab}, φ_{bc}, φ_{ca} とする。対称三相交流電圧の実効値を E_e, a-b相間における電圧 $\dot{E}_{ab}$ の位相を基準とすると，各負荷電流は式（10.76）〜（10.78）のように表される。

$$\dot{I}_{ab}=\frac{\dot{E}_{ab}}{\dot{Z}_{ab}}=\frac{E_e\angle 0}{Z_{ab}\angle \varphi_{ab}}=\frac{E_e}{Z_{ab}}e^{-j\varphi_{ab}} \quad (10.76)$$

$$\dot{I}_{bc}=\frac{\dot{E}_{bc}}{\dot{Z}_{bc}}=\frac{E_e\angle(-2\pi/3)}{Z_{bc}\angle \varphi_{bc}}=\frac{E_e}{Z_{bc}}e^{-j(2\pi/3+\varphi_{bc})} \quad (10.77)$$

10.2 非対称三相交流

$$\dot{I}_{ca} = \frac{\dot{E}_{ca}}{\dot{Z}_{ca}} = \frac{E_e \angle (-4\pi/3)}{Z_{ca} \angle \varphi_{ca}} = \frac{E_e}{Z_{ca}} e^{-j(4\pi/3 + \varphi_{ca})} \tag{10.78}$$

である。また，線電流 $\dot{I}_a$, $\dot{I}_b$, $\dot{I}_c$ を求めると

$$\dot{I}_a = \dot{I}_{ab} - \dot{I}_{ca} = E_e \left(\frac{e^{-j\varphi_{ab}}}{Z_{ab}} - \frac{e^{-j(4\pi/3 + \varphi_{ca})}}{Z_{ca}} \right) \tag{10.79}$$

$$\dot{I}_b = \dot{I}_{bc} - \dot{I}_{ab} = E_e \left(\frac{e^{-j(2\pi/3 + \varphi_{bc})}}{Z_{bc}} - \frac{e^{-j\varphi_{ab}}}{Z_{ab}} \right) \tag{10.80}$$

$$\dot{I}_c = \dot{I}_{ca} - \dot{I}_{bc} = E_e \left(\frac{e^{-j(4\pi/3 + \varphi_{ca})}}{Z_{ca}} - \frac{e^{-j(2\pi/3 + \varphi_{bc})}}{Z_{bc}} \right) \tag{10.81}$$

である。ここで，不平衡負荷であるので，$\dot{Z}_{ab} \neq \dot{Z}_{bc}$, $\dot{Z}_{bc} \neq \dot{Z}_{ca}$, $\dot{Z}_{ca} \neq \dot{Z}_{ab}$ であるとすれば

$$\dot{I}_{ab} + \dot{I}_{bc} + \dot{I}_{ca} = \frac{E_e}{Z_{ab}} e^{-j\varphi_{ab}} + \frac{E_e}{Z_{bc}} e^{-j(2\pi/3 + \varphi_{bc})} + \frac{E_e}{Z_{ca}} e^{-j(4\pi/3 + \varphi_{ca})} \tag{10.82}$$

であり，式 (10.82) の右辺が 0 とならないことがわかる。しかしながら，式 (10.79) 〜 (10.81) から

$$\dot{I}_a + \dot{I}_b + \dot{I}_c = 0 \tag{10.83}$$

となることが容易に確認できる。

例題 10.7 図 10.10 の回路において，線間電圧が 100 V，$\dot{Z}_{ab} = 5\,\Omega$, $\dot{Z}_{bc} = 5 + j2$ 〔Ω〕，$\dot{Z}_{ca} = 5 + j3$ 〔Ω〕であった。各負荷電流と各線電流をそれぞれ求めなさい。

解 負荷電流は，式 (10.76) 〜 (10.78) を用いると

$$\dot{I}_{ab} = \frac{\dot{E}_{ab}}{\dot{Z}_{ab}} = \frac{100}{5} = 20\,\text{A}$$

$$\dot{I}_{bc} = \frac{\dot{E}_{bc}}{\dot{Z}_{bc}} = \frac{100\left(-\frac{1}{2} - j\frac{\sqrt{3}}{2}\right)}{5 + j2} = -14.6 - j11.5\,\text{〔A〕}$$

$$\dot{I}_{ca} = \frac{\dot{E}_{ca}}{\dot{Z}_{ca}} = \frac{100\left(-\frac{1}{2} - j\frac{\sqrt{3}}{2}\right)}{5 + j3} = 0.288 + j17.1\,\text{A}$$

と計算される。また，線電流は，式 (10.79) 〜 (10.81) から

$$\dot{I}_a = \dot{I}_{ab} - \dot{I}_{ca} = 19.7 - j17.1\,\text{〔A〕}$$
$$\dot{I}_b = \dot{I}_{bc} - \dot{I}_{ab} = -34.6 - j11.5\,\text{〔A〕}$$

$$\dot{I}_c = \dot{I}_{ca} - \dot{I}_{bc} = 14.9 + j28.6 \ [\text{A}]$$

と計算される。線電流について，$\dot{I}_a + \dot{I}_b + \dot{I}_c = 0$ が成り立っていることを確認できる。

〔2〕 **Y結線の負荷**　　図10.11は，Y結線の不平衡三相負荷を示す。端子a，b，cに対称三相交流電圧$\dot{E}_{ab}$，$\dot{E}_{bc}$，$\dot{E}_{ca}$を印加した。線電流$\dot{I}_a$，$\dot{I}_b$，$\dot{I}_c$を求める場合，10.2.1項に示したΔ-Y変換を用いると，〔1〕に示した方法で線電流を求めることができる。6.9節にも示したが，Y結線の不平衡負荷をΔ結線に変換すると

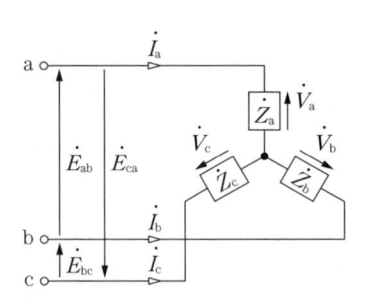

図10.11 不平衡三相負荷（Y結線）

$$\dot{Z}_{ab} = \frac{\dot{Z}_a \dot{Z}_b}{\dot{Z}_c} + \dot{Z}_a + \dot{Z}_b \tag{10.84}$$

$$\dot{Z}_{bc} = \frac{\dot{Z}_b \dot{Z}_c}{\dot{Z}_a} + \dot{Z}_b + \dot{Z}_c \tag{10.85}$$

$$\dot{Z}_{ca} = \frac{\dot{Z}_c \dot{Z}_a}{\dot{Z}_b} + \dot{Z}_c + \dot{Z}_a \tag{10.86}$$

である。これらを式 (10.79)～(10.81) に代入すると，線電流を計算することができる。

10.2.3　電力の計算

図10.10に示したΔ結線の負荷の電力を求めたい。a-b相間に接続されたインピーダンス$\dot{Z}_{ab}$に供給される複素電力（4.3節参照）は，式 (10.87) で求められる。

$$\dot{V}_{ab} \overline{\dot{I}}_{ab} = P_{a,ab} + jP_{r,ab} \tag{10.87}$$

同様に，b-c相間およびc-a相間に接続されたインピーダンス$\dot{Z}_{bc}$および$\dot{Z}_{ca}$に供給される複素電力は，それぞれつぎのようになる。

$$\dot{V}_{bc} \overline{\dot{I}}_{bc} = P_{a,bc} + jP_{r,bc} \tag{10.88}$$

$$\dot{V}_{ca} \overline{\dot{I}}_{ca} = P_{a,ca} + jP_{r,ca} \tag{10.89}$$

負荷全体に供給される複素電力は，式 (10.87)～(10.89) の総和であるので

10.2 非対称三相交流

$$P_a + jP_r = \dot{V}_{ab}\bar{I}_{ab} + \dot{V}_{bc}\bar{I}_{bc} + \dot{V}_{ca}\bar{I}_{ca} \tag{10.90}$$

である。

一方，対称三相交流電圧の特性から

$$\dot{V}_{ab} + \dot{V}_{bc} + \dot{V}_{ca} = 0 \tag{10.91}$$

であるので

$$\dot{V}_{ab} = -(\dot{V}_{bc} + \dot{V}_{ca}) \tag{10.92}$$

である。これを式 (10.90) に代入すると

$$\begin{aligned}P_a + jP_r &= -(\dot{V}_{bc} + \dot{V}_{ca})\bar{I}_{ab} + \dot{V}_{bc}\bar{I}_{bc} + \dot{V}_{ca}\bar{I}_{ca} \\ &= \dot{V}_{bc}(\bar{I}_{bc} - \bar{I}_{ab}) + \dot{V}_{ca}(\bar{I}_{ca} - \bar{I}_{ab})\end{aligned} \tag{10.93}$$

負荷電流と線電流の関係から

$$\bar{I}_b = \bar{I}_{bc} - \bar{I}_{ab} \tag{10.94}$$

$$-\bar{I}_a = \bar{I}_{ca} - \bar{I}_{ab} \tag{10.95}$$

であるので，式 (10.93) に式 (10.94) および式 (10.95) を代入すると，式 (10.96) が得られる。

$$P_a + jP_r = \dot{V}_{bc}\bar{I}_b + \dot{V}_{ca}(-\bar{I}_a) = \dot{V}_{bc}\bar{I}_b + \dot{V}_{ac}\bar{I}_a \tag{10.96}$$

式 (10.96) の第 2 項では，負の符号を考慮して，電圧ベクトルの向きを変えている。

一方で，図 10.11 に示した Y 負荷の電力を求めてみよう。端子 a, b, c に接続されたインピーダンス $\dot{Z}_a$, $\dot{Z}_b$, $\dot{Z}_c$ に供給される複素電力の総和は，式 (10.97) で求められる。

$$P_a + jP_r = \dot{V}_a\bar{I}_a + \dot{V}_b\bar{I}_b + \dot{V}_c\bar{I}_c \tag{10.97}$$

三相回路の特性から，$\dot{I}_a + \dot{I}_b + \dot{I}_c = 0$ であるので

$$\dot{I}_c = -(\dot{I}_a + \dot{I}_b) \tag{10.98}$$

である。式 (10.98) を式 (10.97) に代入すると

$$P_a + jP_r = (\dot{V}_a - \dot{V}_c)\bar{I}_a + (\dot{V}_b - \dot{V}_c)\bar{I}_b \tag{10.99}$$

が得られる。線間電圧と相電圧との関係から

$$\dot{V}_{ac} = \dot{V}_a - \dot{V}_c \tag{10.100}$$

$$\dot{V}_{bc} = \dot{V}_b - \dot{V}_c \tag{10.101}$$

である。これらを式 (10.99) に代入すると

$$P_a + jP_r = \dot{V}_{ac}\overline{\dot{I}}_a + \dot{V}_{bc}\overline{\dot{I}}_b \tag{10.102}$$

となる。

式 (10.96) と式 (10.102) から，三相負荷の結線方法や負荷回路のインピーダンスによらず，線間電圧 $\dot{V}_{ac}$, $\dot{V}_{bc}$ と線電流 $\dot{I}_a$, $\dot{I}_b$ から三相回路の複素電力を求められることがわかる。すなわち，図 10.12 に示す回路パラメータを知ることができれば，三相回路の電力を計算することができる。また，式 (10.90) と式 (10.97) では，三つの電圧と三つの電流から電力を求めているが，式 (10.96) と式 (10.102) では，二つの線間電圧と二つの線電流から電力を求めており，パラメータの数が減っている（ブロンデルの定理[†]を三相回路に適用している）。

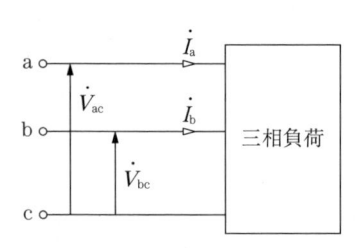

図 10.12 三相電力の計算に必要なパラメータ

なお，式 (10.90) と式 (10.97) の変形方法を変えると，三相電力の計算に必要なパラメータを変えることができる。

式 (10.96) と式 (10.102) は，複素電力の形で表されているが，電圧 $\dot{V}_{ac}$ と電流 $\dot{I}_a$ の位相差を φ_1，$\dot{V}_{bc}$ と $\dot{I}_b$ の位相差を φ_2 とすれば，三相負荷に供給される有効電力 P_a と無効電力 P_r をそれぞれ求めることができる。

$$P_a = |\dot{V}_{ac}||\dot{I}_a|\cos\varphi_1 + |\dot{V}_{bc}||\dot{I}_b|\cos\varphi_2 \tag{10.103}$$

$$P_r = |\dot{V}_{ac}||\dot{I}_a|\sin\varphi_1 + |\dot{V}_{bc}||\dot{I}_b|\sin\varphi_2 \tag{10.104}$$

[†] **ブロンデル（Blondel）の定理**　n 相交流で負荷に電力を供給している場合，n 本の導線を用いている。1本を共通の帰線と考え，その線と $(n-1)$ 本の間に電力計を挿入すると，これらの電力計の指示する電力の和が負荷に供給される電力に等しい。

10.3 二電力計法による三相電力の計測

10.3.1 単相電力計

図 10.13 は，単相電源に接続された単相負荷の電力を測定する単相電力計の結線図を示す。

単相電力計の内部には，コイルが二つ設置されており，計 4 個の端子がある。図のように接続すると，電流コイルには電流 $\dot{I}$ が流れ，磁界が生じる。また，電圧コイルには電圧 $|\dot{V}|$ に比例した電流 I_1 が流れる。この電流 I_1 と電流コイルが作る磁界とで生じる電磁力により，指針を動かしている。指針は，有効電力 $|\dot{V}||\dot{I}|\cos\varphi$ を表示する。

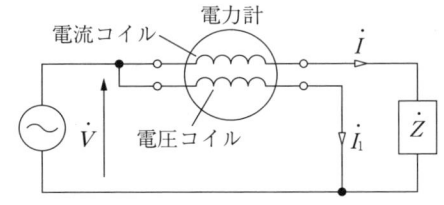

図 10.13 単相電力計の結線図（$\dot{V}$ と $\dot{I}$ の位相差 φ）

10.3.2 二電力計法

三相負荷電力の測定には，式 (10.96) と式 (10.102) に示した電力の計算方法から，電圧 $\dot{V}_{ac}$ と電流 $\dot{I}_a$ から求まる電力と，$\dot{V}_{bc}$ と $\dot{I}_b$ から求まる電力の和を求めればよいことがわかる。そこで，三相負荷電力を，単相電力計を 2 台用いて測ることを考えよう。

図 10.14 では，三相負荷に 2 台の単相電力計を接続している。

電力計 W_1 は電圧 $\dot{V}_{ac}$ と電流 $\dot{I}_a$ から

$$P_{a1} = |\dot{V}_{ac}||\dot{I}_a|\cos\varphi_1 \tag{10.105}$$

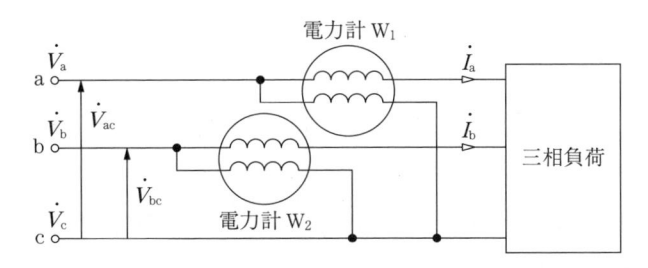

図 10.14 二電力計法による三相電力の測定

を表示する。また，電力計 W_2 は $\dot{V}_{bc}$ と $\dot{I}_b$ から求まる電力を表示する。

$$P_{a2} = |\dot{V}_{bc}||\dot{I}_b|\cos\varphi_2 \tag{10.106}$$

電力計 W_1 と W_2 の表示 P_{a1} と P_{a2} の和が三相電力負荷の電力 P_a となり，式(10.107)で表される。

$$P_a = |\dot{V}_{ac}||\dot{I}_a|\cos\varphi_1 + |\dot{V}_{bc}||\dot{I}_b|\cos\varphi_2 \tag{10.107}$$

負荷の位相角によっては，図 10.14 に示した電力計 W_1 と W_2 が示す値のどちらかが負となる場合がある。その例を以下に記す。ここでは，簡単のために，負荷が三相平衡負荷であるとし，$V_e = |\dot{V}_{ab}| = |\dot{V}_{bc}| = |\dot{V}_{ca}|$，$I_e = |\dot{I}_a| = |\dot{I}_b| = |\dot{I}_c|$，$\dot{V}_a$ と $\dot{I}_a$，$\dot{V}_b$ と $\dot{I}_b$，$\dot{V}_c$ と $\dot{I}_c$ の位相差をそれぞれ φ とした。

負荷が誘導性であるものとし，位相差 φ の範囲が $\pi/3 \le \varphi < \pi/2$ 〔rad〕である場合について考える。図 10.15 に，相電圧 $\dot{V}_a$ を基準としたベクトル図を示す。

位相差 φ_1，φ_2 はそれぞれ $\varphi_1 = \varphi - \pi/6$，$\varphi_2 = \varphi + \pi/6 \ge \pi/2$ である。電力計 W_1 の表示 P_{a1} の計算方法は，式(10.108)で表される。

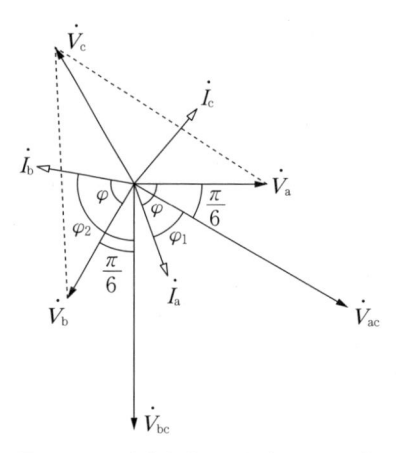

図 10.15 誘導性負荷（$\pi/3 \le \varphi < \pi/2$ 〔rad〕）のベクトル図

$$P_{a1} = |\dot{V}_{ac}||\dot{I}_a|\cos\varphi_1 = V_e I_e \cos\left(\varphi - \frac{\pi}{6}\right)$$
$$= V_e I_e \left(\frac{\sqrt{3}}{2}\cos\varphi + \frac{1}{2}\sin\varphi\right) \tag{10.108}$$

電力計 W_2 の表示 P_{a2} の計算方法は式(10.109)で表される。

$$P_{a2} = |\dot{V}_{bc}||\dot{I}_b|\cos\varphi_2 = V_e I_e \cos\left(\varphi + \frac{\pi}{6}\right) = V_e I_e \left(\frac{\sqrt{3}}{2}\cos\varphi - \frac{1}{2}\sin\varphi\right) \le 0 \tag{10.109}$$

式(10.109)では，$\varphi_2 \ge \pi/2$ であるので，P_{a2} は 0 以下の値を示す。しかしながら，全電力 P_a は

$$P_\mathrm{a} = P_\mathrm{a1} + P_\mathrm{a2} = \sqrt{3}\, V_\mathrm{e} I_\mathrm{e} \cos\varphi \tag{10.110}$$

であり，0以上の値となる。

例題 10.8 図 10.14 の回路において，三相負荷は平衡 Y 負荷であり，その力率は遅れ 0.9 であった。線間電圧 200 V の対称三相交流電圧を印加したところ，線電流は 5 A であった。二電力計法で電力を測定することを考えた場合，この回路に供給される全有効電力を求めなさい。

解 力率から，電圧 $\dot{V}_\mathrm{a}$ と線電流 $\dot{I}_\mathrm{a}$ の位相差 φ を求めることができる。

$$\varphi = \cos^{-1}(0.9) = 0.451\ \mathrm{rad}$$

電圧 $\dot{V}_\mathrm{ac}$ と線電流 $\dot{I}_\mathrm{a}$ の位相差 φ_1 は

$$\varphi_1 = \frac{\pi}{6} - \varphi = 0.073\ \mathrm{rad}$$

である。したがって，電力計 W_1 の指示値 P_a1 は

$$P_\mathrm{a1} = |\dot{V}_\mathrm{ac}||\dot{I}_\mathrm{a}|\cos\varphi_1 = 200 \times 5 \times \cos(0.073) = 997\ \mathrm{W}$$

である。また，電圧 $\dot{V}_\mathrm{bc}$ と線電流 $\dot{I}_\mathrm{b}$ の位相差 φ_2 は

$$\varphi_2 = \frac{\pi}{6} + \varphi = 0.975\ \mathrm{rad}$$

である。したがって，電力計 W_2 の指示値 P_a2 は

$$P_\mathrm{a2} = |\dot{V}_\mathrm{bc}||\dot{I}_\mathrm{b}|\cos\varphi_2 = 200 \times 5 \times \cos(0.975) = 561\ \mathrm{W}$$

である。三相負荷全体に供給される有効電力 P_a は

$$P_\mathrm{a} = P_\mathrm{a1} + P_\mathrm{a2} = 1.56\ \mathrm{kW}$$

である。

10.4 回 転 磁 界

三相交流の重要な応用例の一つに，三相交流が作る**回転磁界**（rotating magnetic field）があげられる。複数のコイルに多相交流電流を流すことで，コイルは物理的に固定されているにもかかわらず，向きが時間的に変化する磁界を生じる。回転磁界は三相モータの駆動原理である。ここでは，回転磁界について述べる。

10.4.1 単相交流により生じる磁界

図 10.16 に示すコイルに電流 i を矢印の向きに流すと，コイルを右から左に貫く磁界 h が生じる。この磁界発生のメカニズムを見てみよう。

コイル上の点 A の周囲に生じる磁界は，電流 i の方向に右ねじを回す向きに

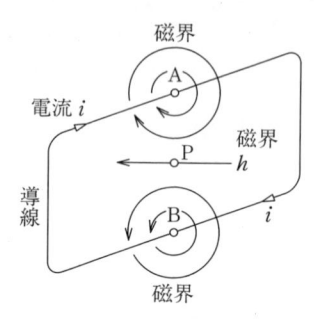

図10.16 単相コイルによる磁界

発生する。また，点Bの周囲についても，同様の磁界が生じる。点Aと点Bの周囲に生じる磁界が作る合成磁界は，コイルの中心点P付近では，右から左に貫く磁界となることがわかる。ここで，流れる電流 i を

$$i = I_m \sin\omega t \tag{10.111}$$

とすれば，生じる磁界 h を

$$h = ki = kI_m \sin\omega t \quad (k \text{ は定数}) \tag{10.112}$$

と表すことができる。この式から，磁界 h は，交流電流 i の向きと大きさに従って変化することがわかる。

10.4.2 三相交流により生じる磁界

図10.16に示す単相コイルを，図10.17（a）に示すように $2\pi/3$ ずつ位置をずらして配置し，コイル a-a′, b-b′, c-c′ に対称三相電流 i_a, i_b, i_c を流す。

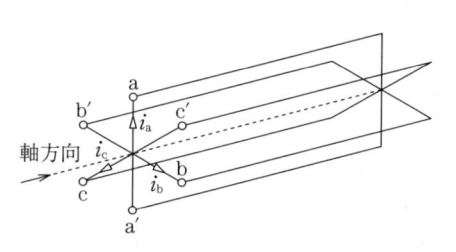

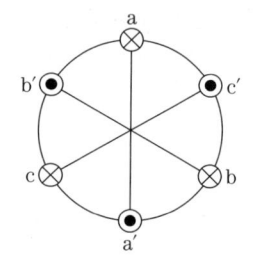

（a）三相コイル　　　（b）軸方向から見た電流の向き

図10.17 三相コイルに三相交流電流を流す

図（a）を軸方向に見ると，図（b）のように各電流の向きを定義できる。電流 i_a, i_b, i_c は，式（10.113）〜（10.115）で表されるものとする。

$$i_a = I_m \sin\omega t \tag{10.113}$$

$$i_b = I_m \sin\left(\omega t - \frac{2}{3}\pi\right) \tag{10.114}$$

$$i_c = I_m \sin\left(\omega t + \frac{2}{3}\pi\right) \tag{10.115}$$

10.4 回転磁界

　図10.18は，電流 i_a, i_b, i_c の時間変化を示す。①〜④の時刻について，各相のコイルが作る磁界の向きについて考える。

　図10.19に示す①の時刻を見ると，$i_a=0$，$i_b<0$，$i_c>0$ である。電流の正負と図10.17（b）に示した電流の向きの定義から，①の時刻の電流の向きを表すと，図10.19（a）が得られる。コイル b-b′ の電流の向きは図10.17（b）とは逆となり，コイル c-c′ の電流の向きはそのままである。結果として，b と c′ にそれぞれ流れている電流が作る合成磁界は反時計回りとなり，b′ と c にそれぞれ流れている電流が作る磁界は時計回りとなる。したがって，中心部に生じる合成磁界は，b と c′ が作る磁界と b′ と c が作る磁界の合成となり，合成磁界は下向きである。

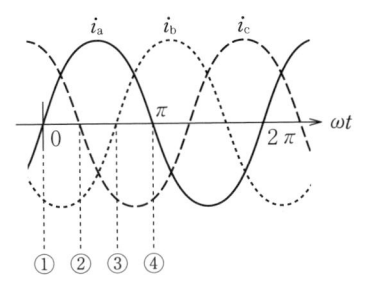

図10.18 三相コイルに通電する三相交流電流の波形

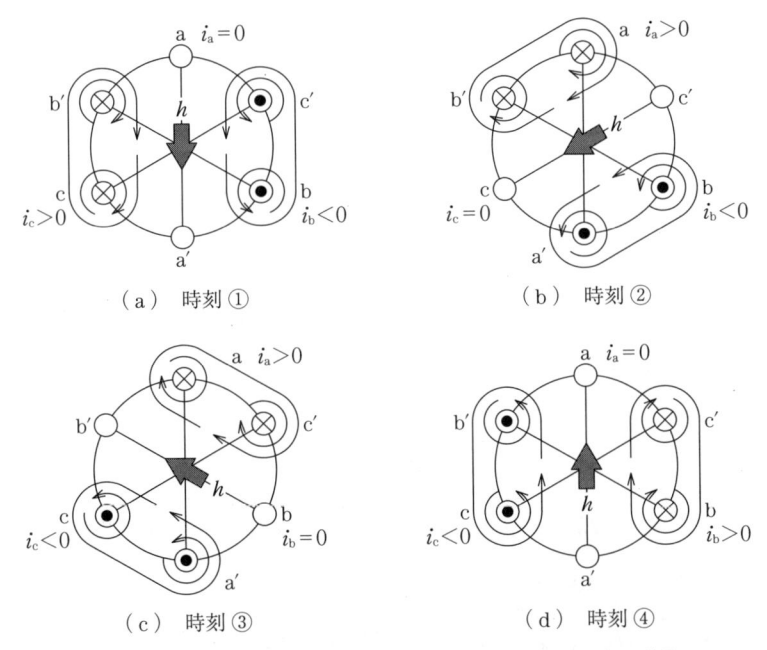

（a）時刻①　　　（b）時刻②

（c）時刻③　　　（d）時刻④

図10.19 三相交流電流の時間変化により向きが回転する磁界

図 10.19（b）は，②の時刻における各相の電流の向きを示している。各電流は $i_a>0$, $i_b<0$, $i_c=0$ であるので，a-b' と a'-b がそれぞれ合成磁界を作ると考えれば，中心部の合成磁界は図中の網かけ矢印の向きとなる。同様に，③と④の時刻についても考えると，図 10.19（c）と（d）が得られる。

このように，三相コイルに三相交流電流を流すと，コイルの中心軸上の磁界の向きが時間とともに回転する。これを回転磁界と呼ぶ。

【例題 10.9】 図 10.20 に示すように配置されたコイル A, B および C に対称三相交流電流を通電したところ，磁界 $H_a = H_m\sin\omega t$, $H_b = H_m\sin(\omega t - 2\pi/3)$ および $H_c = H_m\sin(\omega t + 2\pi/3)$ が発生した。つぎの問に答えなさい。

（1）磁界 H_a, H_b, H_c が作る合成磁界 H について，x 軸方向成分 H_x の時間変化を表す式を求めなさい。

（2）磁界 H_a, H_b, H_c が作る合成磁界 H について，y 軸方向成分 H_y の時間変化を表す式を求めなさい。

（3）合成磁界 H の大きさを求めなさい。

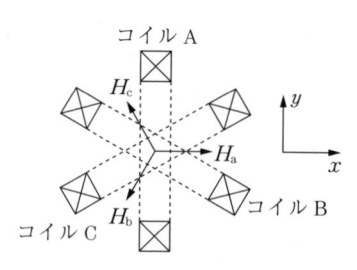

図 10.20 回転磁界を作る三相コイルの構成

【解】（1）磁界 H_b および H_c を x 軸方向と y 軸方向にそれぞれ分解する。x 軸方向の磁界は

$$H_x = H_a - \frac{1}{2}(H_b + H_c) = H_m\left\{\sin\omega t - \frac{1}{2}\left(\sin\left(\omega t - \frac{2}{3}\pi\right) + \sin\left(\omega t + \frac{2}{3}\pi\right)\right)\right\}$$

である。ここで

$$\sin\left(\omega t - \frac{2}{3}\pi\right) = -\frac{1}{2}\sin\omega t - \frac{\sqrt{3}}{2}\sin\omega t, \quad \sin\left(\omega t + \frac{2}{3}\pi\right) = -\frac{1}{2}\sin\omega t + \frac{\sqrt{3}}{2}\sin\omega t$$

を利用すると，H_x はつぎのように整理できる。

$$H_x = \frac{3}{2}H_m\sin\omega t$$

（2）同様に

$$H_y = \frac{\sqrt{3}}{2}(H_c - H_b) = \frac{\sqrt{3}}{2}H_m\left(\sin\left(\omega t + \frac{2}{3}\pi\right) - \sin\left(\omega t - \frac{2}{3}\pi\right)\right) = \frac{3}{2}H_m\cos\omega t$$

（3）合成磁界 H の大きさはつぎのように算出される。

$$H = \sqrt{H_x^2 + H_y^2} = \sqrt{\frac{9}{4}H_m^2\sin^2\omega t + \frac{9}{4}H_m^2\cos^2\omega t} = \frac{3}{2}H_m$$

本章のまとめ

- **10.1** 対称三相交流電源を含む回路の線電流について，$\dot{I}_a+\dot{I}_b+\dot{I}_c=0$ が成り立つ。線間電圧については，$\dot{V}_{ab}+\dot{V}_{bc}+\dot{V}_{ca}=0$ が成り立つ。
- **10.2** Y結線の負荷の線間電圧と相電圧との関係は，$\dot{V}_{ab}=\dot{V}_a-\dot{V}_b$，$\dot{V}_{bc}=\dot{V}_b-\dot{V}_c$，$\dot{V}_{ca}=\dot{V}_c-\dot{V}_a$ である。
- **10.3** Y結線の負荷が平衡のとき

$$|\dot{V}_a|=|\dot{V}_b|=|\dot{V}_c|=\frac{|\dot{V}_{ab}|}{\sqrt{3}}=\frac{|\dot{V}_{bc}|}{\sqrt{3}}=\frac{|\dot{V}_{ca}|}{\sqrt{3}}$$

- **10.4** Δ結線の負荷の負荷電流と線電流との関係は，$\dot{I}_a=\dot{I}_{ab}-\dot{I}_{ca}$，$\dot{I}_b=\dot{I}_{bc}-\dot{I}_{ab}$，$\dot{I}_c=\dot{I}_{ca}-\dot{I}_{bc}$ である。
- **10.5** Δ結線の負荷が平衡のとき

$$|\dot{I}_a|=|\dot{I}_b|=|\dot{I}_c|=\sqrt{3}|\dot{I}_{ab}|=\sqrt{3}|\dot{I}_{bc}|=\sqrt{3}|\dot{I}_{ca}|$$

- **10.6** 平衡負荷の電力　$P=\sqrt{3}\,V_{LL}I\cos\varphi$ である。
- **10.7** 三相回路の複素電力　$P_a+jP_r=\dot{V}_{ac}\overline{\dot{I}}_a+\dot{V}_{bc}\overline{\dot{I}}_b$
- **10.8** 三相回路の有効電力　$P_a=|\dot{V}_{ac}||\dot{I}_a|\cos\varphi_1+|\dot{V}_{bc}||\dot{I}_b|\cos\varphi_2$
- **10.9** 三相回路の無効電力　$P_r=|\dot{V}_{ac}||\dot{I}_a|\sin\varphi_1+|\dot{V}_{bc}||\dot{I}_b|\sin\varphi_2$

演習問題

10.1 図10.21の回路では，Y形の平衡負荷に対称三相交流電圧を印加している。各相に接続されている負荷の力率は0.85（遅れ）である。線間電圧100V，線電流10Aであるとき，電圧 V_a の位相を基準としてつぎの問に答えなさい。

(1) 各負荷の相電圧 V_a，V_b，V_c の複素数表示をそれぞれ求めなさい。
(2) a相負荷の有効電力 P_a を求めなさい。
(3) 三相負荷全体の有効電力 P を求めなさい。
(4) 電圧 V_a と電流 I_a の位相差 φ を求めなさい。
(5) 電流 $\dot{I}_a$，$\dot{I}_b$，$\dot{I}_c$ の複素数表示を求めなさい。
(6) V_a，V_b，V_c，V_{ab}，V_{bc}，V_{ca}，I_a，I_b，I_c のベクトル図を描きなさい。
(7) 電圧 V_{ab} と電流 I_a の位相差を求めなさい。

10.2 図10.22の回路では，Δ形の平衡負荷（インピーダンス Z，誘導性）に対称三相交流電圧を印加している。線間電圧200V，線電流30Aのとき，回路の有効電力は10kWであった。つぎの問に答えなさい。

図 10.21

図 10.22

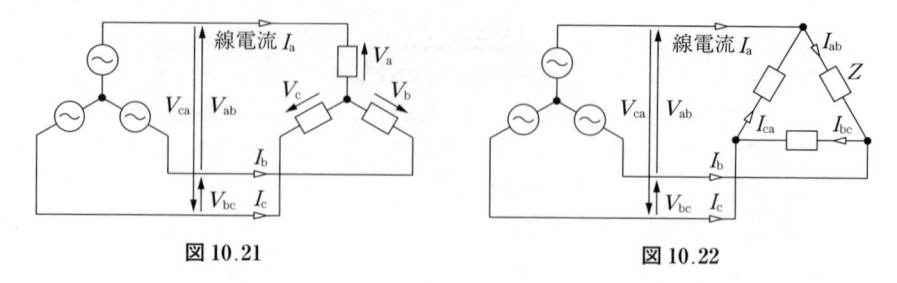

(1) インピーダンス Z の力率を求めなさい。
(2) 電圧 V_{ab} と電流 I_{ab} の位相差を求めなさい。
(3) 電流 I_{ab} の大きさ $|I_{ab}|$ を求めなさい。
(4) 電圧 V_{ab} の位相を基準として，電流 I_{ab}, I_{bc}, I_{ca} の複素数表示を求めなさい。
(5) 電圧 V_{ab} の位相を基準として，電流 I_a, I_b, I_c の複素数表示を求めなさい。
(6) 電圧 V_{ab}, V_{bc}, V_{ca}, 電流 I_a, I_b, I_c, I_{ab}, I_{bc}, I_{ca} のベクトル図を描きなさい。
(7) 電圧 V_{ab} と電流 I_a の位相差を求めなさい。
(8) 電流 I_{ca} と I_a の位相差を求めなさい。
(9) 電圧 V_{ca} と電流 I_a の位相差を求めなさい。

10.3 図 10.23 のように 3 個の抵抗を Y 形に接続して，線間電圧 100 V の対称三相交流電圧を印加したところ，線電流 10 A が流れた。つぎの問に答えなさい。

(a)

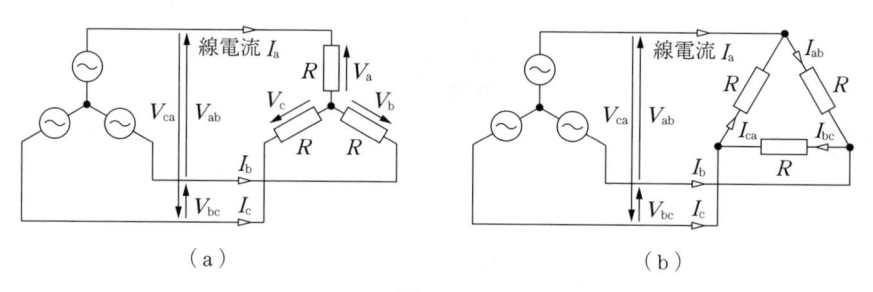

(b)

図 10.23

(1) 図 (a) の抵抗 R を求めなさい。
(2) 図 (a) の回路の有効電力を求めなさい。
(3) 図 (a) の抵抗 R を図 (b) のように Δ 結線にして，これに線間電圧 100 V の対称三相交流電圧を印加した。図 (b) の回路の有効電力を求めなさい。
(4) 図 (b) の線電流の大きさを求めなさい。

10.4 図 10.24 (a) の回路において，線間電圧が 100 V であるとき，つぎの問に答えなさい。

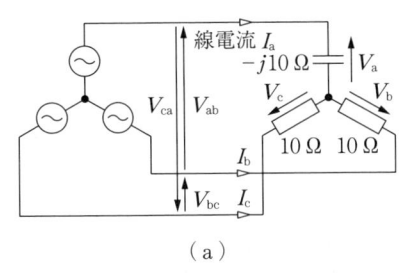

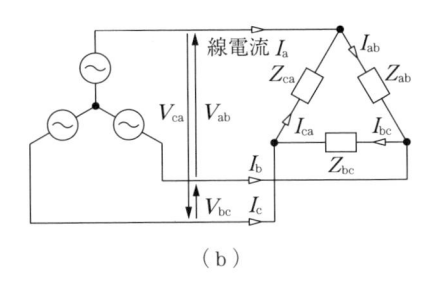

図 10.24

(1) 図 (a) のように Y 結線された負荷を，図 (b) のように Δ 結線された負荷に変換したい．Δ 負荷の a-b 相間，b-c 相間，c-a 相間のインピーダンス Z_{ab}, Z_{bc}, Z_{ca} をそれぞれ求めなさい．
(2) 電圧 V_{ab} の位相を基準として，電流 I_{ab}, I_{bc}, I_{ca} の複素数表示を求めなさい．
(3) 電圧 V_{ab} の位相を基準として，電流 I_a, I_b, I_c の複素数表示を求めなさい．
(4) 電流 I_a, I_b, I_c の実効値 $|I_a|$, $|I_b|$, $|I_c|$ を求めなさい．
(5) 負荷で消費される全有効電力を求めなさい．

10.5 図 10.25 (a) の回路で，線間電圧は 200 V，周波数は 60 Hz，キャパシタンス C は 160 μF であった．このとき，回路の力率は 100 % であり，回路全体で消費される有効電力は 8 kW であった．つぎの問に答えなさい．

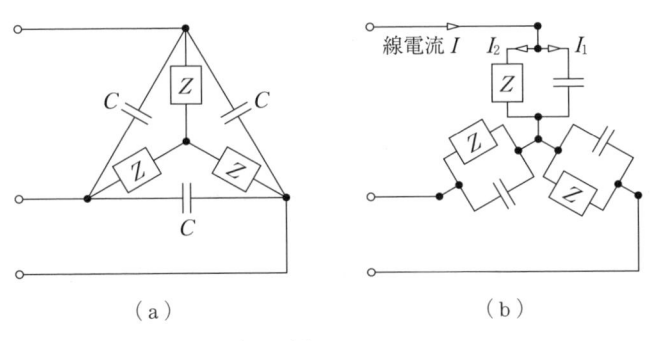

図 10.25

(1) 線電流 I の実効値 $|I|$ を求めなさい．
(2) 図 (a) のように Δ 結線されたキャパシタンス負荷を，図 (b) のように Y 結線に変換した．変換されたキャパシタのインピーダンスを求めなさい．
(3) 図 (b) において，a 相電圧 V_a を基準として，電流 I, I_1, I_2 の複素数表示をそれぞれ求めなさい．

（4） インピーダンス Z の力率を求めなさい。

10.6 図 10.26（a）において，端子 a'-b' 間のインピーダンスを求めたい。つぎの問に答えなさい。

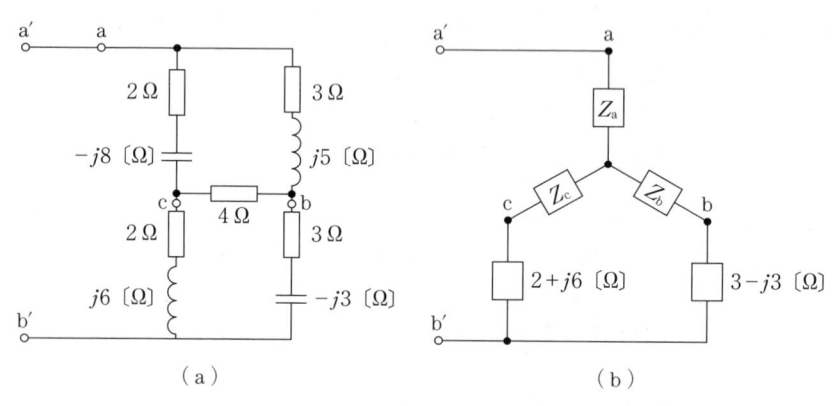

図 10.26

（1） 図（a）の図を，Y-Δ 変換により，図（b）のように書き換えた。図 10.26（b）におけるインピーダンス Z_a, Z_b, Z_c をそれぞれ求めなさい。
（2） 端子 a'-b' 間のインピーダンスを求めなさい。

10.7 図 10.27 の回路で，三相平衡負荷の電力を測定したところ，電力計 W_1 の指示値 P_1 が電力計 W_2 の指示値 P_2 の 3 倍となった。線間電圧の大きさを $|V|$, 線電流の大きさを $|I|$, 三相平衡負荷の力率を $\cos\varphi$ として，つぎの問に答えなさい。

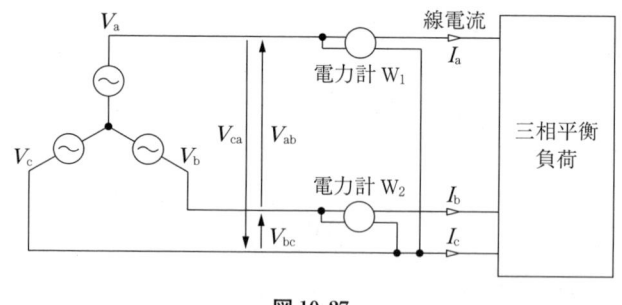

図 10.27

（1） 電力計 W_1 と電力計 W_2 の指示値 P_1 と P_2 を，φ を用いて表しなさい。
（2） 三相平衡負荷の力率 $\cos\varphi$ を求めなさい。

11. 一端子対回路

通信や信号処理などの分野では，幅広い周波数の交流を扱う。回路が周波数の変化に対してどのような振舞いをするかは重要な事項である。本章では，一端子対回路の周波数特性について学ぶ。また，ある周波数特性を持った回路を合成することも学ぶ。

11.1 一端子対回路

一対の端子を持つ，すなわち端子を二つ持つ回路を**一端子対回路**（two-terminal circuit, one-terminal-pair network）と呼ぶ。R, L, C の回路素子はすべて一端子対回路である。また，それを組み合わせた回路の多くも一端子対回路である。これに対して，端子対を二つ持つ，すなわち端子を四つ持つ回路を**二端子対回路**（two-terminal-pair network）と呼ぶ。**図 11.1** に一端子対回路と二端子対回路を示す。二端子対回路については 12 章で詳しく学ぶ。

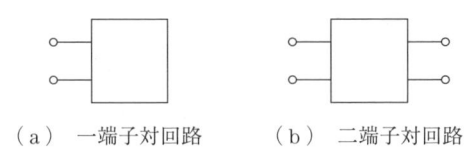

(a) 一端子対回路　　(b) 二端子対回路

図 11.1 一端子対回路と二端子対回路

すべての回路は端子を二つ以上持ち，この 2 端子に電源を接続して回路を駆動する。この意味で二つの端子を**駆動点**（driving point）と呼ぶ。駆動点から回路を見たときのインピーダンス，アドミタンスを**駆動点インピーダンス**，**駆動点アドミタンス**と呼ぶ。次節以下では，駆動点インピーダンス，駆動点アドミタンスの周波数特性を詳しく調べる。

11.2 一端子対回路の周波数特性と共振現象

11.2.1 *RLC*直列回路と直列共振

図 11.2（a）に示す*RLC*直列回路で電源の周波数を変化させることを考える。

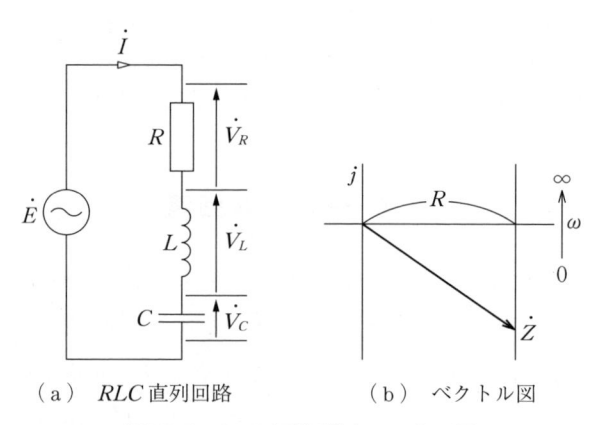

（a） *RLC*直列回路　　（b） ベクトル図

図 11.2 *RLC*直列回路とベクトル図

回路のインピーダンス$\dot{Z}$とリアクタンスXは

$$\dot{Z} = R + j\left(\omega L - \frac{1}{\omega C}\right) = R + jX$$

$$X = \omega L - \frac{1}{\omega C}$$

である。ωを0から$+\infty$まで変化させると，リアクタンスXは$-\infty$から$+\infty$まで変化する。そのときの$\dot{Z}$のベクトル図を描くと図（b）のようになる。ωが0から$+\infty$まで変化するときの$\dot{Z}$の軌跡は，原点からの距離がRの虚軸に平行な直線となる。このようにある変数を変化させたとき，ベクトルが描く軌跡を**ベクトル軌跡**（vector locus）と呼んでいる。

［例題 11.1］ 図 11.2 に示す*RLC*直列回路でωを変化させたときのアドミタンスYのベクトル軌跡が，**図 11.3** に示す半径$1/2R$の円となることを示しなさい。

［解］ $\dot{Y} = \dfrac{1}{\dot{Z}} = \dfrac{1}{R + jX} = \dfrac{R - jX}{R^2 + X^2} = G + jB$

11.2 一端子対回路の周波数特性と共振現象

ω が 0 から ∞ まで動くとき，X は $-\infty$ から $+\infty$ まで動くので，G，B ともに動く。
点 $P=1/2R$ から点 Y までの距離を k とすると

$$k^2 = \left(G - \frac{1}{2R}\right)^2 + B^2 = \left(\frac{R}{R^2 + X^2} - \frac{1}{2R}\right)^2 + \left(\frac{-X}{R^2 + X^2}\right)^2 = \left(\frac{1}{2R}\right)^2$$

点 Y から点 P までの距離は $1/2R$ で一定なので，Y の軌跡は半径 $1/2R$ の円となる。

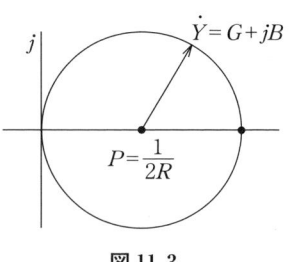

図 11.3

さて，リアクタンス $X=0$ となる ω は，$\omega L - 1/\omega C = 0$ より

$$\omega_0 = \frac{1}{\sqrt{LC}} \tag{11.1}$$

で与えられる。$\omega = \omega_0$ で $\dot{Z} = R$ になることを**直列共振**（series resonance）という。以下では直列共振について学ぶ。図 11.2 で

$$\dot{Z} = R + j\left(\omega L - \frac{1}{\omega C}\right) = R + jX = |\dot{Z}|e^{j\varphi}$$

$$|\dot{Z}| = \sqrt{R^2 + X^2}, \quad \varphi = \tan^{-1}(X/R)$$

なので，電源電圧を $\dot{E} = E_e$ とすると

$$\dot{I} = \frac{E_e}{|\dot{Z}|e^{j\varphi}} = \frac{E_e}{|\dot{Z}|}e^{-j\varphi}$$

$$\dot{V}_R = R\dot{I} = R\frac{E_e}{|\dot{Z}|}e^{-j\varphi}$$

$$\dot{V}_L = j\omega L\dot{I} = j\omega L\frac{E_e}{|\dot{Z}|}e^{-j\varphi}$$

$$\dot{V}_C = -j\frac{\dot{I}}{\omega C} = -j\frac{1}{\omega C}\frac{E_e}{|\dot{Z}|}e^{-j\varphi}$$

となる。

直列共振が起きる $\omega = \omega_0$ のときには $X=0$，$\varphi=0$ となり，$\dot{I}$ ならびに各素子の端子電圧はそれぞれ

$$\dot{I} = \frac{E_e}{|\dot{Z}|}e^{-j\varphi} = \frac{E_e}{R}$$

$$\dot{V}_R = R\frac{E_e}{|\dot{Z}|} = R\frac{E_e}{R} = E_e$$

$$\dot{V}_L = j\omega_0 L \dot{I} = j\sqrt{\frac{L}{C}}\frac{E_e}{R}$$

$$\dot{V}_C = -j\frac{\dot{I}}{\omega_0 C} = -j\sqrt{\frac{L}{C}}\frac{E_e}{R}$$

ここで $\dot{V}_L = -\dot{V}_C$ である。$\dot{V}_L$ と $\dot{V}_C$ は逆位相で打ち消し合い

$$\dot{E} = \dot{V}_R + \dot{V}_L + \dot{V}_C = \dot{V}_R$$

となる。これをベクトル図に表したものが**図11.4**である。ここで

$$Q = \frac{\omega_0 L}{R} = \frac{1/\omega_0 C}{R} = \frac{\sqrt{L/C}}{R} \tag{11.2}$$

とすると式 (11.3) が得られる。

$$\dot{V}_L = jQE_e, \quad \dot{V}_C = -jQE_e \tag{11.3}$$

図11.4

このことから，式 (11.2) で与えられる Q を**電圧拡大率**と呼ぶこともある。R, L, C の値によっては Q はきわめて大きな値になり得る。つまり，直列共振が起きると，インダクタやキャパシタには電源電圧の何十倍もの電圧がかかる可能性もあり，しばしば事故の原因となる。

11.2.2 共振の Q

Q は**共振の Q**（quality factor）と呼ばれ，共振の特性を示す指標である。図11.2で電流の大きさ I_e は

$$I_e = \frac{E_e}{|\dot{Z}|} = \frac{E_e}{\sqrt{R^2 + X^2}}$$

であり，ω が0から∞まで変化するとき，X は $-\infty$ から $+\infty$ まで変化するので I_e は ω の変化に対して**図11.5**の

図11.5

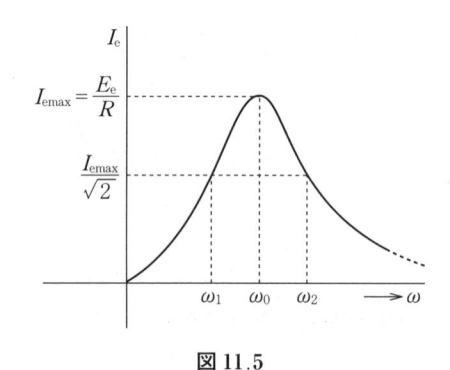

ように変化する。$\omega = \omega_0$ のとき I_e は最大値 $I_{emax} = E_e/R$ となり，そのとき回路で消費される電力も最大値 $RI_{emax}^2 = E_e^2/R$ となる。

ここで，回路で消費される電力が最大値の 1/2 となる ω を求める。このとき

$$RI_e^2 = \frac{RE_e^2}{R^2 + X^2} = \frac{RE_e^2}{R^2 + \left(\omega L - \dfrac{1}{\omega C}\right)^2} = \frac{E_e^2}{2R}$$

となるので

$$\omega L - \frac{1}{\omega C} = \pm R$$

となる。これより ω を求めると

$$\omega_1 = \sqrt{\left(\frac{R}{2L}\right)^2 + \omega_0^2} - \frac{R}{2L}$$

$$\omega_2 = \sqrt{\left(\frac{R}{2L}\right)^2 + \omega_0^2} + \frac{R}{2L}$$

ここで，$\omega_0^2 = 1/LC$ である。

このときの電流の大きさは $I_{emax}/\sqrt{2}$ となり，さらにつぎの関係がある。

$$\omega_2 - \omega_1 = \frac{R}{L}, \quad \omega_1 \omega_2 = \omega_0^2 = \frac{1}{LC} \tag{11.4}$$

式 (11.2) と式 (11.4) を比べると

$$Q = \frac{\sqrt{L/C}}{R} = \frac{\omega_0}{\omega_2 - \omega_1} \tag{11.5}$$

となっていることがわかる。$\omega_0/(\omega_2 - \omega_1)$ は図 11.5 の電流ピークのとがり具合を表しているので，Q を**尖鋭度**(せんえいど)と呼ぶこともある。$\omega_2 - \omega_1$ は**半値幅**と呼ばれ，Q とともに共振の特性を示す指標としてしばしば用いられる。

11.2.3 *RLC* 並列回路と並列共振

図 11.6（a）の並列回路で電源の周波数が変化する場合を考えると，アドミタンス Y は次式で表される。

$$\dot{Y} = \frac{1}{R} + \frac{1}{j\omega L} + j\omega C = \frac{1}{R} + j\left(\omega C - \frac{1}{\omega L}\right) = G + jB$$

G はコンダクタンスで $G = 1/R$，B はサセプタンスで $B = \omega C - 1/\omega L$

(a) RLC 並列回路　　　　(b) ベクトル図

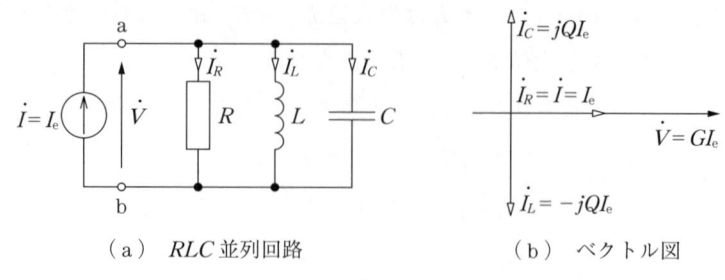

図 11.6 RLC 並列回路とベクトル図

さて，ω が 0 から ∞ まで変化するとき，B は $-\infty$ から $+\infty$ まで変化する。したがって，$\dot{Y}$ のベクトル軌跡は図 11.2（b）と，$\dot{Z}=1/\dot{Y}$ の軌跡は図 11.3 と同様なものとなる。また

$$\omega_0 = \frac{1}{\sqrt{LC}} \tag{11.6}$$

のとき，サセプタンス B は 0，$Y=G$ となる。$\dot{I}=I_e$，$\dot{V}=(1/G)I_e$ として

$$\dot{I}_R = I_e$$

$$\dot{I}_L = \frac{\dot{V}}{j\omega_0 L} = -j\frac{1}{G}\frac{I_e}{\omega_0 L} = -j\frac{1}{G}\sqrt{\frac{C}{L}}I_e$$

$$\dot{I}_C = j\omega_0 C \dot{V} = j\omega_0 C \frac{1}{G}I_e = j\frac{1}{G}\sqrt{\frac{C}{L}}I_e$$

を得る。**電流拡大率**を

$$Q_p = \frac{1}{G}\frac{1}{\omega_0 L} = \frac{1}{G}\omega_0 C = \frac{1}{G}\sqrt{\frac{C}{L}}$$

とすると

$$\dot{I}_L = -jQ_p I_e, \quad \dot{I}_C = jQ_p I_e \tag{11.7}$$

と表される。これをベクトル図に示すと，図（b）となる。このような並列回路の共振を**並列共振**（parallel resonance）と呼んでいる。Q_p は大きな値となり得るので，並列共振時にはインダクタやキャパシタには電源電流の何十倍もの電流が流れることもあり，事故の原因となる。

直列共振のときと同様に電流拡大率 Q_p は共振の Q であり，尖鋭度を示す指標でもある。

11.3 リアクタンス一端子対回路

インダクタ L とキャパシタ C だけで構成され,リアクタンスだけを持つ回路を**リアクタンス回路**という。リアクタンス回路では抵抗がないので電力消費はない。リアクタンス回路のインピーダンスは

$$\dot{Z} = jX$$

と表される。X は実数で $-\infty$ から $+\infty$ までの値をとり得る。

以下では,リアクタンス一端子対回路における X の周波数特性について詳しく調べる。

11.3.1 周波数特性とリアクタンス関数

リアクタンス一端子対回路において角周波数 ω が 0 から $+\infty$ まで変化するとき,X の変化の様子(これを**周波数特性**と呼ぶ)は L と C の組合せによりいくつかのパターンに分類できる。

〔1〕 簡単なリアクタンス回路の周波数特性

(1) **インダクタ L**　単独のインダクタ L のリアクタンス X は

$$\dot{Z} = j\omega L, \quad \therefore \quad X = \omega L \quad (11.8)$$

であり,図 11.7 に示すとおり X は ω に比例する。

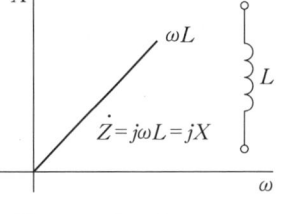

図 11.7　インダクタ L の周波数特性

(2) **キャパシタ C**　単独のキャパシタ C のリアクタンス X は

$$\dot{Z} = \frac{1}{j\omega C} = -j\frac{1}{\omega C}, \quad \therefore \quad X = -\frac{1}{\omega C} \quad (11.9)$$

であり,図 11.8 に示すとおり X は ω に反比例する。

図 11.8　キャパシタ C の周波数特性

(3) **LC 直列回路**　LC 直列回路のリアクタンス X は

$$\dot{Z} = j\left(\omega L - \frac{1}{\omega C}\right), \quad \therefore \ X = \omega L - \frac{1}{\omega C}$$

である。X を変形すると

$$X = \frac{\omega^2 LC - 1}{\omega C} = L\frac{\omega^2 - 1/LC}{\omega} \tag{11.10}$$

$X = 0$ となる点を**零点**と呼ぶ。零点は $\omega_0 = 1/\sqrt{LC}$ である。X が発散する点を**極**という。X が $-\infty$ となる $\omega = 0$ は極である。

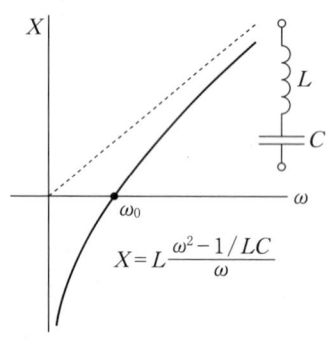

また、ω で微分すると

$$\frac{dX}{d\omega} = L + \frac{1}{\omega^2 C} > 0$$

となる。したがって、X は ω の単調増加関数である。これらから**図 11.9** が得られる。

図 11.9 LC 直列回路の周波数特性

（4） LC 並列回路 LC 並列回路のリアクタンス X は

$$\dot{Z} = j\omega L \frac{1/j\omega C}{j\omega L + 1/j\omega C} = -j\frac{\omega}{C(\omega^2 - 1/LC)}$$

$$\therefore \ X = -\frac{\omega}{C(\omega^2 - 1/LC)} \tag{11.11}$$

であり、零点は $\omega = 0$、極は $\omega_0 = 1/\sqrt{LC}$ である。

また、ω で微分すると

$$\frac{dX}{d\omega} = \frac{\omega^2 + 1/LC}{C(\omega^2 - 1/LC)^2} > 0$$

となる。したがって、X は ω の単調増加関数である。これらから**図 11.10** が得られる。

（5） L_0 と $L_1 C_1$ 並列回路の直列接続 **図 11.11** に回路とリアクタンス X の周波数特性を示す。

この回路は（1）と（4）項の組合せであるので式（11.12）となる。

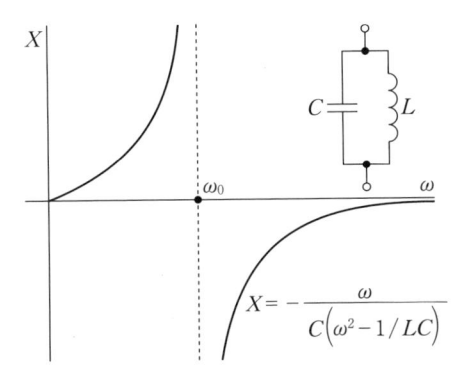

図 11.10 LC 並列回路の周波数特性

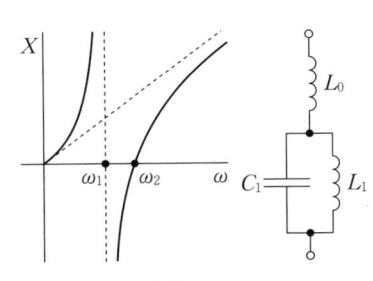

図 11.11

$$X = \omega L_0 - \frac{\omega}{C_1(\omega^2 - 1/L_1 C_1)}$$

$$= L_0 \frac{\omega\left(\omega^2 - 1\Big/\dfrac{L_0 L_1 C_1}{L_0 + L_1}\right)}{\omega^2 - 1/L_1 C_1} \tag{11.12}$$

零点は $\omega = 0$, $\omega_2 = 1/\sqrt{L_0 L_1 C_1/L_0 + L_1}$, 極は $\omega_1 = 1/\sqrt{L_1 C_1}$ である。ここで $\omega_1 = 1/\sqrt{L_1 C_1} < \omega_2 = 1/\sqrt{L_0 L_1 C_1/L_0 + L_1}$ である。

また, ω で微分すると

$$\frac{dX}{d\omega} = L_0 + \frac{\omega^2 + 1/L_1 C_1}{C_1(\omega^2 - 1/L_1 C_1)^2} > 0$$

となる。したがって, X は ω の単調増加関数である。

(6) C_0 と $L_1 C_1$ 並列回路の直列接続　図 11.12 に回路とリアクタンス X の周波数特性を示す。

この回路は (2) と (4) の組合せであるので

$$X = -\frac{1}{\omega C_0} - \frac{\omega}{C_1(\omega^2 - 1/L_1 C_1)}$$

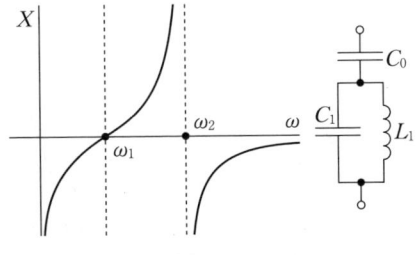

図 11.12

$$= -(C_0+C_1)/C_0C_1\left\{\omega^2 - \frac{1}{L_1(C_0+C_1)}\right\} \bigg/ \omega\left(\omega^2 - \frac{1}{L_1C_1}\right) \quad (11.13)$$

となり，零点は $\omega_1 = 1/\sqrt{L_1(C_0+C_1)}$，極は $\omega=0$ および $\omega_2 = 1/\sqrt{L_1C_1}$ で，$\omega_1 = 1/\sqrt{L_1(C_0+C_1)} < \omega_2 = 1/\sqrt{L_1C_1}$ である。

また，ω で微分すると

$$\frac{dX}{d\omega} = \frac{1}{\omega^2 C_0} + \frac{\omega^2 + 1/L_1C_1}{C_1(\omega^2 - 1/L_1C_1)^2} > 0$$

となる。したがって，X は ω の単調増加関数である。

〔2〕 **リアクタンス関数の性質** リアクタンス回路の X を**リアクタンス関数**と呼ぶことがある。リアクタンス関数にはつぎの性質があることがわかっている。

① X は ω に対して単調増加関数である。

② $X=0$ の零点と，$X=\pm\infty$（発散する）となる極は ω の軸上に交互に現れる。この特性に含まれる性質であるが，分母も分子も正または 0 の実数根を持つ ω の多項式で表され（有理関数），分母，分子の次数の違いは 1 次である。

上に示した（1）～（6）の回路でこれら性質は確認できる。

ところで上述の（1）～（6）の回路で，$\omega=0$ で $X=-\infty$ になるものと，$X=0$ となるものがある。$\omega=0$ で $X=0$ になる回路にはインダクタだけを通って両端子を結ぶ経路があり，$\omega=0$ で $X=-\infty$ になる回路にはそれがなく，どこかでキャパシタでさえぎられている。

一方，$\omega=\infty$ で $X=0$ となるものと $X=\infty$ になるものがあり，$\omega=\infty$ で $X=0$ となる回路にはキャパシタだけを通って両端子を結ぶ経路があり，$\omega=\infty$ で $X=\infty$ になる回路にはそれがない。これらのことは，$\omega=0$ でインダクタのリアクタンスが 0 になる（短絡となる）こと，および $\omega=\infty$ でキャパシタのリアクタンスが

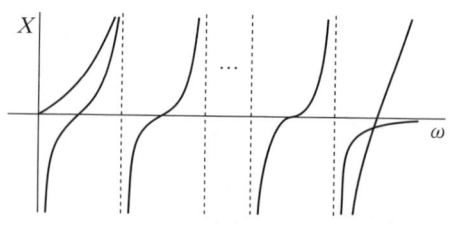

図 11.13 リアクタンス関数の周波数特性

0 になることを考えれば当然である。

以上のことから，一般化したリアクタンス関数の周波数特性を描くと**図11.13**のようになる。$\omega=0$ と $\omega=\infty$ は 2 通りの場合を示してある。

例題 11.2 図 11.14 に示す $L_0 C_0$ 直列回路と $L_1 C_1$ 並列回路を直列に接続した回路のリアクタンス関数 X を求め，その周波数特性が前記の ①，② の性質を持つことを確かめなさい。

解 この回路は図 11.9 と図 11.10 の組合せである。

$$X = L_0 \frac{\omega^2 - 1/L_0 C_0}{\omega} - \frac{\omega}{C_1(\omega^2 - 1/L_1 C_1)}$$

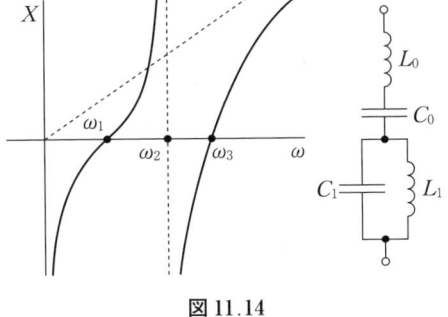

図 11.14

1. ω で微分すると

$$\frac{dX}{d\omega} = L_0 + \frac{1}{\omega^2 C_0} + \frac{\omega^2 + 1/L_1 C_1}{C_1(\omega^2 - 1/L_1 C_1)^2} > 0$$

となる。したがって，X は ω に対して単調増加関数といえる。

2. X を

$$X = L_0 \left\{ \left(\omega^2 - \frac{1}{L_0 C_0}\right)\left(\omega^2 - \frac{1}{L_1 C_1}\right) - \frac{\omega^2}{L_0 C_1} \right\} \bigg/ \omega\left(\omega^2 - \frac{1}{L_1 C_1}\right)$$

$$= L_0 \frac{(\omega^2 - \omega_1^2)(\omega^2 - \omega_3^2)}{\omega(\omega^2 - \omega_2^2)} \tag{11.14}$$

とすると

$$\omega_2^2 = \frac{1}{L_1 C_1}$$

$$\omega_1^2, \omega_3^2 = \left(\frac{1}{L_0 C_0} + \frac{1}{L_1 C_1} + \frac{1}{L_0 C_1}\right) \bigg/ 2$$

$$\pm \frac{1}{2}\sqrt{\left(\frac{1}{L_0 C_0} - \frac{1}{L_1 C_1}\right)^2 + \left(\frac{1}{L_0 C_1}\right)^2 + \frac{2}{L_0 L_1 C_1^2} + \frac{2}{L_0^2 L_1 C_1}}$$

これより，$\omega_1 < \omega_2 < \omega_3$ である。周波数特性は図に示すとおりである。

11.3.2 定抵抗回路と逆回路

図 11.15 に示す回路について考えてみよう。

全体のインピーダンス $\dot{Z}$ を求めると

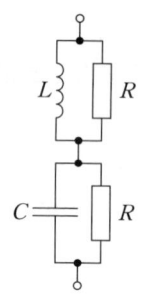

11. 一端子対回路

$$\dot{Z} = R\frac{j\omega L}{R+j\omega L} + \frac{R}{j\omega C}\frac{1}{R+1/j\omega C}$$

$$= \frac{2R(L/C)+jR^2(\omega L - 1/\omega C)}{R^2+(L/C)+jR(\omega L - 1/\omega C)}$$

となる。ここで $L/C = R^2$ とすると

$$\dot{Z} = R$$

図 11.15 定抵抗回路

となる。このようにリアクタンス素子を含むにもかかわらずインピーダンスが周波数に無関係に純抵抗となる回路を**定抵抗回路**と呼ぶ。共振が特定の周波数において回路が純抵抗になる現象であるのに対して，定抵抗回路はすべての周波数で純抵抗になる点に注意してほしい。

図 11.15 に示す回路を一般化して，L を $\dot{Z}_1$，C を $\dot{Z}_2$ とした回路を考える。回路のインピーダンス $\dot{Z}$ は

$$\dot{Z} = \dot{Z}_1\frac{R}{\dot{Z}_1+R} + \dot{Z}_2\frac{R}{\dot{Z}_2+R} = \frac{2R\dot{Z}_1\dot{Z}_2+R^2(\dot{Z}_1+\dot{Z}_2)}{R^2+\dot{Z}_1\dot{Z}_2+R(\dot{Z}_1+\dot{Z}_2)}$$

となる。ここで $\dot{Z}_1\dot{Z}_2 = R^2$ とすると

$$\dot{Z} = R$$

となり，定抵抗回路となる。

さて，この場合のように，$\dot{Z}_1\dot{Z}_2 = K^2$ となる関係にあるとき，$\dot{Z}_1$ の回路と $\dot{Z}_2$ の回路は K に関する**逆回路**であるという。K は ω に無関係な定数である。インダクタとキャパシタは $\sqrt{L/C}$ に関する逆回路の関係にある。

例題 11.3 LC 直列回路と LC 並列回路が逆回路であることを示しなさい。

解 LC 直列回路のインピーダンスを $\dot{Z}_1$，LC 並列回路のインピーダンスを $\dot{Z}_2$ とすると

$$\dot{Z}_1 = j\left(\omega L - \frac{1}{\omega C}\right) = jL\left(\omega^2 - \frac{1}{LC}\right)\frac{1}{\omega}$$

$$\dot{Z}_2 = j\omega L\frac{1/j\omega C}{j\omega L + 1/j\omega C} = -j\frac{\omega}{C(\omega^2 - 1/LC)}$$

$$\therefore \dot{Z}_1 \dot{Z}_2 = \frac{L}{C}$$

L/C は正の定数であるので，$\dot{Z}_1$ と $\dot{Z}_2$ は $\sqrt{L/C}$ に関する逆回路の関係にある．

例題 11.4 図 11.16 に示す回路が定抵抗回路であることを示しなさい．

解 LC 直列回路のインピーダンスを $\dot{Z}_1$，LC 並列回路のインピーダンスを $\dot{Z}_2$ とすると，$R+\dot{Z}_1$ と $R+\dot{Z}_2$ が並列接続されているので

$$\dot{Z} = \frac{(R+\dot{Z}_1)(R+\dot{Z}_2)}{R+\dot{Z}_1+R+\dot{Z}_2} = \frac{R^2+R(\dot{Z}_1+\dot{Z}_2)+\dot{Z}_1\dot{Z}_2}{2R+\dot{Z}_1+\dot{Z}_2}$$

例題 11.3 の結果を使って $\dot{Z}_1\dot{Z}_2 = L/C = R^2$ とすると

$$\dot{Z} = R$$

となり，定抵抗回路であることがわかる．

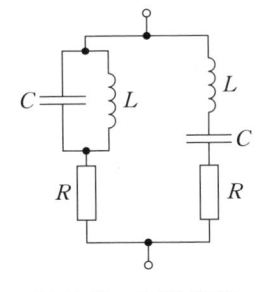

図 11.16 定抵抗回路

11.4 リアクタンス一端子対回路の合成

与えられたリアクタンス関数を実際に回路で実現することを**回路合成**という．リアクタンス関数として

$$X(\omega) = H \frac{(\omega^2-\omega_1^2)(\omega^2-\omega_3^2)(\omega^2-\omega_5^2)}{\omega(\omega^2-\omega_2^2)(\omega^2-\omega_4^2)} \tag{11.15}$$

を考えてみよう．

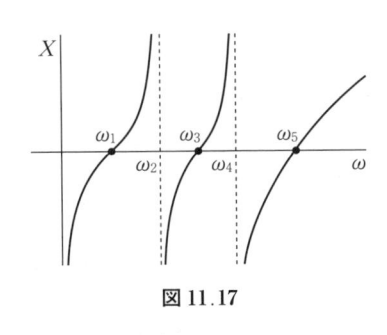

極：$\omega=0$，$\omega=\omega_2$，$\omega=\omega_4$

零点：$\omega=\omega_1$，$\omega=\omega_3$，$\omega=\omega_5$

$\omega=0$ で $X=-\infty$，$\omega=\infty$ で $X=\infty$ となるので，その周波数特性は**図 11.17** に示すようになる．この回路を合成する方法は 1 通りではない．すなわち，いくつかの構成が異なる，フォスター形回路やカウエル形回路がこの特性を持つ．

図 11.17

11.4.1 フォスター形回路

〔1〕 **並列共振回路の直列接続** 図 11.18（a）の回路は，並列共振回路 2

個と直列共振回路 1 個が直列に接続されている。

この回路のリアクタンス関数は，11.3.1 項の結果を使って

$$X = L_1\left(\omega^2 - \frac{1}{L_1C_1}\right)\Big/\omega$$
$$-\omega\Big/C_2\left(\omega^2 - \frac{1}{L_2C_2}\right)$$
$$-\omega\Big/C_3\left(\omega^2 - \frac{1}{L_3C_3}\right)$$

と求まる。これを整理すると分母は 5 次，分子は 6 次の有理関数になるので，式 (11.15) と同じ形になる。したがって，L_1 や C_1 など各素子の値を H, $\omega_1 \sim \omega_5$ の値に合うように選べば回路を実現できる。

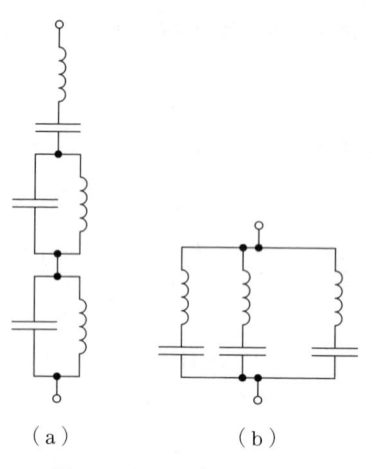

図 11.18　フォスター形回路

〔2〕 **直列共振回路の並列接続**　図 11.18（b）の回路は，直列共振回路 3 個が並列に接続されている。まずサセプタンス B を求めると

$$B = \omega\Big/L_1\left(\omega^2 - \frac{1}{L_1C_1}\right) + \omega\Big/L_2\left(\omega^2 - \frac{1}{L_2C_2}\right) + \omega\Big/L_3\left(\omega^2 - \frac{1}{L_3C_3}\right)$$

これを整理すると分母は 6 次，分子は 5 次の有理関数になる。リアクタンスは B の逆数なので，分母は 5 次，分子は 6 次の有理関数になり，式 (11.15) と同じ形になる。よって，各素子の値を適当に選べば回路を実現できる。

11.4.2　カウエル形（はしご形）回路

図 11.19 に示すように，素子がはしご形に接続された回路を**カウエル** (Cauer) **形回路**または**はしご形回路**と呼んでいる。これらの回路のインピーダンスは連分数という面白い方法で表現できる。

図（c）において，端子 1-1′ から右を見たインピーダンス $\dot{Z}_1$ は

$$\dot{Z}_1 = j\omega L_1 + \frac{1}{j\omega C_1}$$

端子 2-2′ から右を見ると，C_2 と $\dot{Z}_1$ が並列に接続されているので，アドミタ

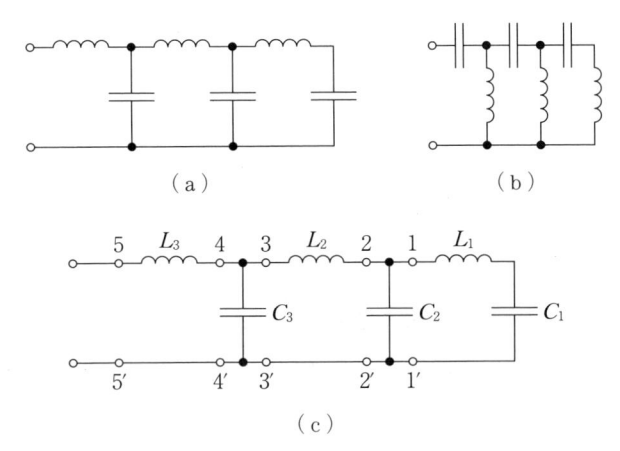

11.4 リアクタンス一端子対回路の合成

図 11.19 カウエル形回路

ンス $\dot{Y}_2$ は

$$\dot{Y}_2 = j\omega C_2 + \frac{1}{\dot{Z}_1}$$

端子 3-3′ から右を見ると，L_2 と $\dot{Y}_2$ が直列に接続されているので，インピーダンス $\dot{Z}_3$ は

$$\dot{Z}_3 = j\omega L_2 + \frac{1}{\dot{Y}_2}$$

端子 4-4′ から右を見ると，C_3 と $\dot{Z}_3$ が並列に接続されているので，アドミタンス $\dot{Y}_4$ は

$$\dot{Y}_4 = j\omega C_3 + \frac{1}{\dot{Z}_3}$$

端子 5-5′ から右を見ると，L_3 と $\dot{Y}_4$ が直列に接続されているので，インピーダンス $\dot{Z}_5$ は

$$\dot{Z}_5 = j\omega L_3 + \frac{1}{\dot{Y}_4}$$

となる。したがって回路のインピーダンス $\dot{Z}$ は

$$\dot{Z} = \dot{Z}_5 = j\omega L_3 + \frac{1}{\dot{Y}_4} = j\omega L_3 + \frac{1}{j\omega C_3 + 1/\dot{Z}_3}$$

$$= j\omega L_3 + \cfrac{1}{j\omega C_3 + 1/(j\omega L_2 + 1/\dot{Y}_2)}$$

$$= j\omega L_3 + \cfrac{1}{j\omega C_3 + 1/\{j\omega L_2 + 1/(j\omega C_2 + 1/\dot{Z}_1)\}}$$

$$= j\omega L_3 + \cfrac{1}{j\omega C_3 + 1/[j\omega L_2 + 1/\{j\omega C_2 + 1/(j\omega L_1 + 1/j\omega C_1)\}]} \quad (11.16)$$

という形となる。この形の分数を**連分数**と呼んでいる。

式 (11.16) を整理し,リアクタンスを求めると式 (11.15) の形となる。

また,図 (c) でインダクタとキャパシタを入れ替えても同様な形の連分数が得られ,またそのリアクタンスは式 (11.15) の形に帰結できる。したがって,図 (a),(b) の回路も図 11.17 の周波数特性を満たすことが可能である。

本章のまとめ

☞ **11.1** 直列共振では,インダクタとキャパシタには逆相の電圧がかかりたがいに打ち消し合う。その電圧の大きさは電源電圧の Q 倍となる。

☞ **11.2** 並列共振では,インダクタとキャパシタには逆相の電流が流れたがいに打ち消し合う。その電流の大きさは電源電流の Q_P 倍となる。

☞ **11.3** リアクタンス関数は ω に対して単調増加し,その零点と極は ω の軸上に交互に現れる。

☞ **11.4** 定抵抗回路のインピーダンスは周波数に無関係に純抵抗となる。

☞ **11.5** $Z_1 Z_2 = K^2$ となる関係にあるとき,Z_1 の回路と Z_2 の回路は K に関する逆回路である。

☞ **11.6** リアクタンス関数はフォスター形回路やカウエル形回路で実現できる。

演 習 問 題

11.1 抵抗 $R = 10\ \Omega$,インダクタ $L = 20\ \text{mH}$,キャパシタ $C = 30\ \text{nF}$ を直列に電圧源 $\dot{E} = 100\ \text{V}$ に接続した。つぎの問に答えなさい。

(1) 電源の周波数が 50 Hz のとき,電流 $\dot{I}$ および各素子の端子電圧 $\dot{V}_R$,$\dot{V}_L$,$\dot{V}_C$ を求めなさい。

(2) 共振を起こす角周波数 ω_0 と周波数を求めなさい。

(3) $\omega = \omega_0$ のとき，$\dot{I}$ および $\dot{V}_R$，$\dot{V}_L$，$\dot{V}_C$ を求めなさい．またそのときの抵抗 R における消費電力 P_0 を求めなさい．

(4) 抵抗 R における消費電力が $P_0/2$ となる周波数を求め，それから共振の Q を求めない．

11.2 抵抗 $R = 10\,\Omega$，インダクタ $L = 50\,\mu\text{H}$，キャパシタ $C = 20\,\text{mF}$ を並列に電流源 $\dot{I} = 10\,\text{A}$ に接続した．つぎの問に答えなさい．

(1) 電源の周波数が $50\,\text{Hz}$ のとき，電圧 $\dot{E}$ および各素子の電流 $\dot{I}_R$，$\dot{I}_L$，$\dot{I}_C$ を求めなさい．

(2) 共振を起こす角周波数 ω_0 と周波数を求めなさい．

(3) $\omega = \omega_0$ のとき，$\dot{E}$ および $\dot{I}_R$，$\dot{I}_L$，$\dot{I}_C$ を求めなさい．

11.3 図 11.20 に示す Z_1 と Z_2 が逆回路になるためには $L_1 \sim L_4$，$C_1 \sim C_4$ にどのような条件が必要か求めなさい．

11.4 つぎのリアクタンス関数を持つ 4 通りの回路を合成しなさい．

$$X = 0.01 \times \frac{(\omega^2 - \omega_1^2)(\omega^2 - \omega_3^2)}{\omega(\omega^2 - \omega_2^2)}$$

ここで，$\omega_1 = 4\,\text{kHz}$，$\omega_2 = 5\,\text{kHz}$，$\omega_3 = 6\,\text{kHz}$ とする．

11.5 あるリアクタンス回路の周波数特性は図 11.21 に示すものであった．ここで，ω が十分に 0 に近いところでは $X = \alpha\omega\,(\alpha > 0)$ に近似でき，ω が ω_3 より十分に大きいところでは $X = 1/(\beta\omega)\,(\beta < 0)$ に近似できるものとする．つぎの問に答えなさい．

(1) リアクタンス関数 X の式を示しなさい．また，β を α，ω_1，ω_2，ω_3 を使って表しなさい．

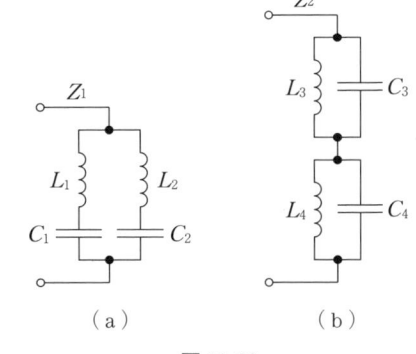

図 11.20

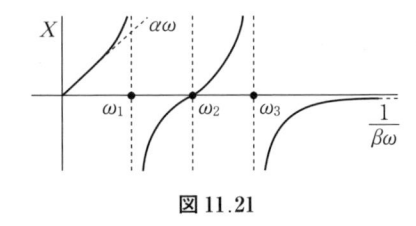

図 11.21

(2) この特性を持つ回路を 2 通り合成しなさい．ただし，$\alpha = 0.01$，$\omega_1 = 3\,\text{kHz}$，$\omega_2 = 4\,\text{kHz}$，$\omega_3 = 5\,\text{kHz}$ とする．

12. 二端子対回路

本章では複雑な回路でも簡単な形に表現して，回路の性質を理解することを目的に，回路の一対の端子に電気量（電圧や電流）を入力として加えた場合，その回路の他の一対の端子に生じる電気量がどうなるかという入出力関係について学習する。ここでの学習は，フィルタ回路，伝送回路，増幅回路などさまざまな複雑な回路を解析する基礎となる。

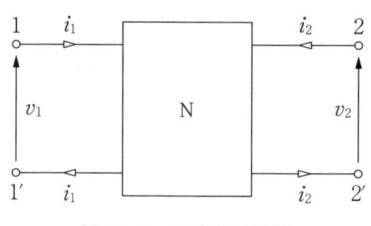

12.1 二端子対回路

二端子対回路（あるいは回路網）は図 12.1 のような二対の端子と長方形の箱として描かれる。

一般には，一対の端子に電源を接続し，他端の端子対に負荷をつないだフィルタ回路，伝送回路，増幅回路などさまざまな回路が長方形の回路の箱の中に入っていると考えることができる。図では，この任意の回路網を回路 N として示してある。この回路 N は大規模な回路の場合もあれば，数個の RLC から成る回路である場合もあり，ブラックボックスとして扱う。図では端子対 1-1′ と端子対 2-2′ が開放されているように見えるが，これらの端子対には，電源や負荷などほかの回路が接続されていると考える。すなわち，図に示すように，端子対 1-1′ の場合，端子 1 から流れ込む電流は，そのまま端子 1′ に流れ出すということが端子対の条件であり，単なる開放された端子対とは考えない。端子対 2-2′ についても同様である。したがって，大規模な回路から一部分を二端子対回路として抜き出す場合は，上記の条件を満たしているかを確認する必要がある。簡略化して 1′，2′ 端子に

図 12.1 二端子対回路

i_1, i_2 が明記されていない場合もあるので注意を要する。

本章では，二端子対回路には，理想変成器などを含む RLC などの素子から成る回路を考える。回路の電圧・電流は正弦波定常状態と考えており，二対の電圧・電流の関係はさまざまな2行2列の複素数領域の行列として表現できる。なお，電圧，電流，インピーダンス，アドミタンスなどのパラメータは，すべて複素数として扱うので，3章などで用いた $\dot{V}$, $\dot{I}$, $\dot{Z}$, $\dot{Y}$ などの複素数を表すドットは付けずに，V, I, Z, Y などと表す。

12.2 アドミタンス行列（Y行列）

節点電圧による回路方程式では，各節点に流れ出す電流を各節点の電圧で表現する。そのため，二端子対回路は図 12.1 に示したように，端子対 1-1′ の電圧，電流を V_1, I_1, 端子対 2-2′ の電圧，電流を V_2, I_2 とすると

$$\begin{bmatrix} I_1 \\ I_2 \end{bmatrix} = \begin{bmatrix} Y_{11} & Y_{12} \\ Y_{21} & Y_{22} \end{bmatrix} \begin{bmatrix} V_1 \\ V_2 \end{bmatrix} \tag{12.1}$$

と表すことができる。右辺の係数行列

$$\begin{bmatrix} Y_{11} & Y_{12} \\ Y_{21} & Y_{22} \end{bmatrix}$$

は，**アドミタンス行列**あるいは **Y 行列**と呼ばれる。

行列要素 Y_{11}, Y_{12}, Y_{21}, Y_{22} は，**アドミタンスパラメータ**または **Y パラメータ**と呼ばれる。二端子対回路をアドミタンス行列で表現すると，**図 12.2** のようになる。

■ **アドミタンスパラメータの計算法**

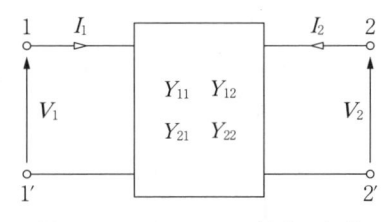

図 12.2 アドミタンス行列で表現した二端子対回路

式 (12.1) より

$$\begin{bmatrix} I_1 \\ I_2 \end{bmatrix} = \begin{bmatrix} Y_{11} & Y_{12} \\ Y_{21} & Y_{22} \end{bmatrix} \begin{bmatrix} V_1 \\ V_2 \end{bmatrix} = \begin{bmatrix} Y_{11}V_1 + Y_{12}V_2 \\ Y_{21}V_1 + Y_{22}V_2 \end{bmatrix} \tag{12.2}$$

で，$V_2 = 0$ とすると，$I_1 = Y_{11}V_1$, $I_2 = Y_{21}V_1$ である。

$V_2 = 0$ は，端子対 2-2′ を短絡することを意味する。したがって

$$Y_{11} = \left(\frac{I_1}{V_1}\right)_{V_2=0} \qquad Y_{21} = \left(\frac{I_2}{V_1}\right)_{V_2=0}$$

により求めることができる．式の右下側の $V_2=0$ は，端子対 2-2′ を短絡したときの電圧や電流を用いることを示している．以後，これと同様な表記を行う．

同様に，端子 1-1′ を短絡して $V_1=0$ とすると，式 (12.2) より，$I_1 = Y_{12}V_2$，$I_2 = Y_{22}V_2$ となり

$$Y_{12} = \left(\frac{I_1}{V_2}\right)_{V_1=0} \qquad Y_{22} = \left(\frac{I_2}{V_2}\right)_{V_1=0}$$

により求めることができる．

端子対を短絡した回路より導出されることから，Y_{11} を端子対 1-1′ における**短絡駆動点アドミタンス**，Y_{22} を端子対 2-2′ における短絡駆動点アドミタンスと呼ぶ．また，Y_{12} は端子対 2-2′ から 1-1′ への**短絡伝達アドミタンス**，Y_{21} は端子 1-1′ から 2-2′ への短絡伝達アドミタンスと呼ぶ．ここで，**駆動点**は 1 個の端子対における電圧と電流の関係であることを意味し，**伝達**は 2 個の端子対間の電圧と電流の関係を意味する．RLC から成る受動回路網の場合は，$Y_{12} = Y_{21}$ の関係が成り立ち，三つのパラメータを求めればよい．

12.3　インピーダンス行列（Z 行列）

網目電流による回路方程式（網目方程式）により，二端子対回路は式 (12.3) のように表記できる．

$$\begin{bmatrix} V_1 \\ V_2 \end{bmatrix} = \begin{bmatrix} Z_{11} & Z_{12} \\ Z_{21} & Z_{22} \end{bmatrix} \begin{bmatrix} I_1 \\ I_2 \end{bmatrix} \qquad (12.3)$$

右辺の係数行列

$$\begin{bmatrix} Z_{11} & Z_{12} \\ Z_{21} & Z_{22} \end{bmatrix}$$

は，**インピーダンス行列**あるいは **Z 行列**と呼ばれる．

行列要素 Z_{11}, Z_{12}, Z_{21}, Z_{22} は，**インピーダンスパラメータ**または **Z パラ**

メータと呼ばれる。

■ **インピーダンスパラメータの計算法** 式 (12.3) で, $I_2=0$ とすると, $V_1=Z_{11}I_1$, $V_2=Z_{21}I_1$ である。

$I_2=0$ は, 端子対 2-2′ を開放することを意味する。したがって

$$Z_{11}=\left(\frac{V_1}{I_1}\right)_{I_2=0} \qquad Z_{21}=\left(\frac{V_2}{I_1}\right)_{I_2=0}$$

により求めることができる。

同様に, 端子対 1-1′ を開放して $I_1=0$ とすると, $V_1=Z_{12}I_2$, $V_2=Z_{22}I_2$ となる。したがって

$$Z_{12}=\left(\frac{V_1}{I_2}\right)_{I_1=0} \qquad Z_{22}=\left(\frac{V_2}{I_2}\right)_{I_1=0}$$

端子対を開放した回路より導出されることから, Z_{11} を端子対 1-1′ における**開放駆動点インピーダンス**, Z_{22} を端子対 2-2′ における開放駆動点インピーダンスと呼ぶ。また Z_{12} は端子対 2-2′ から 1-1′ への**開放伝達インピーダンス**, Z_{21} は端子 1-1′ から 2-2′ への開放伝達インピーダンスと呼ぶ。RLC などの受動回路網の場合は, $Z_{12}=Z_{21}$ の関係が成り立ち, 三つのパラメータを求めればよい。

12.4 ハイブリッド行列, 並直列行列

〔1〕 **ハイブリッド行列 (H 行列, 直並列行列)** 二端子対回路は, 一次側の電圧 V_1 と二次側の電流 I_2 を一次側の電流 I_1 および二次側の電圧 V_2 の関数として, 式 (12.4) のようにと表すことができる。

$$\begin{bmatrix}V_1\\I_2\end{bmatrix}=\begin{bmatrix}H_{11}&H_{12}\\H_{21}&H_{22}\end{bmatrix}\begin{bmatrix}I_1\\V_2\end{bmatrix} \tag{12.4}$$

右辺の係数行列は**ハイブリッド行列**, H**行列**, あるいは**直並列行列**と呼ばれ, 行列要素の H_{11}, H_{12}, H_{21}, H_{22} は H **パラメータ**と呼ばれる。

■ H **パラメータの計算法** 式 (12.4) で, 端子対 2-2′ を短絡して $V_2=0$ とすると, $V_1=H_{11}I_1$, $I_2=H_{21}I_1$ である。したがって

により求めることができる。

端子対 1-1' を開放して $I_1=0$ とすると，$V_1=H_{12}V_2$, $I_2=H_{22}V_2$ となり

$$H_{12}=\left(\frac{V_1}{V_2}\right)_{I_1=0} \qquad H_{22}=\left(\frac{I_2}{V_2}\right)_{I_1=0}$$

$$H_{11}=\left(\frac{V_1}{I_1}\right)_{V_2=0} \qquad H_{21}=\left(\frac{I_2}{I_1}\right)_{V_2=0}$$

端子対を短絡および開放した回路より導出されることから，H_{11} を端子対 1-1' における**短絡駆動点インピーダンス**，H_{22} を端子対 2-2' における**開放駆動点アドミタンス**と呼ぶ。また，H_{12} は端子対 2-2' から 1-1' への**開放電圧利得**または**電圧帰還率**，H_{21} は端子 1-1' から 2-2' への**短絡電流利得**または**電流増幅率**と呼ぶ。

〔2〕 並直列行列（G 行列）　　H 行列とは逆に，一次側の電流 I_1 と二次側の電圧 V_2 を 1 次側の電圧 V_1 および二次側の電流 I_2 の関数として

$$\begin{bmatrix} I_1 \\ V_2 \end{bmatrix}=\begin{bmatrix} G_{11} & G_{12} \\ G_{21} & G_{22} \end{bmatrix}\begin{bmatrix} V_1 \\ I_2 \end{bmatrix} \tag{12.5}$$

と表すことができる。右辺の係数行列は，**並直列行列**あるいは **G 行列**と呼ばれる。行列要素 G_{11}, G_{12}, G_{21}, G_{22} は **G パラメータ**と呼ばれる。

$$G \equiv H^{-1}$$

の関係が成り立つ。

12.5　四端子行列（F 行列，縦続行列）

二端子対回路の一方の端子対を入力側，他方を出力側として，入出力の関係を考えるときには，四端子行列がよく用いられる。一次側の電圧 V_1 と一次側の電流 I_1 を二次側の電圧 V_2 および二次側の電流 I_2 の関数として

$$\begin{bmatrix} V_1 \\ I_1 \end{bmatrix}=\begin{bmatrix} A & B \\ C & D \end{bmatrix}\begin{bmatrix} V_2 \\ I_2 \end{bmatrix} \tag{12.6}$$

と表すことができる。

右辺の係数行列は**四端子行列**，**F 行列**，あるいは**縦続行列**と呼ばれる。行列

要素の A, B, C, D は**四端子パラメータ**,**四端子定数**,**ファンダメンタルパラメータ**,または F **パラメータ**と呼ばれる.二端子対回路を四端子行列で表すと,**図 12.3**(a)のようになる.

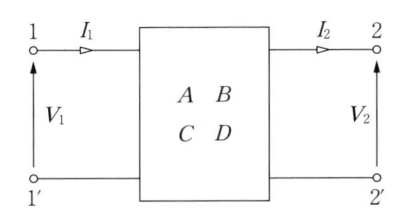

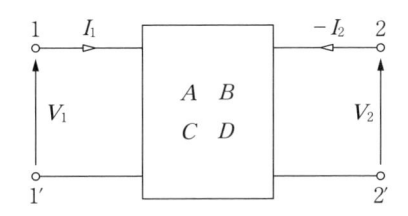

（a） 四端子行列で表現した二端子対回路　　（b）　I_2 の向きを他の行列と同じにした表記

図 12.3 2 種類の四端子行列で表現した二端子対回路の表記

ただし,電流 I_2 の方向は回路から流れ出る向きに定めるため,Y 行列,Z 行列,H 行列,G 行列の場合とは逆であり,これらの行列と同時に用いるときには注意を要する.そのため,F 行列を他の行列と同時に用いるときは,F 行列の I_2 の向きを他の行列の I_2 と同じ向きを正にとる場合がある.この場合,図 12.3 の I_2 は $-I_2$ と表されるため,図（b）のように F 行列を表し,式（12.7）のように表す場合がある.

$$\begin{bmatrix} V_1 \\ I_1 \end{bmatrix} = \begin{bmatrix} A & B \\ C & D \end{bmatrix} \begin{bmatrix} V_2 \\ -I_2 \end{bmatrix} \tag{12.7}$$

■ **F パラメータの計算法**　式（12.6）で端子対 2-2' を開放して $I_2=0$ とすると,$V_1=AV_2$,$I_1=CV_2$ となり

$$A = \left(\frac{V_1}{V_2} \right)_{I_2=0} \qquad C = \left(\frac{I_1}{V_2} \right)_{I_2=0}$$

同様に,端子対 2-2' を短絡して $V_2=0$ とすると,$V_1=BI_2$,$I_1=DI_2$ となり

$$B = \left(\frac{V_1}{I_2} \right)_{V_2=0} \qquad D = \left(\frac{I_1}{I_2} \right)_{V_2=0}$$

により求めることができる.

A, B, C, D はいずれも伝達を表す定数で,二次側の電圧,電流を一次側の電圧と電流に変換する定数である.

A と C は端子対 2-2' を開放した回路より導出されることから，A を端子対 2-2' に対する端子対 1-1' の**電圧の伝達比（利得）**，C を端子対 2-2' から 1-1' 対への**開放伝達アドミタンス**と呼ぶ。また B と D は端子対 2-2' を短絡した回路から導出されることから，B を端子対 2-2' から 1-1' への**短絡伝達インピーダンス**，D は端子対 2-2' から 1-1' への**短絡電流の伝達比（利得）**と呼ぶ。

また，式 (12.6) を V_2, I_2 について解き，RLC などから成る受動回路網では，$AD-BC=1$ という関係が成り立つため

$$\begin{bmatrix} V_2 \\ -I_2 \end{bmatrix} = \begin{bmatrix} D & B \\ C & A \end{bmatrix} \begin{bmatrix} V_1 \\ -I_1 \end{bmatrix} \tag{12.8}$$

となり，一次側と二次側を入れ替えても A と D が入れ替わるだけとなる。

I_2 と I_1 にマイナスが付いているのは，図 12.3 (a) の向きとは逆の向きに電流が流れていることを示し，端子対 2-2' に電流が流入し，端子対 1-1' から流出する向きを正にとると

$$\begin{bmatrix} V_2 \\ I_2 \end{bmatrix} = \begin{bmatrix} D & B \\ C & A \end{bmatrix} \begin{bmatrix} V_1 \\ I_1 \end{bmatrix} \tag{12.9}$$

と表すことができる。

12.6　Y, Z, H, G, F パラメータ間の変換

Z パラメータから F パラメータへの変換を考える。式 (12.3) の第 2 式，$V_2 = Z_{21} I_1 + Z_{22} I_2$ より

$$I_1 = \frac{1}{Z_{21}} V_2 - \frac{Z_{22}}{Z_{21}} I_2 = CV_2 + D(-I_2)$$

これを式 (12.3) の第 1 式，$V_1 = Z_{11} I_1 + Z_{12} I_2$ に代入すると

$$V_1 = \frac{Z_{11}}{Z_{21}} V_2 - \frac{Z_{11} Z_{22}}{Z_{21}} I_2 + Z_{12} I_2 = \frac{Z_{11}}{Z_{21}} V_2 - \frac{Z_{11} Z_{22} - Z_{12} Z_{21}}{Z_{21}} I_2$$

$$= AV_2 + B(-I_2) \tag{12.10}$$

ここで I_2 に − が付くのは，Z 行列と F 行列の I_2 の電流の向きが逆になっているためである。式 (12.10) などより

$$A = \frac{Z_{11}}{Z_{21}}, \quad B = \frac{Z_{11}Z_{22} - Z_{12}Z_{21}}{Z_{21}}, \quad C = \frac{1}{Z_{21}}, \quad D = \frac{Z_{22}}{Z_{21}}$$

同様に,各パラメータ間の変換が可能であり,**表 12.1**に各パラメータ間の変換式を示す。

表 12.1 パラメータ間の変換式

	Y	Z	H	G	F
Y	$\begin{bmatrix} Y_{11} & Y_{12} \\ Y_{21} & Y_{22} \end{bmatrix}$	$\begin{bmatrix} \dfrac{Z_{22}}{\|Z\|} & -\dfrac{Z_{12}}{\|Z\|} \\ -\dfrac{Z_{21}}{\|Z\|} & \dfrac{Z_{11}}{\|Z\|} \end{bmatrix}$	$\begin{bmatrix} \dfrac{1}{H_{11}} & -\dfrac{H_{12}}{H_{11}} \\ \dfrac{H_{21}}{H_{11}} & \dfrac{\|H\|}{H_{11}} \end{bmatrix}$	$\begin{bmatrix} \dfrac{\|G\|}{G_{22}} & \dfrac{G_{12}}{G_{22}} \\ -\dfrac{G_{21}}{G_{22}} & \dfrac{1}{G_{22}} \end{bmatrix}$	$\begin{bmatrix} \dfrac{D}{B} & -\dfrac{\|F\|}{B} \\ -\dfrac{1}{B} & \dfrac{A}{B} \end{bmatrix}$
Z	$\begin{bmatrix} \dfrac{Y_{22}}{\|Y\|} & -\dfrac{Y_{12}}{\|Y\|} \\ -\dfrac{Y_{21}}{\|Y\|} & \dfrac{Y_{11}}{\|Y\|} \end{bmatrix}$	$\begin{bmatrix} Z_{11} & Z_{12} \\ Z_{21} & Z_{22} \end{bmatrix}$	$\begin{bmatrix} \dfrac{\|H\|}{H_{22}} & \dfrac{H_{12}}{H_{22}} \\ -\dfrac{H_{21}}{H_{22}} & \dfrac{1}{H_{22}} \end{bmatrix}$	$\begin{bmatrix} \dfrac{1}{G_{11}} & -\dfrac{G_{12}}{G_{11}} \\ \dfrac{G_{21}}{G_{11}} & \dfrac{\|G\|}{G_{11}} \end{bmatrix}$	$\begin{bmatrix} \dfrac{A}{C} & \dfrac{\|F\|}{C} \\ \dfrac{1}{C} & \dfrac{D}{C} \end{bmatrix}$
H	$\begin{bmatrix} \dfrac{1}{Y_{11}} & -\dfrac{Y_{12}}{Y_{11}} \\ \dfrac{Y_{21}}{Y_{11}} & \dfrac{\|Y\|}{Y_{11}} \end{bmatrix}$	$\begin{bmatrix} \dfrac{\|Z\|}{Z_{22}} & \dfrac{Z_{12}}{Z_{22}} \\ -\dfrac{Z_{21}}{Z_{22}} & \dfrac{1}{Z_{22}} \end{bmatrix}$	$\begin{bmatrix} H_{11} & H_{12} \\ H_{21} & H_{22} \end{bmatrix}$	$\begin{bmatrix} \dfrac{G_{22}}{\|G\|} & -\dfrac{G_{12}}{\|G\|} \\ -\dfrac{G_{21}}{\|G\|} & \dfrac{G_{11}}{\|G\|} \end{bmatrix}$	$\begin{bmatrix} \dfrac{B}{D} & \dfrac{\|F\|}{D} \\ -\dfrac{1}{D} & \dfrac{C}{D} \end{bmatrix}$
G	$\begin{bmatrix} \dfrac{\|Y\|}{Y_{22}} & \dfrac{Y_{12}}{Y_{22}} \\ -\dfrac{Y_{21}}{Y_{22}} & \dfrac{1}{Y_{22}} \end{bmatrix}$	$\begin{bmatrix} \dfrac{1}{Z_{11}} & -\dfrac{Z_{12}}{Z_{11}} \\ \dfrac{Z_{21}}{Z_{11}} & \dfrac{\|Z\|}{Z_{11}} \end{bmatrix}$	$\begin{bmatrix} \dfrac{H_{22}}{\|H\|} & -\dfrac{H_{12}}{\|H\|} \\ -\dfrac{H_{21}}{\|H\|} & \dfrac{H_{11}}{\|H\|} \end{bmatrix}$	$\begin{bmatrix} G_{11} & G_{12} \\ G_{21} & G_{22} \end{bmatrix}$	$\begin{bmatrix} \dfrac{C}{A} & -\dfrac{\|F\|}{A} \\ \dfrac{1}{A} & \dfrac{B}{A} \end{bmatrix}$
F	$\begin{bmatrix} -\dfrac{Y_{22}}{Y_{21}} & -\dfrac{1}{Y_{21}} \\ -\dfrac{\|Y\|}{Y_{21}} & -\dfrac{Y_{11}}{Y_{21}} \end{bmatrix}$	$\begin{bmatrix} \dfrac{Z_{11}}{Z_{21}} & \dfrac{\|Z\|}{Z_{21}} \\ \dfrac{1}{Z_{21}} & \dfrac{Z_{22}}{Z_{21}} \end{bmatrix}$	$\begin{bmatrix} -\dfrac{\|H\|}{H_{21}} & -\dfrac{H_{11}}{H_{21}} \\ -\dfrac{H_{22}}{H_{21}} & -\dfrac{1}{H_{21}} \end{bmatrix}$	$\begin{bmatrix} \dfrac{1}{G_{21}} & \dfrac{G_{22}}{G_{21}} \\ \dfrac{G_{11}}{G_{21}} & \dfrac{\|G\|}{G_{21}} \end{bmatrix}$	$\begin{bmatrix} A & B \\ C & D \end{bmatrix}$

〔注〕ただし,$\|Y\| = Y_{11}Y_{22} - Y_{12}Y_{21}$, $\|Z\| = Z_{11}Z_{22} - Z_{12}Z_{21}$, $\|H\| = H_{11}H_{22} - H_{12}H_{21}$,
$\|G\| = G_{11}G_{22} - G_{12}G_{21}$, $\|F\| = AD - BC$

12.7 二端子対回路の縦続接続

複雑な回路の入力と出力の関係を解析する場合,複雑な回路を簡単な二端子対回路の組合せと考えることで解析が簡単にできる。この組合せにはさまざまな接続方法があるが,最も基本となる**図 12.4**のような二端子対回路を縦続接続した場合を考える。

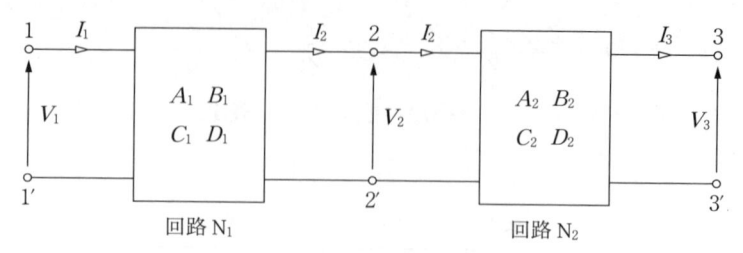

図 12.4 二端子対回路の継続接続

回路 N_1 と N_2 が縦続接続された回路の F 行列を考える。回路 N_1 と N_2 を F 行列で表すと

$$\begin{bmatrix} V_1 \\ I_1 \end{bmatrix} = \begin{bmatrix} A_1 & B_1 \\ C_1 & D_1 \end{bmatrix} \begin{bmatrix} V_2 \\ I_2 \end{bmatrix}, \quad \begin{bmatrix} V_2 \\ I_2 \end{bmatrix} = \begin{bmatrix} A_2 & B_2 \\ C_2 & D_2 \end{bmatrix} \begin{bmatrix} V_3 \\ I_3 \end{bmatrix}$$

となる。これらを組み合わせると

$$\begin{bmatrix} V_1 \\ I_1 \end{bmatrix} = \begin{bmatrix} A_1 & B_1 \\ C_1 & D_1 \end{bmatrix} \begin{bmatrix} V_2 \\ I_2 \end{bmatrix} = \begin{bmatrix} A_1 & B_1 \\ C_1 & D_1 \end{bmatrix} \begin{bmatrix} A_2 & B_2 \\ C_2 & D_2 \end{bmatrix} \begin{bmatrix} V_3 \\ I_3 \end{bmatrix}$$

$$= \begin{bmatrix} A_1 A_2 + B_1 C_2 & A_1 B_2 + B_1 D_2 \\ C_1 A_2 + D_1 C_2 & C_1 B_2 + D_1 D_2 \end{bmatrix} \begin{bmatrix} V_3 \\ I_3 \end{bmatrix} = \begin{bmatrix} A & B \\ C & D \end{bmatrix} \begin{bmatrix} V_3 \\ I_3 \end{bmatrix} \quad (12.11)$$

となる。ここで回路 N_1 と N_2 が合成された二端子対回路の F パラメータを A, B, C, D とした。このように，回路 N_1 の F 行列と回路 N_2 の F 行列の積が，合成二端子対回路の F 行列となる。これから，n 個の二端子対回路を縦続接続して得られる複雑な二端子対回路の F 行列は，式 (12.12) のように簡単な二端子対回路の F 行列の積として表すことができる。

$$\begin{bmatrix} A & B \\ C & D \end{bmatrix} = \begin{bmatrix} A_1 & B_1 \\ C_1 & D_1 \end{bmatrix} \begin{bmatrix} A_2 & B_2 \\ C_2 & D_2 \end{bmatrix} \cdots \begin{bmatrix} A_n & B_n \\ C_n & D_n \end{bmatrix} \quad (12.12)$$

〔1〕 **基本二端子対回路の F パラメータ** 図 12.5 (a) のようにインピーダンス Z から成る最も基本的な二端子対回路の F パラメータを求める。

2-2' 開放 ($I_2=0$) のとき，Z に電流が流れないから，$I_1=0$，$V_1=V_2$ より，$A=1$，$C=0$ となる。また，2-2' 短絡 ($V_2=0$) のとき，$V_1=ZI_1$，$I_1=I_2$ より，$B=Z$，$D=1$ となる。よって，図 (a) の F パラメータは式 (12.13) となる。

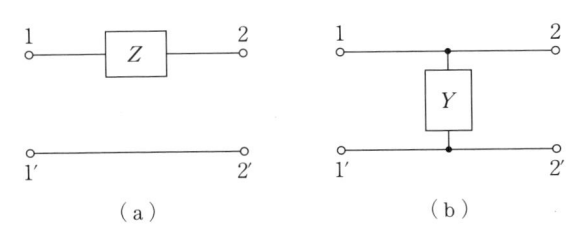

図 12.5 基本二端子対回路

$$\begin{bmatrix} A & B \\ C & D \end{bmatrix} = \begin{bmatrix} 1 & Z \\ 0 & 1 \end{bmatrix} \tag{12.13}$$

つぎに,図(b)のようにアドミタンス Y から成る基本二端子対回路の F パラメータを求める。2-2′開放（$I_2=0$）のとき,$V_1 = V_2$,$I_1 = YV_2$ より,$A=1$,$C=Y$,2-2′短絡（$V_2=0$）のとき,$V_1=0$,$I_1=I_2$ より,$B=0$,$D=1$ となる。よって,図(b)の F パラメータは式(12.14)で与えられる。

$$\begin{bmatrix} A & B \\ C & D \end{bmatrix} = \begin{bmatrix} 1 & 0 \\ Y & 1 \end{bmatrix} \tag{12.14}$$

〔2〕 **L形回路の F パラメータ**　図12.6（a）に示す回路は,図12.5（a）と図（b）の縦続接続と考えることができる。

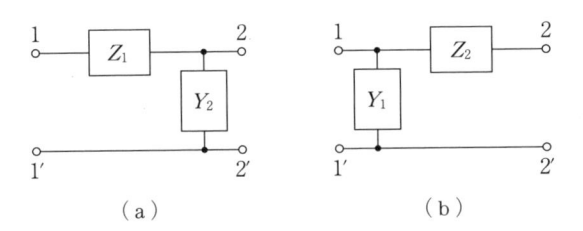

図 12.6 L 形 回 路

よって,図12.6（a）に示す回路の F パラメータは,式(12.12)より

$$\begin{bmatrix} A & B \\ C & D \end{bmatrix} = \begin{bmatrix} 1 & Z_1 \\ 0 & 1 \end{bmatrix} \begin{bmatrix} 1 & 0 \\ Y_2 & 1 \end{bmatrix} = \begin{bmatrix} 1+Z_1Y_2 & Z_1 \\ Y_2 & 1 \end{bmatrix} \tag{12.15}$$

図（b）に示す回路の F パラメータは,同様に図12.5（b）と（a）の縦続接続と考えることができ,式(12.16)で与えられる。

$$\begin{bmatrix} A & B \\ C & D \end{bmatrix} = \begin{bmatrix} 1 & 0 \\ Y_1 & 1 \end{bmatrix} \begin{bmatrix} 1 & Z_2 \\ 0 & 1 \end{bmatrix} = \begin{bmatrix} 1 & Z_2 \\ Y_1 & 1+Y_1Z_2 \end{bmatrix} \tag{12.16}$$

12.8 二端子対回路の並列接続,直列接続,直並列接続,並直列接続

図 12.7 に示すようにアドミタンス行列 Y' と Y'' の二端子対回路を並列接続して得られる合成二端子対回路のアドミタンス行列を考える。

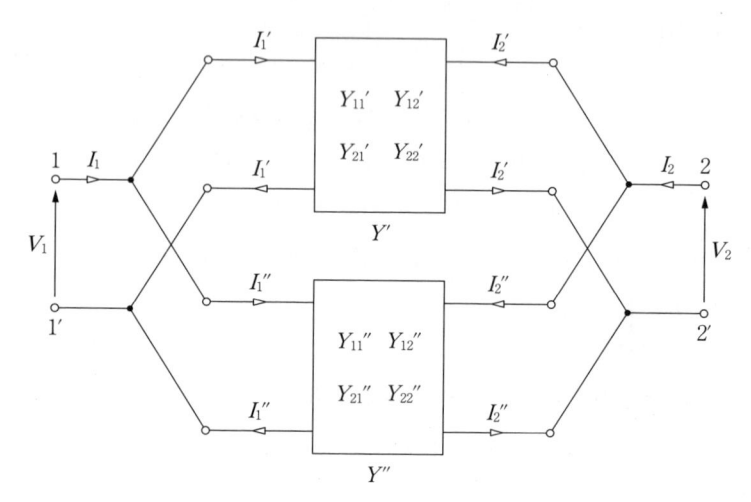

図 12.7 二端子対回路の並列接続

アドミタンス行列 Y' の二端子対回路は,式 (12.1) より式 (12.17) のようになる。

$$\begin{bmatrix} I_1' \\ I_2' \end{bmatrix} = \begin{bmatrix} Y_{11}' & Y_{12}' \\ Y_{21}' & Y_{22}' \end{bmatrix} \begin{bmatrix} V_1 \\ V_2 \end{bmatrix} \tag{12.17}$$

また,アドミタンス行列 Y'' の二端子対回路は,同様に式 (12.18) のようになる。

$$\begin{bmatrix} I_1'' \\ I_2'' \end{bmatrix} = \begin{bmatrix} Y_{11}'' & Y_{12}'' \\ Y_{21}'' & Y_{22}'' \end{bmatrix} \begin{bmatrix} V_1 \\ V_2 \end{bmatrix} \tag{12.18}$$

図より,$I_1 = I_1' + I_1''$,$I_2 = I_2' + I_2''$ であるから

12.8 二端子対回路の並列接続，直列接続，直並列接続，並直列接続

$$\begin{bmatrix} I_1 \\ I_2 \end{bmatrix} = \begin{bmatrix} I_1' + I_1'' \\ I_2' + I_2'' \end{bmatrix} = \begin{bmatrix} Y_{11}' + Y_{11}'' & Y_{12}' + Y_{12}'' \\ Y_{21}' + Y_{21}'' & Y_{22}' + Y_{22}'' \end{bmatrix} \begin{bmatrix} V_1 \\ V_2 \end{bmatrix} = (Y' + Y'') \begin{bmatrix} V_1 \\ V_2 \end{bmatrix} \quad (12.19)$$

となる．よって，**図 12.8**（b）のようにアドミタンス行列 Y' と Y'' の並列接続のアドミタンス行列は，アドミタンス行列 Y' と Y'' との和で表される．

同様に，図（c）に示すインピーダンス行列 Z' と Z'' の直列接続はインピー

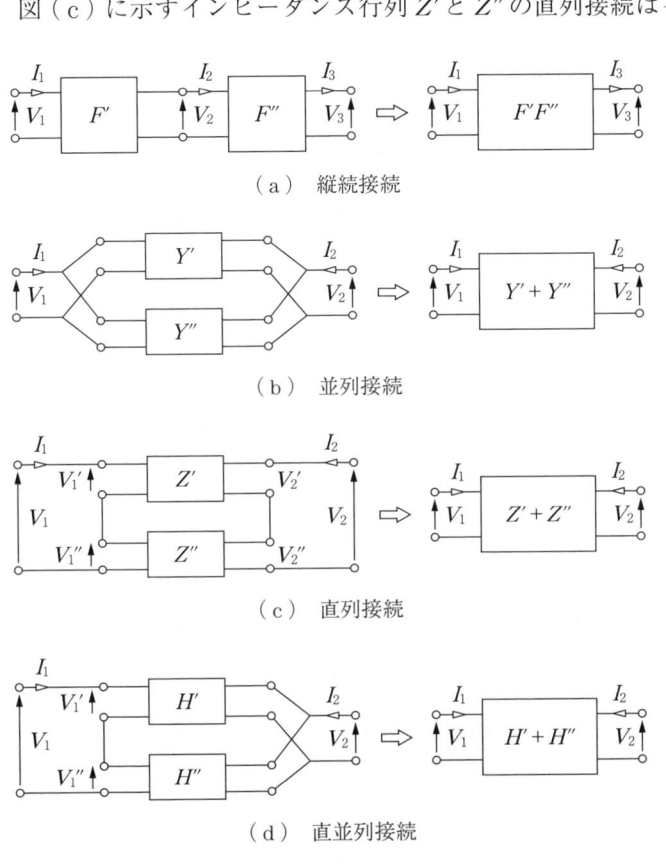

（a）縦続接続

（b）並列接続

（c）直列接続

（d）直並列接続

（e）並直列接続

図 12.8 二端子対回路の接続方法と各種行列との関係

ダンス行列 Z' と Z'' との和で表され,図(d)に示すハイブリッド行列 H' と H'' の直並列接続は H' と H'' 行列との和で表され,図(e)に示す G' 行列と G'' 行列の並直列接続は,G' 行列と G'' 行列との和で表される。

本章のまとめ

☞ 12.1 アドミタンス行列（Y 行列）

アドミタンス行列,Y 行列
端子対 1-1′ の電流　　　　　　　端子対 1-1′ の電圧

$$\begin{bmatrix} I_1 \\ I_2 \end{bmatrix} = \begin{bmatrix} Y_{11} & Y_{12} \\ Y_{21} & Y_{22} \end{bmatrix} \begin{bmatrix} V_1 \\ V_2 \end{bmatrix}$$

端子対 2-2′ の電流　　　　　　　端子対 2-2′ の電圧
アドミタンスパラメータ

二つの端子対にまたがった電圧と電流の関係
短絡伝達アドミタンス

アドミタンス行列

$$\begin{bmatrix} Y_{11} = \left(\dfrac{I_1}{V_1}\right)_{V_2=0} & Y_{12} = \left(\dfrac{I_1}{V_2}\right)_{V_1=0} \\ Y_{21} = \left(\dfrac{I_2}{V_1}\right)_{V_2=0} & Y_{22} = \left(\dfrac{I_2}{V_2}\right)_{V_1=0} \end{bmatrix}$$

RLC 回路では相反定理より $Y_{12} = Y_{21}$

$V_2 = 0$　　　　$V_1 = 0$

短絡駆動点アドミタンス
一つの端子対における電圧と電流の関係

☞ 12.2 インピーダンス行列（Z 行列）

インピーダンス行列,Z 行列
端子対 1-1′ の電圧　　　　　　　端子対 1-1′ の電流

$$\begin{bmatrix} V_1 \\ V_2 \end{bmatrix} = \begin{bmatrix} Z_{11} & Z_{12} \\ Z_{21} & Z_{22} \end{bmatrix} \begin{bmatrix} I_1 \\ I_2 \end{bmatrix}$$

端子対 2-2′ の電圧　　　　　　　端子対 2-2′ の電流
インピーダンスパラメータ

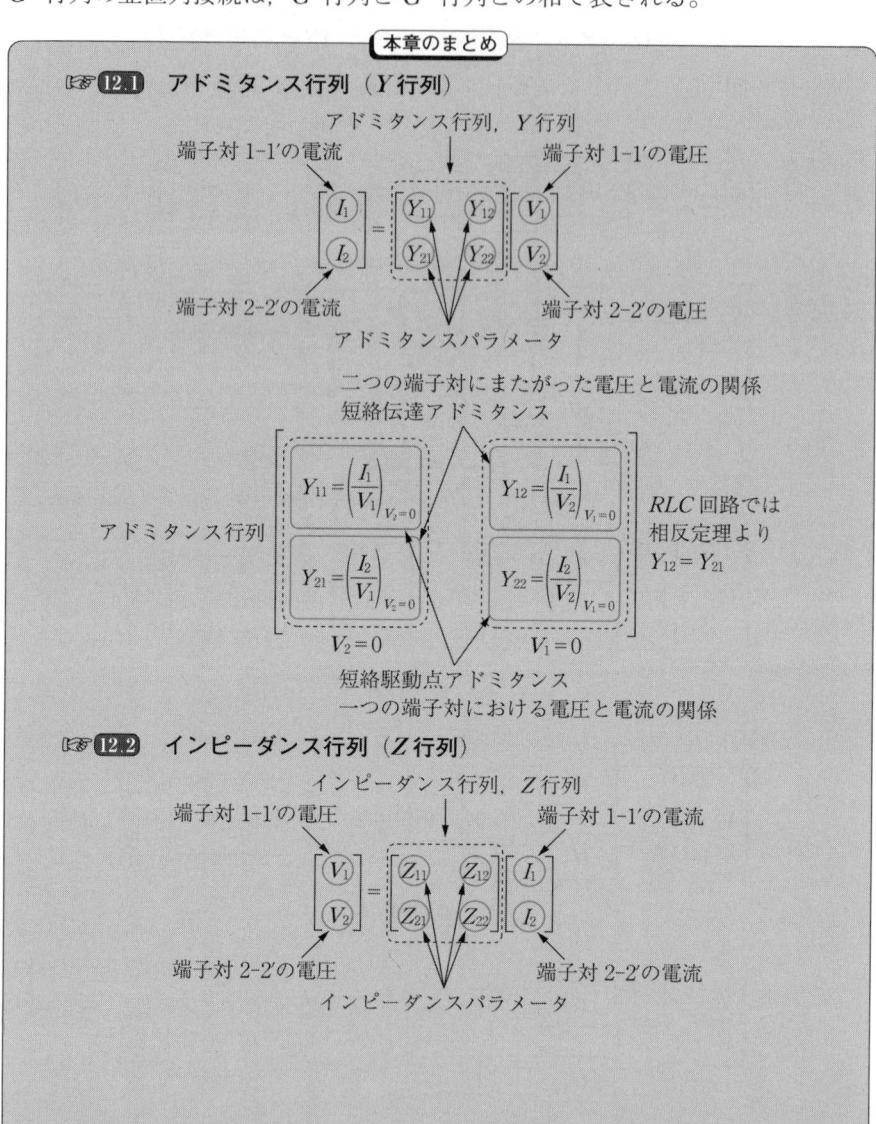

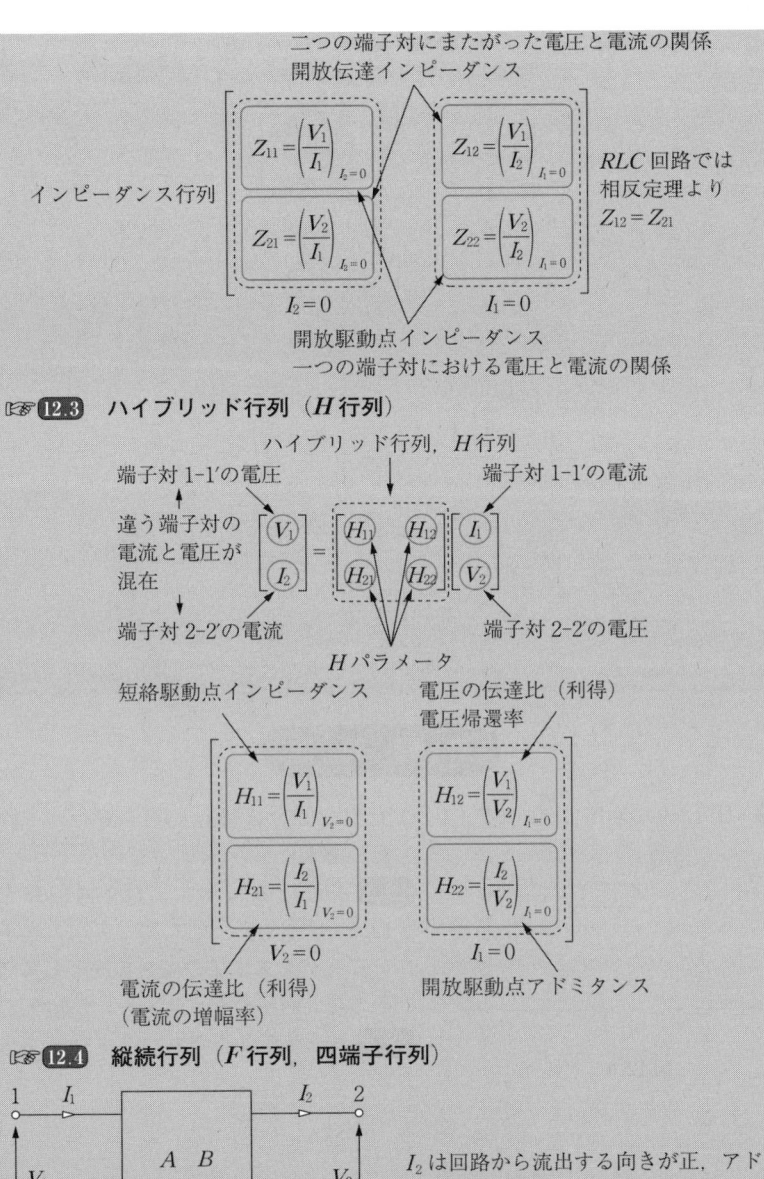

本章のまとめ

インピーダンス行列

二つの端子対にまたがった電圧と電流の関係
開放伝達インピーダンス

$$\begin{bmatrix} Z_{11} = \left(\dfrac{V_1}{I_1}\right)_{I_2=0} & Z_{12} = \left(\dfrac{V_1}{I_2}\right)_{I_1=0} \\ Z_{21} = \left(\dfrac{V_2}{I_1}\right)_{I_2=0} & Z_{22} = \left(\dfrac{V_2}{I_2}\right)_{I_1=0} \end{bmatrix}$$

$I_2 = 0$ の場合／$I_1 = 0$ の場合

RLC 回路では相反定理より $Z_{12} = Z_{21}$

開放駆動点インピーダンス
一つの端子対における電圧と電流の関係

☞ 12.3 ハイブリッド行列（H 行列）

ハイブリッド行列, H 行列

端子対 1-1′の電圧 ／ 端子対 1-1′の電流

違う端子対の電流と電圧が混在

$$\begin{pmatrix} V_1 \\ I_2 \end{pmatrix} = \begin{pmatrix} H_{11} & H_{12} \\ H_{21} & H_{22} \end{pmatrix} \begin{pmatrix} I_1 \\ V_2 \end{pmatrix}$$

端子対 2-2′の電流 ／ 端子対 2-2′の電圧

H パラメータ

短絡駆動点インピーダンス ／ 電圧の伝達比（利得）・電圧帰還率

$$\begin{bmatrix} H_{11} = \left(\dfrac{V_1}{I_1}\right)_{V_2=0} & H_{12} = \left(\dfrac{V_1}{V_2}\right)_{I_1=0} \\ H_{21} = \left(\dfrac{I_2}{I_1}\right)_{V_2=0} & H_{22} = \left(\dfrac{I_2}{V_2}\right)_{I_1=0} \end{bmatrix}$$

$V_2 = 0$ ／ $I_1 = 0$

電流の伝達比（利得）（電流の増幅率） ／ 開放駆動点アドミタンス

☞ 12.4 縦続行列（F 行列，四端子行列）

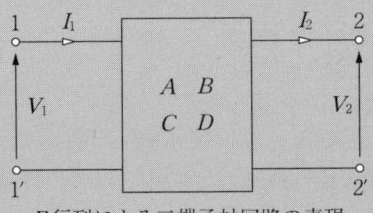

$$\begin{matrix} 1 \circ\!\!-\!\!\!\xrightarrow{I_1}\!\!\!-\!\!\boxed{\begin{matrix} A & B \\ C & D \end{matrix}}\!\!-\!\!\!\xrightarrow{I_2}\!\!\!-\!\circ 2 \\ V_1 \quad\quad\quad\quad\quad\quad V_2 \\ 1' \circ\!\!-\!\!\!\!-\!\!\!-\!\!\!-\!\!\!-\!\!\!-\!\!\!-\!\circ 2' \end{matrix}$$

I_2 は回路から流出する向きが正，アドミタンス行列やインピーダンス行列とは向きが逆

F 行列による二端子対回路の表現

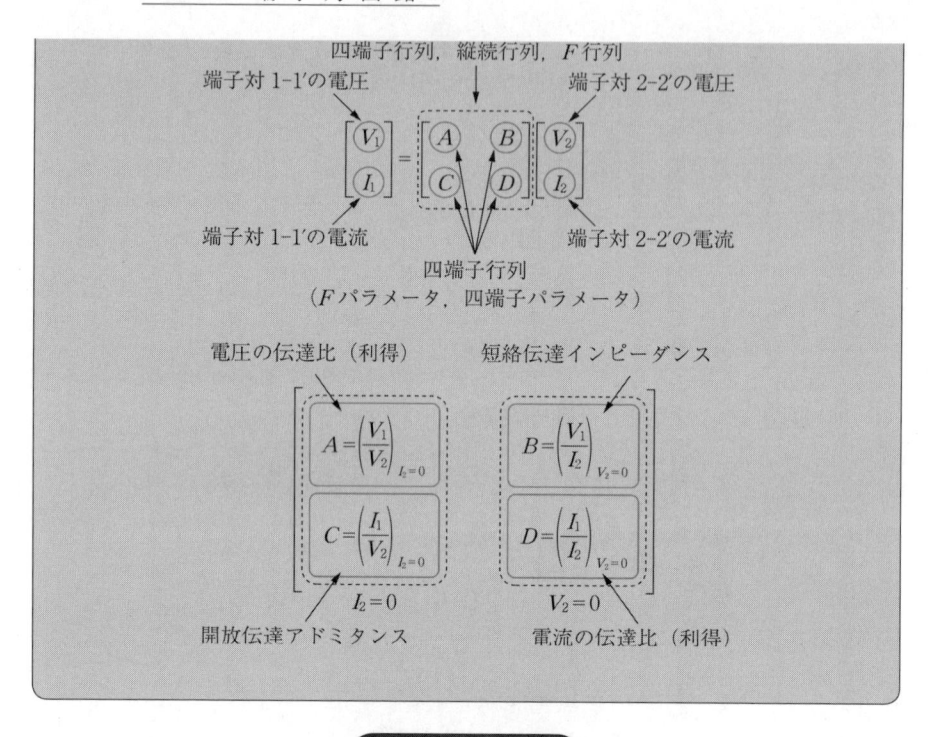

12. 二端子対回路

四端子行列，縦続行列，F行列

$$\begin{bmatrix} V_1 \\ I_1 \end{bmatrix} = \begin{bmatrix} A & B \\ C & D \end{bmatrix} \begin{bmatrix} V_2 \\ I_2 \end{bmatrix}$$

端子対 1-1′ の電圧／端子対 2-2′ の電圧
端子対 1-1′ の電流／端子対 2-2′ の電流

四端子行列（Fパラメータ，四端子パラメータ）

電圧の伝達比（利得）　　短絡伝達インピーダンス

$$A = \left(\frac{V_1}{V_2}\right)_{I_2=0} \qquad B = \left(\frac{V_1}{I_2}\right)_{V_2=0}$$

$$C = \left(\frac{I_1}{V_2}\right)_{I_2=0} \qquad D = \left(\frac{I_1}{I_2}\right)_{V_2=0}$$

$I_2 = 0$　　　　　　　　$V_2 = 0$
開放伝達アドミタンス　　電流の伝達比（利得）

演習問題

12.1 図 12.9 の回路について，(1) Y 行列，(2) Z 行列，(3) H 行列，(4) F 行列を求めなさい。

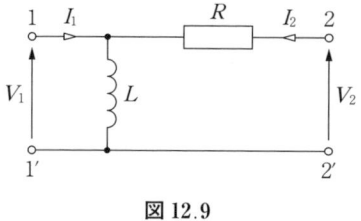

図 12.9

12.2 図 12.9 に示す二端子対回路を，図 12.6(b) に示したアドミタンス素子とインピーダンス素子の縦続接続として考え，その合成回路の F パラメータを求めなさい。

12.3 理想変成器の F パラメータを求めなさい。

13. 分布定数回路

　本章では，まず分布定数回路の理論を用いて，無損失線路および損失線路の電圧，電流を表現する基礎方程式を学ぶ。つぎに，無損失線路を用いて分布定数回路の重要なパラメータであるインピーダンス，反射係数，電圧定在波比とは何かを学び，相互の関係も理解する。これら分布定数回路の取扱いに必要なパラメータを用いて分布定数回路の整合条件を理解する。最後にスミスチャートを用いた図式解法の原理と応用法を学ぶ。

13.1 基礎方程式

　前章までは，線路の途中に抵抗，インダクタンス，キャパシタンスや電源がなければ，線路上の電圧や電流はどの位置においても等しいとして取り扱ってきた。このような回路を**集中定数回路**（lumped constant circuit）という。しかし，線路が長い場合や周波数が高い場合，電源の波長に比べて線路長が同程度またはそれ以上になると，線路を伝わる電圧と電流は線路の位置によって値が異なり，時間軸と同様に線路上でも正弦波分布となる。これを**分布定数回路**（distributed constant circuit）という。分布定数回路の電圧，電流は，**図 13.1**に示す線路の長さに応じたインダクタンスやキャパシタンスを考慮した等価回

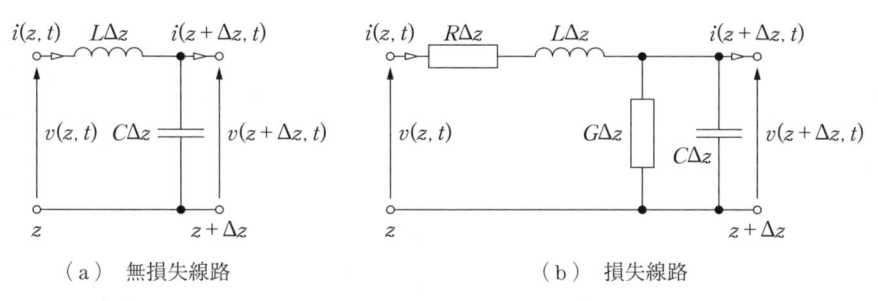

　（a）無損失線路　　　　　　　　　（b）損失線路

図 13.1　線路のインダクタンスとキャパタンスを考慮した等価回路

路で説明できる。

　伝送方向をz軸として，図(a)の無損失線路の2点間zと$z+\Delta z$の電位差Δvは，線路のインダクタンスによる電圧降下を考えると，単位長さ当りのインダクタンスをLとしてΔvは次式で表される。

$$\Delta v = v(z,t) - v(z+\Delta z, t) = L\frac{\partial i(z,t)}{\partial t}\Delta z$$

$$\therefore \quad \frac{v(z,t) - v(z+\Delta z, t)}{\Delta z} = L\frac{\partial i(z,t)}{\partial t} \tag{13.1}$$

ここで，$\Delta z \to 0$とすると

$$-\frac{\partial v}{\partial z} = L\frac{\partial i}{\partial t} \tag{13.2}$$

となる。さらに，図(b)のように実際の線路には損失があるので，インダクタンスLに加えて抵抗Rによる電位差も考えると

$$-\frac{\partial v}{\partial z} = Ri + L\frac{\partial i}{\partial t} \tag{13.3}$$

となる。同様に図(a)の無損失線路の2点間zと$z+\Delta z$の電流の変化Δiは並列キャパシタンスCに電流Δiが流れると考えると，単位長さ当りのキャパシタンスをCとしてΔiは次式で表される。

$$\Delta i = i(z,t) - i(z+\Delta z, t) = C\frac{\partial v(z,t)}{\partial t}\Delta z$$

$$\therefore \quad \frac{i(z,t) - i(z+\Delta z, t)}{\Delta z} = C\frac{\partial v(z,t)}{\partial t} \tag{13.4}$$

ここで，$\Delta z \to 0$として

$$-\frac{\partial i}{\partial z} = C\frac{\partial v}{\partial t} \tag{13.5}$$

と表される。また，図(b)の損失線路では，コンダクタンスGも考えると

$$-\frac{\partial i}{\partial z} = Gv + C\frac{\partial v}{\partial t} \tag{13.6}$$

となる。ここまでの結果をまとめると，インダクタンスLとキャパシタンスCのみを有する理想的な無損失線路の基礎方程式は，式(13.2)，(13.5)で表すことができる。一方，抵抗RとコンダクタンスGも加えた一般的な損失線

路の基礎方程式は，式 (13.3)，(13.6) で表すことができる．

分布定数回路の基礎方程式が得られたので，3 章の記号法で学んだように電圧と電流の時間変化を複素表示として，基礎方程式に代入する．電圧と電流は次式のように時間 t と線路上の位置 z の関数となる．

$$v(z, t) = V(z)e^{j\omega t} \tag{13.7}$$

$$i(z, t) = I(z)e^{j\omega t} \tag{13.8}$$

ここで ω は角周波数である．両式を式 (13.2)，(13.5) の無損失線路の基礎方程式に代入すると，正弦波に対する基礎方程式の定常解が得られる．

$$-\frac{dV(z)}{dz} = j\omega L I(z) \tag{13.9}$$

$$-\frac{dI(z)}{dz} = j\omega C V(z) \tag{13.10}$$

両式の一方を微分して，もう一方に代入すれば

$$\frac{d^2 V(z)}{dz^2} + \omega^2 LC V(z) = 0 \tag{13.11}$$

$$\frac{d^2 I(z)}{dz^2} + \omega^2 LC I(z) = 0 \tag{13.12}$$

ここで，**伝搬定数**（propagation constant）を $k = \omega\sqrt{LC}$ と置くと

$$\frac{d^2 V(z)}{dz^2} + k^2 V(z) = 0 \tag{13.13}$$

$$\frac{d^2 I(z)}{dz^2} + k^2 I(z) = 0 \tag{13.14}$$

となる．この微分方程式の解は 9 章で学んだように $V(z) = e^{\pm jkz}$ となり，式 (13.7) の電圧は係数 V_+ と V_- を用いて次式で与えられる．

$$v(z, t) = V_+ e^{j(\omega t - kz)} + V_- e^{j(\omega t + kz)} \tag{13.15}$$

$V(z) = e^{\pm jkz}$ を式 (13.9) の基礎方程式の定常解に代入すると $I(z)$ を求めることができる．これを式 (13.8) に代入して電流が求められる．

$$I(z) = \mp \frac{k}{\omega L} e^{\pm jkz} = \mp \sqrt{\frac{C}{L}} e^{\pm jkz} \tag{13.16}$$

$$\therefore \quad i(z,t) = \sqrt{\frac{C}{L}} \left\{ V_+ e^{j(\omega t - kz)} - V_- e^{j(\omega t + kz)} \right\} \quad (13.17)$$

分布定数回路の電圧と電流を表す式 (13.15),(13.17) において,第1項は z 軸を正方向に進む進行波を表し,第2項は z 軸を負方向に進む反射波を表している。このとき線路を伝わる電圧や電流の速さは,位相項を表す $\omega t \pm kz$ が等しい点の速度である**位相速度** (phase velocity) v_p として式 (13.18) で与えられる。

$$v_p = \frac{\omega}{k} = \frac{1}{\sqrt{LC}} \quad [\text{m/s}] \quad (13.18)$$

一方,線路の**特性インピーダンス** (characteristic impedance) Z_0 は式 (13.19) で与えられる。

$$Z_0 = \sqrt{\frac{L}{C}} \quad [\Omega] \quad (13.19)$$

この値は,式 (13.16) からもわかるように電圧 $V(z)$ と $I(z)$ の比を表しており,線路のインピーダンスに相当し線路上のどの場所でも一定となる。

ここまでの説明を整理すると,分布定数回路の電圧 $V(z)$ と電流 $I(z)$ は線路上の位置 z の関数として式 (13.20),(13.21) で表される。

$$V(z) = V_+ e^{-jkz} + V_- e^{jkz} \quad (13.20)$$

$$I(z) = \frac{1}{Z_0} \left(V_+ e^{-jkz} - V_- e^{jkz} \right) \quad (13.21)$$

両式から z 軸を正方向に進む進行波の係数 V_+ と負方向に進む反射波の係数 V_- を求めると式 (13.22),(13.23) で与えられる。

$$V_+ = \frac{V(z) + Z_0 I(Z)}{2} e^{jkz} \quad (13.22)$$

$$V_- = \frac{V(z) - Z_0 I(Z)}{2} e^{-jkz} \quad (13.23)$$

両係数 V_+ と V_- は,**図 13.2**(a)に示す $z=0$ の点の電圧 V_0,電流 I_0 を基準とすると,式 (13.24),(13.25) で書き換えられる。

$$V_+ = \frac{V_0 + Z_0 I_0}{2} \quad (13.24)$$

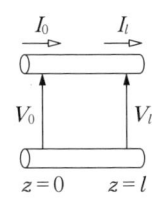

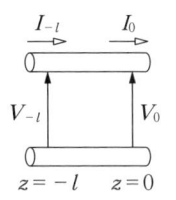

13.1 基礎方程式

(a) 点 $z=0$ から正方向を見た場合　　(b) 点 $z=0$ から負方向を見た場合

図 13.2 線路の 2 点間の電圧と電流（点 $z=0$ を基準）

$$V_- = \frac{V_0 - Z_0 I_0}{2} \tag{13.25}$$

この V_+ と V_- を式 (13.20), (13.21) に代入して, 図の z 軸の正方向の任意の点 $z=l$ の電圧 $V(l)$ と電流 $I(l)$ は式 (13.26), (13.27) で表すことができる.

$$V(l) = \frac{V_0 + Z_0 I_0}{2} e^{-jkl} + \frac{V_0 - Z_0 I_0}{2} e^{jkl}$$

$$= V_0 \cos kl - jZ_0 I_0 \sin kl \tag{13.26}$$

$$I(l) = I_0 \cos kl - \frac{jV_0}{Z_0} \sin kl \tag{13.27}$$

ここでは理想的な無損失線路の電圧や電流を求めたが, 一般的な損失線路の基礎方程式 (13.3), (13.6) から電圧や電流を求めることもできる.

例題 13.1　図 13.2 (b) の線路において, $z=0$ の点の電圧を V_0, 電流を I_0 として, 負方向の点 $z=-l$ の電圧と電流を求めなさい.

解　線路の $V(z)$ と $I(z)$ は式 (13.20), (13.21) より, 次式で表される.

$$V(z) = V_+ e^{-jkz} + V_- e^{jkz}, \quad I(z) = \frac{1}{Z_0}\left(V_+ e^{-jkz} - V_- e^{jkz}\right)$$

係数 V_+ と V_- は式 (13.24), (13.25) より

$$V_+ = \frac{V_0 + Z_0 I_0}{2}, \quad V_- = \frac{V_0 - Z_0 I_0}{2}$$

この V_+ と V_- を $V(z)$, $I(z)$ の式に代入し, $z=-l$ の電圧と電流が求められる.

$$V(-l) = \frac{V_0 + Z_0 I_0}{2} e^{jkl} + \frac{V_0 - Z_0 I_0}{2} e^{-jkl} = V_0 \cos kl + jZ_0 I_0 \sin kl$$

$$I(-l) = \frac{1}{Z_0}\left(\frac{V_0 + Z_0 I_0}{2} e^{jkl} - \frac{V_0 - Z_0 I_0}{2} e^{-jkl}\right) = I_0 \cos kl + \frac{jV_0}{Z_0} \sin kl$$

求めた点 $z=-l$ の電圧, 電流は, 正方向の点 $z=l$ の電圧と電流の式 (13.26), (13.27) と比較すると, 第 2 項の正負が反転していることがわかる.

例題13.2 例題13.1において $z=0$ の点で線路が短絡されたとき，つぎの問に答えなさい。

（1） $z=-l$ の点の電圧と電流を求めなさい。

（2） このとき kl の値を横軸にとって，電圧と電流の大きさを図示しなさい。

解 （1） $z=-l$ の点の電圧と電流は例題13.1より

$$V(-l) = V_0 \cos kl + jZ_0 I_0 \sin kl, \quad I(-l) = I_0 \cos kl + \frac{jV_0}{Z_0} \sin kl$$

$z=0$ の点で線路が短絡されているので $V_0=0$ より，$z=-l$ の点の電圧と電流は次式で表される。

$$V(-l) = jZ_0 I_0 \sin kl, \quad I(-1) = I_0 \cos kl$$

（2） 電圧と電流の大きさは次式となり，図13.3に示す分布となる。

$$|V(-l)| = |Z_0 I_0 \sin kl|, \quad |I(-l)| = |I_0 \cos kl|$$

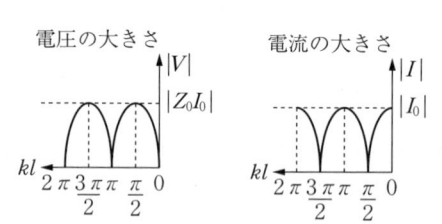

図13.3

13.2 インピーダンス

分布定数回路では電圧や電流は線路上の位置の関数となるので，インピーダンスも同様に位置の関数で表される。13.1節で求めた基礎方程式を用いると，図13.4（a）の線路において，$z=x$ の点の電圧 V_x と電流 I_x から正方向の任意の点 $z=x+l$ の電圧と電流は，式（13.28），（13.29）で表される。

$$V(x+l) = V_x \cos kl - jZ_0 I_x \sin kl \tag{13.28}$$

$$I(x+l) = I_x \cos kl - \frac{jV_x}{Z_0} \sin kl \tag{13.29}$$

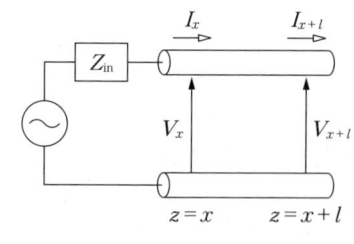

（a） 内部インピーダンス Z_{in} の電源を $z=x$ に接続

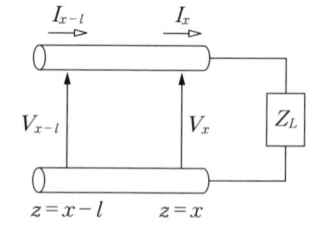

（b） インピーダンス Z_L の負荷を $z=x$ に接続

図13.4 線路の2点間の電圧と電流（点 $z=x$ を基準）

同様に図（b）より，$z=x$ の点の電圧と電流を用いて，負方向の点 $z=x-l$ の電圧と電流は，式 (13.30)，(13.31) で表される．

$$V(x-l) = V_x \cos kl + jZ_0 I_x \sin kl \tag{13.30}$$

$$I(x-l) = I_x \cos kl + \frac{jV_x}{Z_0} \sin kl \tag{13.31}$$

さらに，図（a）に示す線路の $z=x$ の点に内部インピーダンス Z_{in} の電源を接続したとき，$V_x = Z_{\text{in}} I_x$ の関係を用いて点 $z=x+l$ の電圧と電流は式 (13.32)，(13.33) で表される．

$$V(x+l) = Z_{\text{in}} I_x \cos kl - jZ_0 I_x \sin kl \tag{13.32}$$

$$I(x+l) = I_x \cos kl - \frac{jZ_{\text{in}}}{Z_0} I_x \sin kl \tag{13.33}$$

したがって，点 $z=x+l$ から左を見たインピーダンスは，式 (13.34) となる．

$$Z(x+l) = \frac{V(x+l)}{I(x+l)} = \frac{Z_{\text{in}} \cos kl - jZ_0 \sin kl}{\cos kl - \frac{jZ_{\text{in}}}{Z_0} \sin kl} \tag{13.34}$$

また，図（b）に示すように，線路 $z=x$ の点にインピーダンス Z_L の負荷を接続したとき，同様に $V_x = Z_L I_x$ の関係を用いて，点 $z=x-l$ の電圧と電流は式 (13.35)，(13.36) で表される．

$$V(x-l) = Z_L I_x \cos kl + jZ_0 I_x \sin kl \tag{13.35}$$

$$I(x-l) = I_x \cos kl + \frac{jZ_L}{Z_0} I_x \sin kl \tag{13.36}$$

したがって，点 $z=x-l$ から正方向を見たインピーダンスは式 (13.37) となる．

$$Z(x-l) = \frac{V(x-l)}{I(x-l)} = \frac{Z_L \cos kl + jZ_0 \sin kl}{\cos kl + \frac{jZ_L}{Z_0} \sin kl} \tag{13.37}$$

これより線路のインピーダンスは同一点においても，線路の正方向を見た場合と負方向を見た場合でインピーダンスが異なることがわかる．

例題 13.3 （1） 単位長さ当りのインダクタンス L が 1×10^{-6} 〔H/m〕，キャパシタンスが 1×10^{-12} 〔F/m〕の線路の特性インピーダンス Z_0 を求めなさい．

(2) 周波数を 1 GHz として伝搬定数 k を求めなさい。

(3) 500 Ω の負荷を線路の終端に接続したとき,終端から 12.5 cm 離れた点から見た入力インピーダンスを求めなさい。

解 (1) $Z_0 = \sqrt{\dfrac{L}{C}} = \sqrt{\dfrac{1\times 10^{-6}}{1\times 10^{-12}}} = 1\,000$ Ω

(2) $k = \omega\sqrt{LC} = 2\pi \times 1 \times 10^9 \times \sqrt{1\times 10^{-6} \times 1\times 10^{-12}} = 2\pi$ 〔rad/m〕

(3) 式 (13.37) に,$Z_L = 500$,$kl = 2\pi \times 0.125 = \pi/4$ を代入して

$$Z_{\mathrm{in}} = \frac{500\cos\dfrac{\pi}{4} + j1\,000\sin\dfrac{\pi}{4}}{\cos\dfrac{\pi}{4} + \dfrac{j500}{1\,000}\sin\dfrac{\pi}{4}} = 800 + j600 \;\;〔\Omega〕$$

13.3 反射係数と電圧定在波比

線路の特性インピーダンスと,線路に接続されている負荷インピーダンスや電源の内部インピーダンスが異なると,線路を伝わる電圧や電流に反射が生じる。**反射係数**(reflection coefficient)Γ は入射波に対する反射波の比として定義される。式 (13.20) で示したように,分布定数回路の電圧は入射波と反射波で表されるので,反射係数は入射波に対する反射波の比として求められる。

$$\Gamma(z) = \frac{V_- e^{jkz}}{V_+ e^{-jkz}} \tag{13.38}$$

これより,図 13.4(b)のインピーダンス Z_L の負荷が接続された分布定数回路の点 $z = x - l$ の反射係数 Γ は式 (13.39) で表される。

$$\Gamma(x-l) = \frac{V_- e^{-jkl}}{V_+ e^{jkl}} = \frac{V_-}{V_+} e^{-j2kl} \tag{13.39}$$

また,式 (13.22),(13.23) から,係数 V_+ と V_- は式 (13.40),(13.41) となる。

$$V_+ = \frac{V(x-l) + Z_0 I(x-l)}{2} e^{-jkl} \tag{13.40}$$

$$V_- = \frac{V(x-l) - Z_0 I(x-l)}{2} e^{jkl} \tag{13.41}$$

両係数を式 (13.39) に代入すると

$$\varGamma(x-l) = \frac{V(x-l) - Z_0 I(x-l)}{V(x-l) + Z_0 I(x-l)} = \frac{Z(x-l) - Z_0}{Z(x-l) + Z_0} = \frac{Z_l - Z_0}{Z_l + Z_0} \quad (13.42)$$

と表すことができる。ここでインピーダンス Z_l は，負荷が接続された点 $z=x$ から距離 l だけ離れた点 $z=x-l$ から見たインピーダンスである。反射係数 $\varGamma(x-l)$ は，測定点 $z=x-l$ の位置から線路を通して負荷側を見たインピーダンス Z_l と線路の特性インピーダンス Z_0 を用いて表すことができる。

分布定数回路の特性を表すパラメータとして，反射係数 $\varGamma$ は入射波に対する反射波の比を表しているが，電圧や電流は線路上の位置の関数として正弦波分布となることから，その最大値と最小値の比として**定在波比**（SWR, standing wave ratio）が定義される。特に**電圧定在波比**（VSWR, voltage standing wave ratio）は，式 (13.43) で定義される。

$$\mathrm{VSWR} = \frac{V_{\max}}{V_{\min}} = \frac{|V_+| + |V_-|}{|V_+| - |V_-|} = \frac{1 + \left|\dfrac{V_-}{V_+}\right|}{1 - \left|\dfrac{V_-}{V_+}\right|} \quad (13.43)$$

ここで反射係数は式 (13.39) より

$$\varGamma = \frac{V_-}{V_+} e^{-j2kl}$$

なので，反射係数の絶対値は $|\varGamma| = |V_-/V_+|$ と一定になり，電圧定在波比と反射係数の関係は式 (13.44) で与えられる。

$$\mathrm{VSWR} = \frac{1 + |\varGamma|}{1 - |\varGamma|} \quad (13.44)$$

逆に，反射係数の絶対値を電圧定在波比で表せば式 (13.45) となる。

$$|\varGamma| = \frac{\mathrm{VSWR} - 1}{\mathrm{VSWR} + 1} \quad (13.45)$$

例題 13.4 分布定数回路の電圧は，負荷から 30 cm で最小 1.5 V，また 50 cm で最大 4.5 V であった。つぎの問に答えなさい。
（1） 電源の周波数を求めなさい。
（2） VSWR を求めなさい。
（3） 反射係数の絶対値を求めなさい。

解 (1) 線路の電圧は最大値と最小値の間隔が四分の一波長となるので，$\lambda/4 = 50 - 30 = 20$ cm より，波長 $\lambda = 80$ cm，周波数 $f = 375$ MHz

(2) $\text{VSWR} = \dfrac{V_{\max}}{V_{\min}} = 3.0$, (3) $|\Gamma| = \dfrac{\text{VSWR}-1}{\text{VSWR}+1} = 0.5$

13.4 分布定数回路の整合条件

図 13.4（b）の分布定数回路で，点 $z=x$ の反射係数は式 (13.38) より

$$\Gamma(x) = \frac{V_- e^{jkx}}{V_+ e^{-jkx}}$$

と表されるので，点 $z = x - l$ の反射係数は

$$\Gamma(x-l) = \frac{V_-}{V_+} e^{-j2kl} = \Gamma(x) e^{-j2kl} \tag{13.46}$$

で与えられる。反射係数の絶対値 $|\Gamma|$ は線路上で一定であり，四分の一波長離れた 2 点間では反射係数の符号が反転することになる。図 13.4（b）の分布定数回路で $l = \lambda/4$ とした点から正方向を見たインピーダンスは，式 (13.37) を用いて次式で表される。

$$Z_{\lambda/4} = \frac{Z_L \cos\left(k\dfrac{\lambda}{4}\right) + jZ_0 \sin\left(k\dfrac{\lambda}{4}\right)}{\cos\left(k\dfrac{\lambda}{4}\right) + \dfrac{jZ_L}{Z_0}\sin\left(k\dfrac{\lambda}{4}\right)} = \frac{Z_0^2}{Z_L}$$

$$\therefore \quad \frac{Z_{\lambda/4}}{Z_0} = \frac{Z_0}{Z_L} \tag{13.47}$$

ここで，Z_L は線路の終端に接続された負荷のインピーダンスを表す。これより，特性インピーダンス Z_0 で規格化された分布定数回路のインピーダンスは，四分の一波長離れた点で逆数となることがわかる。同様に，図 13.4（a）の分布定数回路を $l = \lambda/4$ として負方向を見たインピーダンスは次式で表される。

$$Z_{\lambda/4} = \frac{Z_{\text{in}} \cos\left(k\dfrac{\lambda}{4}\right) - jZ_0 \sin\left(k\dfrac{\lambda}{4}\right)}{\cos\left(k\dfrac{\lambda}{4}\right) - \dfrac{jZ_{\text{in}}}{Z_0}\sin\left(k\dfrac{\lambda}{4}\right)} = \frac{Z_0^2}{Z_{\text{in}}}$$

$$\therefore \frac{Z_{\lambda/4}}{Z_0} = \frac{Z_0}{Z_{\text{in}}} \tag{13.48}$$

ここで，Z_{in} は線路の入力端に接続された電源のインピーダンスを表す。特性インピーダンス Z_0 で規格化されたインピーダンスは，四分の一波長離れた点で逆数となっている。したがって，図 13.4 において長さが四分の一波長の分布定数線路の特性インピーダンス Z_0 を $Z_0 = \sqrt{Z_{\text{in}} Z_L}$ に選ぶと，正方向を見たインピーダンスは，次式に示すように電源のインピーダンス Z_{in} に等しくなる。

$$Z_{\lambda/4} = \frac{Z_0^2}{Z_L} = \frac{Z_{\text{in}} Z_L}{Z_L} = Z_{\text{in}}$$

また，負方向を見たインピーダンスは，負荷インピーダンス Z_L に等しくなる。

$$Z_{\lambda/4} = \frac{Z_0^2}{Z_{\text{in}}} = \frac{Z_{\text{in}} Z_L}{Z_{\text{in}}} = Z_L$$

インピーダンスが等しいということは，式 (13.42) の反射係数も $\varGamma = 0$ となり，電源からの入射電力はすべて負荷に伝えられることになる。このように異なる分布定数回路のインピーダンスが等しくなることを**インピーダンス整合** (impedance matching) という。四分の一波長線路を用いることで，異なる分布定数回路のインピーダンス整合が可能となる。

例題 13.5 特性インピーダンス $900\,\Omega$ の無損失線路の終端に $400\,\Omega$ の抵抗を接続するために必要な四分の一波長線路の特性インピーダンスを求めなさい。

解 $Z_0 = \sqrt{900 \times 400} = 600\,\Omega$

13.5 スミスチャートの原理と応用

スミスチャートと呼ばれる図表により，分布定数回路の任意の点のインピーダンスと反射係数の関係から，線路の他点のインピーダンスを図式的に求めることができる。前節までの式からスミスチャートを導いてみよう。負荷や電源から l だけ離れた線路の測定点における反射係数 $\varGamma_l$ と，特性インピーダンスで規格化したインピーダンス Z_l/Z_0 をそれぞれ式 (13.49)，(13.50) の複素数で表す。

$$\Gamma_l = u + jv \tag{13.49}$$

$$\frac{Z_l}{Z_0} = r + jx \tag{13.50}$$

このとき，式 (13.42) の反射係数とインピーダンスの関係を用いて両式を関係付けると

$$\Gamma_l = \frac{Z_l - Z_0}{Z_l + Z_0} = \frac{r + jx - 1}{r + jx + 1} = \frac{(r-1) + jx}{(r+1) + jx} = u + jv \tag{13.51}$$

となる。式 (13.51) の実部，虚部を等しいと置いて解くと，式 (13.52)，(13.53) が得られる。

$$\left(u - \frac{r}{r+1}\right)^2 + v^2 = \frac{1}{(r+1)^2} \tag{13.52}$$

$$(u-1)^2 + \left(v - \frac{1}{x}\right)^2 = \frac{1}{x^2} \tag{13.53}$$

式 (13.52)，(13.53) を u–v 平面上で描くと**図 13.5** となる。

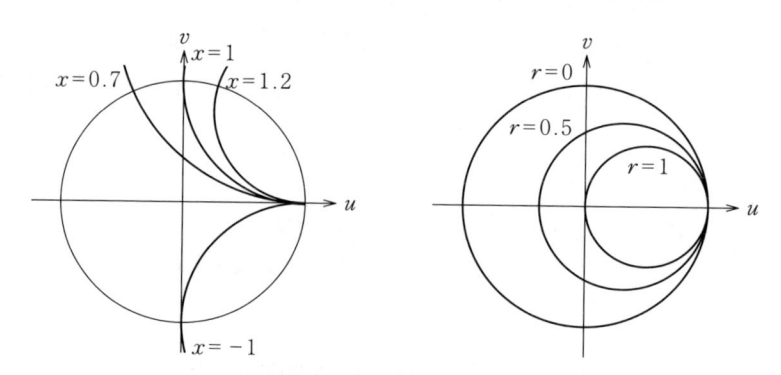

図 13.5 u–v 平面上の規格化インピーダンス $r + jx$

図では規格化されたインピーダンスの実部 r と虚部 x が一定の線を描くことがわかる。これより $\Gamma_l = u + jv$ が定まれば，その点の規格化されたインピーダンス $r + jx$ を読み取ることができる。この図表を**スミスチャート** (Smith chart) という。ここで反射係数の絶対値 $|\Gamma_l|$ は一定なので，負荷から電源側への移動と電源から負荷側への移動による反射係数の変化は式 (13.46) を用いて，それぞれ式 (13.54) で表すことができる。

13.5 スミスチャートの原理と応用

$$\varGamma_{-l} = \varGamma e^{-j2kl}, \quad \varGamma_l = \varGamma e^{j2kl} \tag{13.54}$$

この負荷から電源側への移動と電源から負荷側への移動をスミスチャート上で描くと，反射係数の絶対値 $|\varGamma_l|$ が一定の軌跡は図 13.6 となり，反射係数 $\varGamma_l$ を求めた測定点から距離 l だけ離れた任意の点の規格化インピーダンス $r+jx$ をスミスチャートから読み取ることができる。

負荷から電源側への負方向の移動　　　　電源から負荷側への正方向の移動

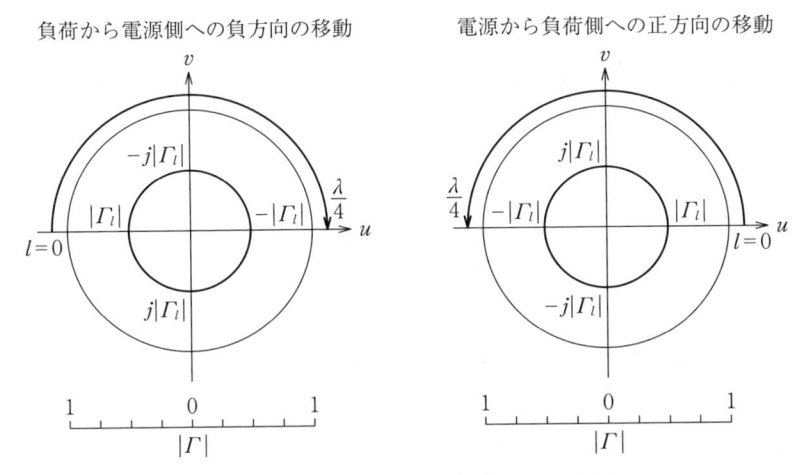

図 13.6 反射係数の絶対値 $|\varGamma_l|$ が一定の軌跡

例えば，特性インピーダンス Z_0，線路長 l の点から負荷側を見たインピーダンスが Z_l のとき，負荷インピーダンス Z_L を図 13.7 に示すように測定点から

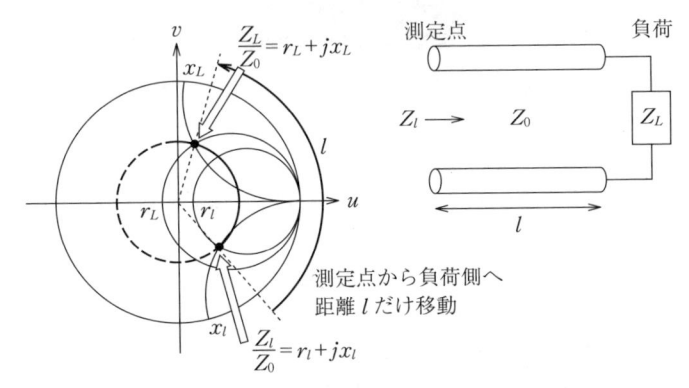

図 13.7 スミスチャートを用いた負荷インピーダンスの図式解法

距離 l だけスミスチャート上で移動させて求めることができる。

本章のまとめ

☞ **13.1** 無損失線路の基礎方程式：$-\dfrac{\partial v}{\partial z} = L\dfrac{\partial i}{\partial t}$, $-\dfrac{\partial i}{\partial z} = C\dfrac{\partial v}{\partial t}$

☞ **13.2** 損失線路の基礎方程式：$-\dfrac{\partial v}{\partial z} = Ri + L\dfrac{\partial i}{\partial t}$, $-\dfrac{\partial i}{\partial z} = Gv + C\dfrac{\partial v}{\partial t}$

☞ **13.3** 無損失線路の位相速度：$v_p = \dfrac{1}{\sqrt{LC}}$

☞ **13.4** 無損失線路の特性インピーダンス：$Z_0 = \sqrt{\dfrac{L}{C}}$

☞ **13.5** 線路上の電圧と電流：
$$V_{\pm l} = V_0 \cos kl \mp jZ_0 I_0 \sin kl, \quad I_{\pm l} = I_0 \cos kl \mp \dfrac{jV_0}{Z_0} \sin kl$$

☞ **13.6** 線路上の反射係数：$\varGamma_{-l} = \dfrac{V_-}{V_+} e^{-j2kl} = \dfrac{Z_l - Z_0}{Z_l + Z_0}$

☞ **13.7** 電圧定在波比：$\mathrm{VSWR} = \dfrac{V_{\max}}{V_{\min}} = \dfrac{1+|\varGamma|}{1-|\varGamma|}$, $|\varGamma| = \dfrac{\mathrm{VSWR}-1}{\mathrm{VSWR}+1}$

☞ **13.8** 四分の一波長線路を用いた整合条件：$Z_0 = \sqrt{Z_{\mathrm{in}} Z_L}$

☞ **13.9** スミスチャート上の反射係数とインピーダンスの関係式：
$$\left(u - \dfrac{r}{r+1}\right)^2 + v^2 = \dfrac{1}{(r+1)^2}, \quad (u-1)^2 + \left(v - \dfrac{1}{x}\right)^2 = \dfrac{1}{x^2}$$

☞ **13.10** スミスチャート上での反射係数の変化：$\varGamma_{\pm l} = \varGamma e^{\pm j2kl}$

演習問題

13.1 特性インピーダンス $50\,\Omega$ の無損失線路の終端に $100\,\Omega$ の抵抗を接続した。つぎの問に答えなさい。

（1） 電圧定在波比を求めなさい。

（2） 点 $z=0$ の電圧値を V_0 として，この線路上の電圧を横軸 kz に対して図示しなさい。

13.2 特性インピーダンス $50\,\Omega$ の無損失線路の終端に，$50+j50\,[\Omega]$ の負荷を接続した。つぎの問に答えなさい。

（1） 電圧定在波比を求めなさい。

（2） 周波数 $100\,\mathrm{MHz}$，線路長 $1\,\mathrm{m}$ として線路の入力端のインピーダンスを求め

なさい。なお，位相速度は光速と同じとする。

13.3 図 13.8 に示すように，$Z_L = 100\,\Omega$ で終端された特性インピーダンス $Z_0 = 50\,\Omega$，長さ l_1 の無損失線路がある。この回路に同じ特性インピーダンス $Z_0 = 50\,\Omega$，長さ l_2 の終端短絡した無損失線路を並列接続したとき，接続点から見たインピーダンスが $50\,\Omega$ となる線路の長さ l_1 と l_2 を求めなさい。なお，周波数は，100 MHz，位相速度は光速と同じとする。

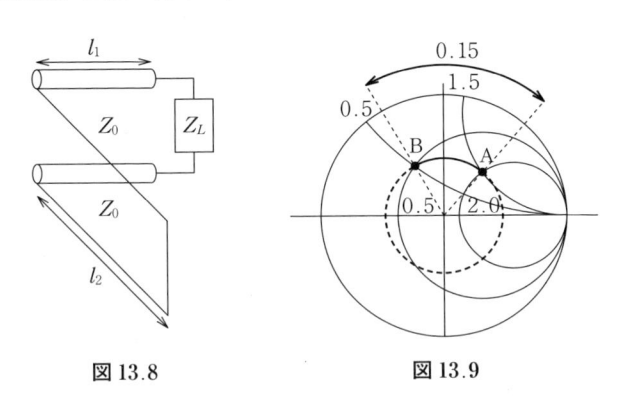

図 13.8　　　　　図 13.9

13.4 特性インピーダンス $50\,\Omega$ の無損失線路の終端に負荷 Z_L が接続されている。このとき図 13.9 のスミスチャートで線路長 l の入力インピーダンス Z_l は点 A，負荷インピーダンス Z_L は点 B で表された。Z_l，Z_L，l をそれぞれ求めなさい。なお，周波数は 100 MHz，位相速度は光速と同じとする。

演習問題解答

1 章

1.1 $I_1 = E\dfrac{R_2+R_3}{R_1R_2+R_2R_3+R_3R_1}$, $I_2 = E\dfrac{R_3}{R_1R_2+R_2R_3+R_3R_1}$,

$I_3 = E\dfrac{R_2}{R_1R_2+R_2R_3+R_3R_1}$, $V_1 = R_1I_1 = E\dfrac{R_1(R_2+R_3)}{R_1R_2+R_2R_3+R_3R_1}$,

$V_2 = V_3 = E\dfrac{R_2R_3}{R_1R_2+R_2R_3+R_3R_1}$, $R_\mathrm{T} = \dfrac{E}{I_1} = \dfrac{R_1R_2+R_2R_3+R_3R_1}{R_2+R_3}$

1.2 $I_1 = I_2 = \dfrac{E}{R_1+R_2}$, $I_3 = \dfrac{E}{R_3}$, $V_1 = E\dfrac{R_1}{R_1+R_2}$, $V_2 = E\dfrac{R_2}{R_1+R_2}$, $V_3 = E$,

$R_\mathrm{T} = R_3\dfrac{R_1+R_2}{R_1+R_2+R_3}$

1.3 $I_1 = E\dfrac{R_2+R_4}{(R_1+R_3+R_5)(R_2+R_4)+R_5(R_1+R_3)}$

$I_2 = E\dfrac{R_1+R_3}{(R_1+R_3+R_5)(R_2+R_4)+R_5(R_1+R_3)}$

$I_0 = E\dfrac{R_1+R_3+R_2+R_4}{(R_1+R_3+R_5)(R_2+R_4)+R_5(R_1+R_3)}$

$V_\mathrm{b} = E\dfrac{R_3(R_2+R_4)}{(R_1+R_3+R_5)(R_2+R_4)+R_5(R_1+R_3)}$

$V_\mathrm{c} = E\dfrac{R_4(R_1+R_3)}{(R_1+R_3+R_5)(R_2+R_4)+R_5(R_1+R_3)}$

$V_\mathrm{b} = V_\mathrm{c}$ となるためには $R_1R_4 = R_2R_3$

$V_\mathrm{a} = E\dfrac{(R_1+R_3)(R_2+R_4)}{(R_1+R_3+R_5)(R_2+R_4)+R_5(R_1+R_3)}$

2 章

2.1 $v_L(t) = LI_0\dfrac{4}{T}$ $0 \leq t \leq \dfrac{T}{4}$

演 習 問 題 解 答   233

$$LI_0\left(-\frac{4}{T}\right) \quad \frac{T}{4} \le t \le \frac{3T}{4}$$

$$LI_0\frac{4}{T} \quad \frac{3T}{4} \le t \le T$$

$$v_C(t) = \frac{I_0}{C}\frac{4}{T}\frac{t^2}{2} \quad 0 \le t \le \frac{T}{4}$$

$$\frac{I_0}{C}\left(-\frac{4}{T}\frac{t^2}{2} + 2t - \frac{T}{4}\right) \quad \frac{T}{4} \le t \le \frac{3T}{4}$$

$$\frac{I_0}{C}\left(\frac{4}{T}\frac{t^2}{2} - 4t + 2T\right) \quad \frac{3T}{4} \le t \le T$$

2.2 $v_R(t) = R\sqrt{2}\,I_e\sin\omega t, \quad v_L(t) = \omega L\sqrt{2}\,I_e\cos\omega t$

$$v(t) = \sqrt{2}\,I_e\sqrt{R^2 + (\omega L)^2}\sin(\omega t + \varphi)$$

$$\cos\varphi = \frac{R}{\sqrt{R^2 + (\omega L)^2}}, \quad \sin\varphi = \frac{\omega L}{\sqrt{R^2 + (\omega L)^2}}$$

2.3 $i_R(t) = \dfrac{\sqrt{2}\,E_e}{R}\sin\omega t$

$$i_L(t) = \frac{\sqrt{2}\,E_e}{\omega L}\sin\left(\omega t - \frac{\pi}{2}\right) = \frac{\sqrt{2}\,E_e}{\omega L}(-\cos\omega t)$$

$$i(t) = \sqrt{2}\,E_e\frac{\sqrt{R^2 + (\omega L)^2}}{R\omega L}\sin(\omega t - \alpha)$$

$$\cos\alpha = \frac{\omega L}{\sqrt{R^2 + (\omega L)^2}}, \quad \sin\alpha = \frac{R}{\sqrt{R^2 + (\omega L)^2}}$$

2.4 $v_R(t) = R\sqrt{2}\,I_e\sin\omega t, \quad v_C(t) = -\dfrac{\sqrt{2}\,I_e}{\omega C}\cos\omega t$

$$v(t) = \sqrt{2}\,I_e\sqrt{R^2 + \frac{1}{(\omega C)^2}}\sin(\omega t - \varphi)$$

$$\cos\varphi = R\Big/\sqrt{R^2 + 1/(\omega C)^2} \quad \sin\varphi = \frac{1/\omega C}{\sqrt{R^2 + (1/\omega C)^2}}$$

$$i_R(t) = \frac{\sqrt{2}\,E_e}{R}\sin\omega t, \quad i_C(t) = \sqrt{2}\,E_e\,\omega C\cos\omega t$$

$$i(t) = \sqrt{2}\,E_e\sqrt{\frac{1}{R^2} + (\omega C)^2}\sin(\omega t + \alpha)$$

$$\cos\alpha = \frac{1/R}{\sqrt{\frac{1}{R^2} + (\omega C)^2}} \quad \sin\alpha = \frac{\omega C}{\sqrt{\frac{1}{R^2} + (\omega C)^2}}$$

2.5 $v(t) = \sqrt{2}\, I_e \sqrt{R^2 + \left(\omega L - \dfrac{1}{\omega C}\right)^2} \sin(\omega t + \varphi)$

$\cos\varphi = \dfrac{R}{\sqrt{R^2 + \left(\omega L - \dfrac{1}{\omega C}\right)^2}}, \quad \sin\varphi = \dfrac{\omega L - \dfrac{1}{\omega C}}{\sqrt{R^2 + \left(\omega L - \dfrac{1}{\omega C}\right)^2}}$

$i'(t) = \dfrac{\sqrt{2}\, E_e}{\sqrt{R^2 + \left(\omega L - \dfrac{1}{\omega C}\right)^2}} \sin(\omega t - \varphi)$

3 章

3.1 (1) $\dot{E} = E_e$

(2) $\dot{Z}_T = \dfrac{(R_1 + j\omega L)\left(R_2 - j\dfrac{1}{\omega C}\right)\left\{R_1 + R_2 - j\left(\omega L - \dfrac{1}{\omega C}\right)\right\}}{(R_1 + R_2)^2 + \left(\omega L - \dfrac{1}{\omega C}\right)^2}$

(3) $\dot{I} = E_e \dfrac{\left\{R_1 + R_2 + j\left(\omega L - \dfrac{1}{\omega C}\right)\right\}(R_1 - j\omega L)\left(R_2 + j\dfrac{1}{\omega C}\right)}{(R_1^2 + (\omega L)^2)\left(R_2^2 + \dfrac{1}{(\omega C)^2}\right)}$

(4) $\dot{I}_1 = \dfrac{E_e}{R_1^2 + (\omega L)^2}(R_1 - j\omega L), \quad \dot{I}_2 = \dfrac{E_e\left(R_2 + j\dfrac{1}{\omega C}\right)}{R_2^2 + \dfrac{1}{(\omega C)^2}}$

$\dot{I}_1 + \dot{I}_2 = \dfrac{E_e\left\{(R_1 - j\omega L)\left(R_2^2 + \dfrac{1}{(\omega C)^2}\right) + \left(R_2 + j\dfrac{1}{\omega C}\right)(R_1^2 + (\omega L)^2)\right\}}{(R_1^2 + (\omega L)^2)\left(R_2^2 + \dfrac{1}{(\omega C)^2}\right)}$

$= \dot{I}$

3.2 (1) $\dot{Z}_T = R + j\left(\omega L - \dfrac{1}{\omega C}\right) = \sqrt{R^2 + \left(\omega L - \dfrac{1}{\omega C}\right)^2}\, e^{j\varphi}$

$\varphi = \tan^{-1}\left(\dfrac{\omega L - \dfrac{1}{\omega C}}{R}\right), \quad \omega L > \dfrac{1}{\omega C}, \quad \varphi > 0$

(2) $\dot{I} = \dfrac{E_e}{|\dot{Z}_T|} e^{-j\varphi} = \dfrac{E_e}{R^2 + \left(\omega L - \dfrac{1}{\omega C}\right)^2}\left\{R - j\left(\omega L - \dfrac{1}{\omega C}\right)\right\}$

(3)　$\dot{V}_R = E_e \dfrac{R}{R^2 + \left(\omega L - \dfrac{1}{\omega C}\right)^2} \left\{ R - j\left(\omega L - \dfrac{1}{\omega C}\right) \right\}$

$\dot{V}_L = E_e \dfrac{\omega L}{R^2 + \left(\omega L - \dfrac{1}{\omega C}\right)^2} \left\{ jR + \left(\omega L - \dfrac{1}{\omega C}\right) \right\}$

$\dot{V}_C = E_e \dfrac{1}{\omega C \left\{ R^2 + \left(\omega L - \dfrac{1}{\omega C}\right)^2 \right\}} \left\{ -jR - \left(\omega L - \dfrac{1}{\omega C}\right) \right\}$

(4)　**解図 3.1**

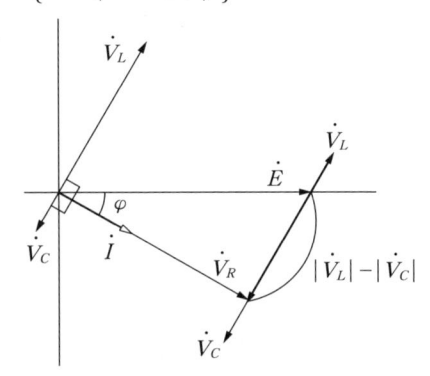

解図 3.1

3.3　(1)　$\dot{Y}_T = \dfrac{1}{R} - j\left(\dfrac{1}{\omega L} - \omega C\right) = \sqrt{\dfrac{1}{R^2} + \left(\omega C - \dfrac{1}{\omega L}\right)^2} \, e^{-j\varphi}$

$\varphi = \tan^{-1}\left(\dfrac{\dfrac{1}{\omega L} - \omega C}{1/R}\right), \quad \varphi > 0, \quad \dfrac{1}{\omega L} > \omega C$

(2)　$\dot{V} = I_e \dfrac{e^{j\varphi}}{|\dot{Y}_T|} = \dfrac{I_e \left\{ \dfrac{1}{R} + j\left(\dfrac{1}{\omega L} - \omega C\right) \right\}}{\dfrac{1}{R^2} + \left(\omega C - \dfrac{1}{\omega L}\right)^2}$

(3)　$\dot{I}_R = \dfrac{1}{R} \dfrac{I_e \left\{ \dfrac{1}{R} + j\left(\dfrac{1}{\omega L} - \omega C\right) \right\}}{\dfrac{1}{R^2} + \left(\omega C - \dfrac{1}{\omega L}\right)^2}$

$\dot{I}_L = \dfrac{1}{\omega L} \dfrac{I_e \left\{ -j\dfrac{1}{R} + \left(\dfrac{1}{\omega L} - \omega C\right) \right\}}{\dfrac{1}{R^2} + \left(\omega C - \dfrac{1}{\omega L}\right)^2}$

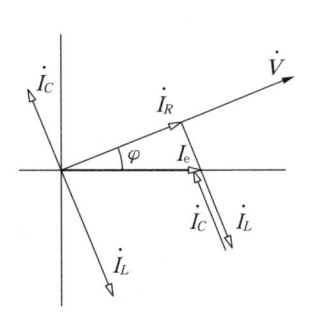

解図 3.2

$$\dot{I}_C = \omega C \frac{I_e\left\{j\dfrac{1}{R} - \left(\dfrac{1}{\omega L} - \omega C\right)\right\}}{\dfrac{1}{R^2} + \left(\omega C - \dfrac{1}{\omega L}\right)^2}$$

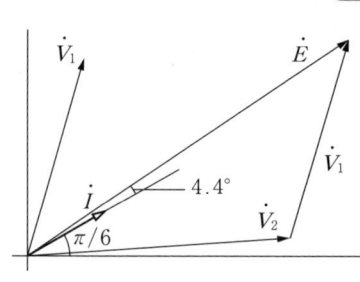

（4） 解図 3.2

3.4 （1） $\dot{Z}_T = 13.0 e^{j4.4°}$

$|\dot{Z}_T| = 13.0$

$\varphi = \tan^{-1}\dfrac{1}{13} = 4.4°$

（2） $\dot{I} = \sqrt{3} + j$
$\dot{V}_1 = 3.66 + j13.66$
$\dot{V}_2 = 17.86 + j1.072$
$\dot{E} = 21.52 + j14.73$

解図 3.3 　　（3） 解図 3.3

4 章

4.1 （1） $i(t) = \sqrt{2}\, I_e \sin\omega t$, 　$v_R(t) = R\sqrt{2}\, I_e \sin\omega t$, 　$p_R(t) = R I_e^2 (1 - \cos 2\omega t)$

（2） $i(t) = \sqrt{2}\, I_e \sin\omega t$, 　$\phi(t) = L\sqrt{2}\, I_e \sin\omega t$, 　$v_L(t) = \omega L \sqrt{2}\, I_e \cos\omega t$,

$p_L(t) = \omega L I_e^2 \sin 2\omega t$, 　$w_L(t) = L I_e^2 (1 - \cos 2\omega t)/2$

（3） $i(t) = \sqrt{2}\, I_e \sin\omega t$, 　$v_C(t) = \dfrac{\sqrt{2}\, I_e}{\omega C}(-\cos\omega t)$, 　$p_C(t) = -\dfrac{I_e^2}{\omega C}\sin 2\omega t$,

$q(t) = \dfrac{\sqrt{2}\, I_e}{\omega}(-\cos\omega t)$, 　$w_C(t) = \dfrac{1}{2}\dfrac{I_e^2}{\omega^2 C}(1 + \cos 2\omega t)$, 　図は省略

4.2 （1） $\dot{Z} = R + j\left(\omega L - \dfrac{1}{\omega C}\right) = \sqrt{R^2 + \left(\omega L - \dfrac{1}{\omega C}\right)^2}\, e^{j\varphi} = |\dot{Z}| e^{j\varphi}$

$\varphi = \tan^{-1}\dfrac{\omega L - \dfrac{1}{\omega C}}{R}$

$\dot{V}_R = R\dfrac{E_e}{|\dot{Z}|}e^{-j\varphi}$, 　$\dot{V}_L = j\omega L \dfrac{E_e}{|\dot{Z}|}e^{-j\varphi}$, 　$\dot{V}_C = -j\dfrac{1}{\omega C}\dfrac{E_e}{|\dot{Z}|}e^{-j\varphi}$

（2） 解図 4.1 （$\varphi > 0$ とする）

（3） $\dot{P}_R = R\dfrac{E_e^2}{|\dot{Z}|^2}$, 　$\dot{P}_L = j\omega L \dfrac{E_e^2}{|\dot{Z}|^2}$, 　$\dot{P}_C = -j\omega C \dfrac{E_e^2}{|\dot{Z}|^2}$

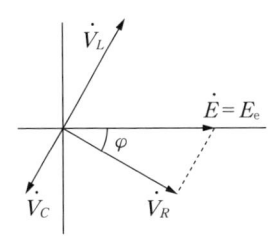

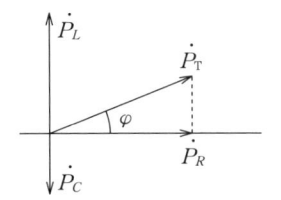

解図 4.1

解図 4.2

(4) $\dot{P}_T = \dfrac{E_e^2}{|\dot{Z}|^2}\left\{R + j\left(\omega L - \dfrac{1}{\omega C}\right)\right\}$

(5) 解図 4.2 ($\varphi > 0$ とする)

4.3 (1) $\dot{Y} = \dfrac{1}{R} + j\left(\omega C - \dfrac{1}{\omega L}\right) = \sqrt{\dfrac{1}{R^2} + \left(\omega C - \dfrac{1}{\omega L}\right)^2}\, e^{j\varphi} = |\dot{Y}|e^{j\varphi}$

$\varphi = \tan^{-1}\left\{R\left(\omega C - \dfrac{1}{\omega L}\right)\right\}$

$\dot{I}_R = \dfrac{1}{R}\dfrac{I_e}{|\dot{Y}|}e^{-j\varphi}, \quad \dot{I}_L = \dfrac{1}{j\omega L}\dfrac{I_e}{|\dot{Y}|}e^{-j\varphi}, \quad \dot{I}_C = j\omega C\dfrac{I_e}{|\dot{Y}|}e^{-j\varphi}$

(2) 解図 4.3 ($\varphi > 0$ とする)

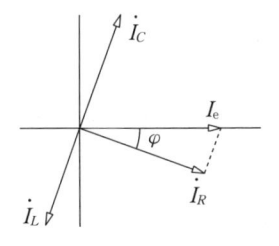

解図 4.3

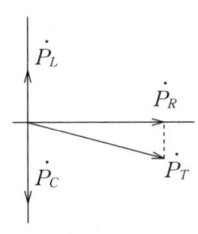

解図 4.4

(3) $\dot{P}_R = \dfrac{1}{R}\dfrac{I_e^2}{|\dot{Y}|^2}, \quad \dot{P}_L = \dfrac{j}{\omega L}\dfrac{I_e^2}{|\dot{Y}|^2}, \quad \dot{P}_C = -j\omega C\dfrac{I_e^2}{|\dot{Y}|^2}$

(4) $\dot{P}_T = \dfrac{I_e^2}{|\dot{Y}|^2}\left\{\dfrac{1}{R} - j\left(\omega C - \dfrac{1}{\omega L}\right)\right\}$

(5) 解図 4.4 ($\varphi > 0$ とする)

4.4 (1) $\dot{I}_1 = 4 - j2$ 〔A〕, $\dot{I}_2 = 8 + j4$ 〔A〕, $\dot{I} = 12 + j2$ 〔A〕

(2) $\dot{P}_1 = 400 + j200$ 〔V・A〕, $\dot{P}_2 = 800 - j400$ 〔V・A〕,

4.5
(1) $\dot{V}_1 = 80+j60$ [V], $\dot{V}_2 = 20-j60$ [V]
$\dot{P} = 1\,200-j200$ [V·A], ベクトル図は省略
(2) $\dot{P}_1 = 1\,000+j1\,000$ [V·A], $\dot{P}_2 = 400-j800$ [V·A], $\dot{P} = 1\,400+j200$ [V·A], ベクトル図は省略

5 章

5.1
(1) $\dot{I}_1 = \dfrac{(\dot{Z}_2+\dot{Z}_3)\dot{E}_1+\dot{Z}_3\dot{E}_2}{\dot{Z}_1\dot{Z}_2+\dot{Z}_2\dot{Z}_3+\dot{Z}_3\dot{Z}_1}$, $\dot{I}_2 = \dfrac{\dot{Z}_3\dot{E}_1+(\dot{Z}_1+\dot{Z}_3)\dot{E}_2}{\dot{Z}_1\dot{Z}_2+\dot{Z}_2\dot{Z}_3+\dot{Z}_3\dot{Z}_1}$,

$\dot{I}_3 = \dfrac{\dot{Z}_2\dot{E}_1-\dot{Z}_1\dot{E}_2}{\dot{Z}_1\dot{Z}_2+\dot{Z}_2\dot{Z}_3+\dot{Z}_3\dot{Z}_1}$

(2) $\dot{I}_1 = 8-j3.5$ [A] $= 8.7\angle -23.6°$ [A], $\dot{I}_2 = -1-j0.5$ [A] $= 1.1\angle 206.6°$ [A], $\dot{I}_3 = 9-j3$ [A] $= 9.5\angle -18.4°$ [A]

5.2 $\Delta = \begin{vmatrix} \dot{Z}_a+\dot{Z}_{ab} & -\dot{Z}_{ab} & 0 \\ -\dot{Z}_{ab} & \dot{Z}_{ab}+\dot{Z}_b+\dot{Z}_{bc} & -\dot{Z}_{bc} \\ 0 & -\dot{Z}_{bc} & \dot{Z}_{bc}+\dot{Z}_c \end{vmatrix}$

$= (\dot{Z}_a+\dot{Z}_{ab})(\dot{Z}_{ab}+\dot{Z}_b+\dot{Z}_{bc})(\dot{Z}_{bc}+\dot{Z}_c)-\dot{Z}_{bc}{}^2(\dot{Z}_a+\dot{Z}_{ab})-\dot{Z}_{ab}{}^2(\dot{Z}_{bc}+\dot{Z}_c)$

$\dot{I}_a = \dfrac{(\dot{Z}_{ab}+\dot{Z}_b+\dot{Z}_{bc})(\dot{Z}_{bc}+\dot{Z}_c)\dot{V}-\dot{Z}_{bc}{}^2\dot{V}}{\Delta}$, $\dot{I}_b = \dfrac{\dot{Z}_{ab}(\dot{Z}_{bc}+\dot{Z}_c)\dot{V}}{\Delta}$,

$\dot{I}_c = \dfrac{\dot{Z}_{ab}\dot{Z}_{bc}\dot{V}}{\Delta}$

5.3 $\dot{I}_a = \dfrac{(\dot{Z}_2+\dot{Z}_3)\dot{V}_1-\dot{Z}_3\dot{V}_2}{\dot{Z}_1\dot{Z}_2+\dot{Z}_2\dot{Z}_3+\dot{Z}_3\dot{Z}_1}$, $\dot{I}_b = \dfrac{\dot{Z}_2\dot{V}_1+\dot{Z}_1\dot{V}_2}{\dot{Z}_1\dot{Z}_2+\dot{Z}_2\dot{Z}_3+\dot{Z}_3\dot{Z}_1}$

$\dot{I}_1 = \dot{I}_a = \dfrac{(\dot{Z}_2+\dot{Z}_3)\dot{V}_1-\dot{Z}_3\dot{V}_2}{\dot{Z}_1\dot{Z}_2+\dot{Z}_2\dot{Z}_3+\dot{Z}_3\dot{Z}_1}$,

$\dot{I}_3 = \dot{I}_b = \dfrac{\dot{Z}_2\dot{V}_1+\dot{Z}_1\dot{V}_2}{\dot{Z}_1\dot{Z}_2+\dot{Z}_2\dot{Z}_3+\dot{Z}_3\dot{Z}_1}$

$\dot{I}_2 = \dot{I}_a-\dot{I}_b = \dfrac{\dot{Z}_3\dot{V}_1-(\dot{Z}_1+\dot{Z}_3)\dot{V}_2}{\dot{Z}_1\dot{Z}_2+\dot{Z}_2\dot{Z}_3+\dot{Z}_3\dot{Z}_1}$

5.4 $\dot{V}_{ab} = \dfrac{\dot{Z}_2\dot{Z}_3\dot{V}_1+\dot{Z}_1\dot{Z}_3\dot{V}_2}{\dot{Z}_1\dot{Z}_2+\dot{Z}_2\dot{Z}_3+\dot{Z}_3\dot{Z}_1}$

5.5 $\dot{I}_1 = 2.67+j0.197$ [A] $= 2.68\angle 4.2°$ [A]
$\dot{I}_2 = -0.965+j0.0677$ [A] $= 0.97\angle 176.0°$ [A]

演 習 問 題 解 答 239

$\dot{I}_3 = 1.708 + j0.265$ 〔A〕 $= 1.72 \angle 8.8°$ 〔A〕

6 章

6.1 $\dot{I}_3 = \dfrac{\dot{Z}_2 \dot{E}_1 - \dot{Z}_1 \dot{E}_2}{\dot{Z}_1 \dot{Z}_2 + \dot{Z}_2 \dot{Z}_3 + \dot{Z}_3 \dot{Z}_1}$

6.2 $\dot{I} = \dfrac{\dot{V}_{ab}}{\dot{Z}_{ab} + \dot{Z}_5} = \dfrac{(\dot{Z}_2 \dot{Z}_3 - \dot{Z}_1 \dot{Z}_4)\dot{V}}{\dot{Z}_1 \dot{Z}_3 (\dot{Z}_2 + \dot{Z}_4) + \dot{Z}_2 \dot{Z}_4 (\dot{Z}_1 + \dot{Z}_3) + \dot{Z}_5 (\dot{Z}_1 + \dot{Z}_3)(\dot{Z}_2 + \dot{Z}_4)}$

6.3 $\dot{I} = \dfrac{\dot{Z}_2 \dot{V}}{\dot{Z}_1 \dot{Z}_2 + \dot{Z}_L (\dot{Z}_1 + \dot{Z}_2)}$

6.4 $\dot{I} = \dfrac{\dot{Z}_b}{\dot{Z}_a \dot{Z}_b + (\dot{Z}_c + \dot{Z}_L)(\dot{Z}_a + \dot{Z}_b)} \dot{V}_{ab}$

7 章

7.1 $\dot{I}_1 = \dfrac{j\left(\omega L_2 - \dfrac{1}{\omega C_2} - \omega M\right)}{\dfrac{L_1}{C_2} + \dfrac{L_2}{C_1} - \dfrac{1}{\omega^2 C_1 C_2} - \omega^2 L_1 L_2 + \omega^2 M^2} \dot{V}$

$\dot{I}_2 = \dfrac{j\left(\omega L_1 - \dfrac{1}{\omega C_1} - \omega M\right)}{\dfrac{L_1}{C_2} + \dfrac{L_2}{C_1} - \dfrac{1}{\omega^2 C_1 C_2} - \omega^2 L_1 L_2 + \omega^2 M^2} \dot{V}$

7.2

$\dot{I}_{ab} = \left[\dfrac{r\omega^2(M^2 - L^2) + 2\omega^2 rL(L - M)}{\{\omega^2(M^2 - L^2)\}^2 + \{2\omega r(L - M)\}^2} + j\dfrac{\omega^3 L(M^2 - L^2) - 2\omega r^2 (L - M)}{\{\omega^2 (M^2 - L^2)\}^2 + \{2\omega r(L - M)\}^2}\right] \dot{V}_{ab}$

7.3 $\dot{I}_1 = \dfrac{1}{5} - j\dfrac{1}{5}$〔A〕, $\dot{I}_2 = -j\dfrac{1}{5}$〔A〕, $\dot{Z}_{ab} = \dfrac{50}{2}(1+j)$〔Ω〕

7.4 $C = \dfrac{M}{r_2 r_3}$, $r_4 = \dfrac{L - M}{M} r_3$

8 章

8.1.1 （1） $\dot{Z}_1 = 200 - j192$ 〔Ω〕, $|\dot{Z}_1| = 277$ Ω, $\varphi_1 = -0.765$ rad
（2） $i_1 = 8.12 \sin(314\,t + 0.765)$ 〔A〕
（3） $I_{1e} = 5.76$ A
（4） $\cos\varphi_1 = 0.722$, $P_{1a} = 6\,640$ W

8.1.2 （1） $\dot{Z}_3 = 200 + j271$ 〔Ω〕, $|\dot{Z}_3| = 337$ Ω, $\varphi_3 = 0.937$ rad
（2） $i_3 = -2.23 \sin(942\,t - 0.937)$ 〔A〕
（3） $I_{3e} = 1.58$ A

(4) $\cos\varphi_3 = 0.593$, $P_{3a} = 498$ W

8.1.3 (1) $\dot{Z}_5 = 200 + j564$ 〔Ω〕, $|\dot{Z}_5| = 598$ Ω, $\varphi_5 = 1.23$ rad

(2) $i_5 = 1.34\sin(1570\,t - 1.23)$ 〔A〕

(3) $I_{5e} = 0.95$ A

(4) $\cos\varphi_5 = 0.334$, $P_{5a} = 180$ W

8.1.4 (1) $i = 8.12\sin(314\,t + 0.765) - 2.23\sin(942\,t - 0.937) + 1.34\sin(1570\,t - 1.23)$ 〔A〕

(2) $V_e = 1780$ V, (3) $I_e = 6.05$ A, (4) $D_v = 0.486$, (5) $D_i = 0.319$, (6) $P = 10800$ V·A, (7) $P_a = 7320$ W, (8) $\cos\varphi = 0.678$, (9) $V_{cf} = 2.13$

8.2 $f(t) = \dfrac{2E}{\pi}\left(\sin\omega t - \dfrac{\sin 2\omega t}{2} + \dfrac{\sin 3\omega t}{3} - \cdots\right)$

8.3 $f(t) = \dfrac{8E}{\pi^2}\left(\sin\omega t - \dfrac{1}{3^2}\sin 3\omega t + \dfrac{1}{5^2}\sin 5\omega t - \dfrac{1}{7^2}\sin 7\omega t + \cdots\right)$

8.4 $f(t) = E\left(\dfrac{1}{2} - \dfrac{\sin 2\omega t}{\pi} - \dfrac{\sin 4\omega t}{2\pi} - \dfrac{\sin 6\omega t}{3\pi} - \cdots\right)$

9 章

9.1 (1) $i = \dfrac{dq}{dt} = \dfrac{E}{R}e^{-t/CR}$

(2) $\tan\theta = \left(\dfrac{di}{dt}\right)_{t=0} = -\dfrac{E}{CR^2} = -\dfrac{E/R}{\tau}$ ∴ $\tau = CR$

$i_{(t=\tau)} \fallingdotseq 0.368\dfrac{E}{R}$

(3) 60%：約 0.511 倍, 90%：約 0.105 倍 (4) 0.25%

9.2 (1) $i = \dfrac{E}{R}(1 - e^{-Rt/L})$

(2) $\tau = \dfrac{L}{R}$, $i_{(t=\tau)} \fallingdotseq 0.632\dfrac{E}{R}$ (3) $T \fallingdotseq 0.693\,\tau$

9.3 (1) $W_1 = 25$ W (2) $W_2 = 25$ W (3) $W_3 = 100$ W

(4) (1)〜(3) より，最初から高い電圧で一度に充電するより，低い電圧で充電し，徐々に高い電圧で充電する．

9.4 (1) $RC\dfrac{dv_c}{dt} + v_c = E_m\sin(\omega t + \theta)$

(2) $v_s = \dfrac{E_m}{\sqrt{1 + \omega^2 C^2 R^2}}\sin(\omega t + \theta - \varphi)$

(3) $v_t = Ke^{-t/CR}$ (K：積分定数)

(4) $v_c = \dfrac{E_m}{\sqrt{1+\omega^2 C^2 R^2}}\{\sin(\omega t + \theta - \varphi) - \sin(\theta - \varphi)e^{-t/CR}\}$

(5) 省略

9.5 省略

10 章

10.1 (1) $\dot{V}_a = 57.7$ V, $\dot{V}_b = -28.9 - j50.0$ 〔V〕, $\dot{V}_c = -28.9 + j50.0$ 〔V〕
(2) $P_a = 490$ W, (3) $P = 1.47$ kW, (4) $\varphi = 0.555$ rad
(5) $\dot{I}_a = 8.50 - j5.27$ 〔A〕, $\dot{I}_b = -8.81 - j4.73$ 〔A〕, $\dot{I}_c = 0.314 + j10$ 〔A〕
(6) 解図 10.1　(7) 1.08 rad

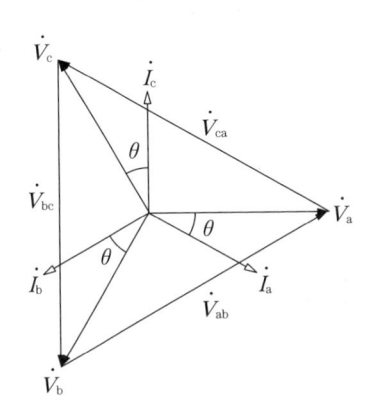

解図 10.1　　　　　解図 10.2

10.2 (1) 0.962　(2) 0.277 rad　(3) $|\dot{I}_{ab}| = 17.3$ A
(4) $\dot{I}_{ab} = 16.6 - j4.7$ 〔A〕, $\dot{I}_b = -12.4 - j12.1$ 〔A〕
$\dot{I}_c = -4.24 + j16.8$ 〔A〕
(5) $\dot{I}_a = 20.8 - j21.5$ 〔A〕, $\dot{I}_b = -29.0 - j7.39$ 〔A〕
$\dot{I}_c = 8.16 + j28.9$ 〔A〕
(6) 解図 10.2
(7) 0.80 rad,　(8) $5\pi/6$〔rad〕,　(9) 2.89 rad

10.3 (1) $R = 5.77$ Ω,　(2) 1.73 kW,　(3) 5.20 kW,　(4) 30.0 A

10.4 (1) $Z_{ab} = 10 - j20$ 〔Ω〕, $Z_{bc} = 20 + j10$ 〔Ω〕, $Z_{ca} = 10 - j20$ 〔Ω〕
(2) $\dot{I}_{ab} = 2 + j4$ 〔A〕, $\dot{I}_b = -3.73 - j2.46$ 〔A〕, $\dot{I}_c = -4.46 - j0.268$ 〔A〕
(3) $\dot{I}_a = 6.47 + j4.27$ 〔A〕, $\dot{I}_b = -5.73 - j6.46$ 〔A〕, $\dot{I}_c = -0.73 + j2.20$ 〔A〕
(4) $|\dot{I}_a| = 7.75$ A, $|\dot{I}_b| = 8.64$ A, $|\dot{I}_c| = 2.31$ A　(5) 800 W

10.5 (1) $|\dot{I}|=23.1$ A　　(2) $-j5.53$ 〔Ω〕
(3) $\dot{I}=23.1$ A, $\dot{I}_1=j20.9$ 〔A〕, $\dot{I}_2=23.1-j20.9$ 〔A〕　　(4) 0.741

10.6 (1) $\dot{Z}_a=5.07-j0.133$ 〔Ω〕, $\dot{Z}_b=0.533+j2.40$ 〔Ω〕, $\dot{Z}_{ca}=1.87-j2.93$ 〔Ω〕
(2) $\dot{Z}=7.30+j0.541$ 〔Ω〕

10.7 (1) $P_1=|\dot{V}\|\dot{I}|\left(\dfrac{\sqrt{3}}{2}\cos\varphi-\dfrac{1}{2}\sin\varphi\right)$, $P_2=|\dot{V}\|\dot{I}|\left(\dfrac{\sqrt{3}}{2}\cos\varphi-\dfrac{1}{2}\sin\varphi\right)$
(2) 0.756

11 章

11.1 (1) $\dot{I}=j9.43\times10^{-4}$ 〔A〕, $\dot{V}_R=j9.43$ 〔mV〕, $\dot{V}_L=-5.92$ mV, $\dot{V}_C=100$ V
(2) $\omega_0=4.08\times10^4$ rad/s, $f=6.50$ kHz
(3) $\dot{I}=10.0$ A, $\dot{V}_R=100$ V, $\dot{V}_L=j8.16$ 〔kV〕, $\dot{V}_C=-j8.16$ 〔kV〕, $P_0=1.00$ kW
(4) $\omega_1=4.06\times10^4$ rad/s, $\omega_2=4.10\times10^4$ rad/s, $Q=81.6$

11.2 (1) $\dot{E}=j0.174$ 〔V〕, $\dot{I}_R=j17.4$ 〔mA〕, $\dot{I}_L=11.1$ A, $\dot{I}_C=-1.1$ A
(2) $\omega_0=1\,000$ rad/s, $f=159$ Hz
(3) $\dot{E}=100$ V, $\dot{I}_R=10$ A, $\dot{I}_L=-j2\,000$ 〔A〕, $\dot{I}_C=j2\,000$ 〔A〕

11.3 $\dfrac{L_1}{C_3}=\dfrac{L_2}{C_4}=\dfrac{L_3}{C_1}=\dfrac{L_4}{C_2}=R^2$

11.4 図 11.18（a），（b），および図 11.19（a），（b）に示す回路と同様にフォスター形 2 種類，カウエル形 2 種類の四つの回路が可能である．ただし，素子数は 4 個である．
　図 11.18（a）回路：L_1C_1 直列回路と L_2C_2 並列回路の直列接続
　　$L_1=10.0$ mH, $C_1=4.34$ μF, $L_2=1.58$ mH, $C_2=25.3$ μF
　図 11.18（b）回路：L_1C_1 直列回路と L_2C_2 直列回路の並列接続
　　$L_1=22.2$ mH, $C_1=2.81$ μF, $L_2=18.2$ mH, $C_2=1.53$ μF
　図 11.19（a）回路：L_1 で始まり C_2 で終わるカウエル形回路
　　$L_1=10.0$ mH, $C_1=3.70$ μF, $L_2=73.6$ mH, $C_2=0.637$ μF
　図 11.19（b）回路：C_1 で始まり L_2 で終わるカウエル形回路
　　$C_1=4.34$ μF, $L_1=11.6$ mH, $C_2=0.472$ μF, $L_2=73.1$ mH

11.5 (1) $X(\omega)=-\alpha\left(\dfrac{\omega_1\omega_3}{\omega_2}\right)^2\dfrac{\omega(\omega^2-\omega_2^2)}{(\omega^2-\omega_1^2)(\omega^2-\omega_3^2)}$, $\beta=-\dfrac{(\omega_2/\omega_1\omega_3)^2}{\alpha}$
(2) つぎの a 回路と b 回路の 2 通り．

演習問題解答　243

a 回路：（L_1 と C_1 の並列接続）と（L_2 と C_2 の並列接続）の 2 回路の直列接続。$L_1 = 6.84$ mH,　$C_1 = 16.3$ μF,　$L_2 = 3.16$ mH,　$C_2 = 12.6$ μF

b 回路：（L_1 単独）および（C_1 単独）と（L_2 と C_2 の直列接続）の 3 回路の並列接続。$L_1 = 10.0$ mH,　$C_1 = 7.11$ μF,　$L_2 = 35.7$ mH,　$C_2 = 1.75$ μF

12 章

12.1　（1）　$\begin{bmatrix} Y_{11} & Y_{12} \\ Y_{21} & Y_{22} \end{bmatrix} = \begin{bmatrix} \left(\dfrac{1}{R} + \dfrac{1}{j\omega L}\right) & -\dfrac{1}{R} \\ -\dfrac{1}{R} & \dfrac{1}{R} \end{bmatrix}$

（2）　$\begin{bmatrix} Z_{11} & Z_{12} \\ Z_{21} & Z_{22} \end{bmatrix} = \begin{bmatrix} j\omega L & j\omega L \\ j\omega L & R + j\omega L \end{bmatrix}$

（3）　$\begin{bmatrix} H_{11} & H_{12} \\ H_{21} & H_{22} \end{bmatrix} = \begin{bmatrix} \dfrac{j\omega L R}{j\omega L + R} & \dfrac{j\omega L}{j\omega L + R} \\ -\dfrac{j\omega L}{j\omega L + R} & \dfrac{1}{j\omega L + R} \end{bmatrix}$

（4）　$\begin{bmatrix} A & B \\ C & D \end{bmatrix} = \begin{bmatrix} 1 & R \\ \dfrac{1}{j\omega L} & \dfrac{j\omega L + R}{j\omega L} \end{bmatrix}$

12.2　$\begin{bmatrix} A & B \\ C & D \end{bmatrix} = \begin{bmatrix} 1 & 0 \\ \dfrac{1}{j\omega L} & 1 \end{bmatrix}\begin{bmatrix} 1 & R \\ 0 & 1 \end{bmatrix} = \begin{bmatrix} 1 & R \\ \dfrac{1}{j\omega L} & \dfrac{j\omega L + R}{j\omega L} \end{bmatrix}$

12.3　$\begin{bmatrix} A & B \\ C & D \end{bmatrix} = \begin{bmatrix} \dfrac{1}{n} & 0 \\ 0 & n \end{bmatrix}$

13 章

13.1　（1）　VSWR = 2

（2）　解図 13.1

13.2　（1）　VSWR = 2.62

（2）　$Z_{in} = 19.1 - j1.3$ 〔Ω〕

13.3　$l_1 = 45.6$ cm,　$l_2 = 45.6$ cm

13.4　$Z_l = 100 + j75$ 〔Ω〕,　$Z_L = 25 + j25$ 〔Ω〕

$l = 45$ cm

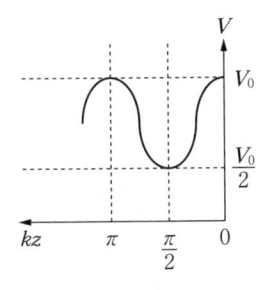

解図 13.1

索引

【あ】

アドミタンス	39
アドミタンス行列	203
アドミタンスパラメータ	203
網目法	68
アンペア	1

【い】

位相	10
位相角	10
位相速度	220
一端子対回路	185
インダクタ	19
インダクタンス	18
インダクタンス素子	19
インピーダンス	32, 36, 222
インピーダンス行列	204
インピーダンス整合	91, 227
インピーダンスパラメータ	204

【え】

枝	62

【お】

オイラーの式	28
遅れ素子	37
遅れ力率	50
オーム	1
──の法則	1

【か】

回転磁界	177, 180
開放駆動点アドミタンス	206
開放駆動点インピーダンス	205
開放電圧利得	206
開放伝達アドミタンス	208
開放伝達インピーダンス	205
回路合成	197
回路網	62
カウエル形回路	198
可逆の定理	87
角周波数	10
重ね合わせの理	76
過制動	152
過渡現象	129
過渡状態	129
環状結線	92

【き】

奇関数	120
記号法	27
記号法表示	32
起電力	2
基本波	110
逆回路	196
逆起電力	18
キャパシタ	20
キャパシタンス	19
キャパシタンス素子	20
共振の Q	188
極	192
キルヒホッフの法則	6

【く】

偶関数	120
駆動点	185, 204
駆動点アドミタンス	185
駆動点インピーダンス	185
クラメールの方法	64
クーロン	19

【け】

結合係数	101
ケーリー・フォスターブリッジ	109
減衰振動	152
減衰定数	150

【こ】

高調波	110
交流	9
交流回路	3
固有角周波数	149, 150
コンダクタンス	2, 39

【さ】

最大値	10
最大電力供給の定理	90
サセプタンス	39
差動的	99
三角結線	92, 159
三相交流	155

【し】

自己インダクタンス	97
四端子行列	206
四端子定数	207
四端子パラメータ	207
実効値	13
時定数	133
ジーメンス	2
周期	10
縦続行列	206
集中定数回路	217
周波数	10
周波数特性	191
瞬時値	10
瞬時電圧	10
商用周波数	12
枝路	62
進相コンデンサ	56
振幅	10

【す】

進み素子	38
進み力率	50
スミスチャート	227, 228

【せ】

静電容量	19
制動比	150
正負対称波	122
積分回路	143
接続点	62
接続点法	68
節点	62
節点法	68
節点方程式	72
尖鋭度	189
線間電圧	159
線形受動素子	16
線電流	159

【そ】

相互インダクタンス	98
相互誘導結合	100
相電圧	159
相反の定理	87
素子	16

【た】

第1法則	6, 62
第n高調波	112
対称三相交流回路	158
対称波	122
対称負荷	160
対数減衰率	152
第2法則	6, 62
多相交流	155
端子電圧	17
単振動の合成	26
短絡駆動点アドミタンス	204
短絡駆動点インピーダンス	206
短絡伝達アドミタンス	204
短絡伝達インピーダンス	208
短絡電流の伝達比	208
短絡電流利得	206

【ち】

中性点	158
直並列行列	205
直流回路	3
直列回路	3
直列共振	187
直列接続	40

【て】

低域通過RC回路	143
抵抗	1, 16
定在波比	225
定常状態	129
定抵抗回路	196
テブナンの定理	79
電圧拡大率	188
電圧帰還率	206
電圧源	21
電圧降下	17
電圧則	6, 62
電圧定在波比	225
電圧の伝達比	208
電位差	2
電気抵抗	1
電源	2
伝達	204
伝搬定数	219
電流拡大率	190
電流源	21
電流増幅率	206
電流則	6, 62

【と】

等価電圧源の定理	81
等価電流源の定理	83
特性インピーダンス	220
ド・モアブルの定理	28

【に】

入力インピーダンス	103
二端子対回路	185, 202

【の】

ノートンの定理	82

【は】

ハイブリッド行列	205
波形率	115
波高値	10
波高率	116
はしご形回路	198
バール	51
反射係数	224
半値幅	189

【ひ】

ひずみ波交流	110
ひずみ率	116
非正弦波交流	110
皮相電力	50
非対称三相交流回路	158
微分回路	143

【ふ】

ファラド	19
ファンダメンタルパラメータ	207
フェーザ図	34
フェーザ表示	32
フェーザ表示法	27
フォスター形回路	197
複素インピーダンス	36
複素記号法	27
複素数の共役	27
複素数表示	32
複素電力	52
複素平面	27
不平衡負荷	162
フーリエ級数	116
ブリッジ回路	88
——の平衡条件	89
ブロンデルの定理	174
分布定数回路	217

【へ】

閉回路	63
平均値	13
平衡負荷	160
並直列行列	206
並列回路	4
並列共振	190
並列接続	40
ベクトル記号法	27
ベクトル軌跡	186
ベクトル図	34
ベクトル表示	32
ヘルツ	10
偏角	28
変成器	107
ヘンリー	18

【ほ】

帆足-ミルマンの定理	84

索　引

鳳－テブナンの定理　81
星形結線　92, 159
補償起電力　86
補償の定理　86
ボルト　1
ボルトアンペア　51

【む】
無効電力　51

【ゆ】
有効電力　50
誘導性リアクタンス　38

誘導素子　19

【よ】
容量性リアクタンス　38
容量素子　20

【り】
リアクタンス　38
リアクタンス回路　191
リアクタンス関数　194
力　率　50
理想変圧器　106
利　得　208

臨界制動　152

【る】
ループ　63
ループ法　68

【れ】
零　点　192
連分数　200

【わ】
ワット　51
和動的　99

【A】
AC 回路　3

【D】
DC 回路　3

【F】
F 行列　206
F パラメータ　207

【G】
G 行列　206
G パラメータ　206

【H】
H 行列　205
H パラメータ　205

【I】
IEC　54
IEEE　41
ISO　54

【J】
JIS　54

【S】
sinc 関数　118

【Y】
Y 行列　203
Y 結線　92, 159
Y パラメータ　203
Y 負荷　159

【Z】
Z 行列　204
Z パラメータ　204

Δ 結線　92, 159, 160
Δ 負荷　160

―― 著者略歴 ――

清水　教之（しみず　のりゆき）
1979年　名古屋大学大学院工学研究科博士後期課程
　　　　修了（電気工学専攻）
　　　　工学博士
1999年　名城大学教授
　　　　現在に至る

中條　渉（ちゅうじょう　わたる）
1980年　東北大学大学院工学研究科博士前期課程
　　　　修了（電気及び通信工学専攻）
1993年　博士（工学）（東京工業大学）
2008年　名城大学教授
　　　　現在に至る

飯岡　大輔（いいおか　だいすけ）
2004年　名古屋大学大学院工学研究科博士後期課程
　　　　修了（電気工学専攻）
　　　　博士（工学）
2010年　名城大学准教授
　　　　現在に至る

村本　裕二（むらもと　ゆうじ）
1995年　豊橋技術科学大学大学院工学研究科博士
　　　　後期課程修了（総合エネルギー工学専攻）
　　　　博士（工学）
2014年　名城大学教授
　　　　現在に至る

伊藤　昌文（いとう　まさふみ）
1991年　名古屋大学大学院工学研究科博士後期課程
　　　　単位取得退学（電子機械工学専攻）
　　　　博士（工学）
2009年　名城大学教授
　　　　現在に至る

基礎からの電気回路論
Fundamentals of Electric Circuits　Ⓒ Shimizu, Muramoto, Chujo, Itoh, Iioka　2012

2012年2月20日　初版第1刷発行　　　　　　　　　　　　　　★
2015年3月20日　初版第3刷発行

検印省略	著　者	清　水　教　之
		村　本　裕　二
		中　條　　　渉
		伊　藤　昌　文
		飯　岡　大　輔
	発行者	株式会社　コロナ社
		代表者　牛来真也
	印刷所	新日本印刷株式会社

112-0011　東京都文京区千石4-46-10
発行所　株式会社　コロナ社
CORONA PUBLISHING CO., LTD.
Tokyo Japan
振替00140-8-14844・電話(03)3941-3131(代)
ホームページ http://www.coronasha.co.jp

ISBN 978-4-339-00827-2　　（横尾）　（製本：愛千製本所）
Printed in Japan

本書のコピー，スキャン，デジタル化等の無断複製・転載は著作権法上での例外を除き禁じられております。購入者以外の第三者による本書の電子データ化及び電子書籍化は，いかなる場合も認めておりません。

落丁・乱丁本はお取替えいたします

電気・電子系教科書シリーズ

(各巻A5判)

- ■編集委員長　高橋　寛
- ■幹　　　事　湯田幸八
- ■編集委員　　江間　敏・竹下鉄夫・多田泰芳
- 　　　　　　中澤達夫・西山明彦

配本順		書名	著者	頁	本体
1.	(16回)	電気基礎	柴田尚志・皆藤新一共著	252	3000円
2.	(14回)	電磁気学	多田泰芳・柴田尚志共著	304	3600円
3.	(21回)	電気回路Ⅰ	柴田尚志著	248	3000円
4.	(3回)	電気回路Ⅱ	遠藤　勲・鈴木靖・西山明彦・吉村昌二共著	208	2600円
5.		電気・電子計測工学	下西二鎮・奥村正郎・青木立幸共著	216	2600円
6.	(8回)	制御工学	西平俊次著	202	2500円
7.	(18回)	ディジタル制御	白水俊次著	240	3000円
8.	(25回)	ロボット工学	中澤達夫・藤原勝幸共著	174	2200円
9.	(1回)	電子工学基礎	渡辺英夫著	160	2000円
10.	(6回)	半導体工学	中澤・藤原・服部共著	208	2500円
11.	(15回)	電気・電子材料	押山・田原健英・須田健二共著	238	2800円
12.	(13回)	電子回路	森土充弘・若海博夫・吉賀昌・室山純也・山下進巌共著	240	2800円
13.	(2回)	ディジタル回路		176	2200円
14.	(11回)	情報リテラシー入門	湯田幸八著	256	2800円
15.	(19回)	C++プログラミング入門	柚賀正慶・千代谷光共著	244	3000円
16.	(22回)	マイクロコンピュータ制御プログラミング入門	春日健・舘泉雄治共著	240	2800円
17.	(17回)	計算機システム	伊原充博・湯田幸八・前田勉共著	252	3000円
18.	(10回)	アルゴリズムとデータ構造	新谷邦弘・江間敏・高橋勲共著	222	2700円
19.	(7回)	電気機器工学	江間敏・甲斐隆章共著	202	2500円
20.	(9回)	パワーエレクトロニクス	三木隆成・吉川英機共著	260	2900円
21.	(12回)	電力工学	竹下鉄夫・吉川英機共著	216	2600円
22.	(5回)	情報理論	松下豊稔・宮田克正共著	198	2500円
23.	(26回)	通信工学	南部幸久・岡部裕史共著	238	2800円
24.	(24回)	電波工学	桑原唯孝・植月孝充共著	206	2500円
25.	(23回)	情報通信システム(改訂版)	松箕敏史志共著	216	2800円
26.	(20回)	高電圧工学			

定価は本体価格＋税です。
定価は変更されることがありますのでご了承下さい。

図書目録進呈◆